纺织高职高专"十一五"部委级规划教材

针织工艺学

（第 2 版）

贺庆玉　刘晓东　主编

U0242074

中国纺织出版社

内 容 提 要

本书主要介绍了针织与针织物的基本概念,针织原料和针织准备,针织机的主要机构与工作原理,经、纬编针织物的基本组织和主要花色组织的结构特点、性能、用途和上机编织工艺,纬编和经编生产工艺参数计算和新型圆纬机及其特殊装置。

本书为高职高专院校针织专业和针织服装专业的主干课程教材,同时也可供相关专业师生、针织工程技术和科研人员以及纺织贸易从业人员参考。

图书在版编目(CIP)数据

针织工艺学/贺庆玉,刘晓东主编. —2 版. —北京:中国纺织出版社,2009.6(2022.7重印)

纺织高职高专"十一五"部委级规划教材

ISBN 978-7-5064-5639-5

Ⅰ.针… Ⅱ.①贺…②刘… Ⅲ.针织工艺—高等学校:技术学校—教材 Ⅳ.TS184

中国版本图书馆 CIP 数据核字(2009)第 067667 号

策划编辑:孔会云 责任编辑:刘艳雪 责任校对:楼旭红
责任设计:李 然 责任印制:何 艳

中国纺织出版社有限公司出版发行
地址:北京市朝阳区百子湾东里A407号楼 邮政编码:100124
销售电话:010—67004422 传真:010—87155801
http://www.c-textilep.com
中国纺织出版社天猫旗舰店
http://weibo.com/2119887771
唐山玺诚印务有限公司印刷 各地新华书店经销
2000年6月第1版 2009年6月第2版 2022年7月第14次印刷
开本:787×1092 1/16 印张:21.5
字数:402千字 定价:42.00元

　　2005年10月,国发[2005]35号文件"国务院关于大力发展职业教育的决定"中明确提出"落实科学发展观,把发展职业教育作为经济社会发展的重要基础和教育工作战略重点"。高等职业教育作为职业教育体系的重要组成部分,近些年发展迅速。编写出适合我国高等职业教育特点的教材,成为出版人和院校共同努力的目标。早在2004年,教育部下发教高[2004]1号文件"教育部关于以就业为导向　深化高等职业教育改革的若干意见",明确了促进高等职业教育改革的深入开展,要坚持科学定位,以就业为导向,紧密结合地方经济和社会发展需求,以培养高技能人才为目标,大力推行"双证书"制度,积极开展订单式培养,建立产学研结合的长效机制。在教材建设上,提出学校要加强学生职业能力教育。教材内容要紧密结合生产实际,并注意及时跟踪先进技术的发展。调整教学内容和课程体系,把职业资格证书课程纳入教学计划之中,将证书课程考试大纲与专业教学大纲相衔接,强化学生技能训练,增强毕业生就业竞争能力。

　　2005年年底,教育部组织制订了普通高等教育"十一五"国家级教材规划,并于2006年8月10日正式下发了教材规划,确定了9716种"十一五"国家级教材规划选题,我社共有103种教材被纳入国家级教材规划。在此基础上,中国纺织服装教育学会与我社共同组织各院校制订出"十一五"部委级教材规划。为在"十一五"期间切实做好国家级及部委级高职高专教材的出版工作,我社主动进行了教材创新型模式的深入策划,力求使教材出版与教学改革和课程建设发展相适应,充分体现职业技能培养的特点,在教材编写上重视实践和实训环节内容,使教材内容具有以下三个特点:

　　(1)围绕一个核心——育人目标。根据教育规律和课程设置特点,从培养学生学习兴趣和提高职业技能入手,教材内容围绕生产实际和教学需要展开,形式上力求突出重点,强调实践,附有课程设置指导,并于章首介绍本章知识点、重点、难点及专业技能,章后附形式多样的思考题等,提高教材的可读性,增加学生学习兴趣和自学能力。

　　(2)突出一个环节——实践环节。教材出版突出高职教育和应用性学科的特点,注重理论与生产实践的结合,有针对性地设置教材内容,增加实践、实验内容,并通过多媒体等直观形式反映生产实际的最新进展。

(3)实现一个立体——多媒体教材资源包。充分利用现代教育技术手段,将授课知识点、实践内容等制作成教学课件,以直观的形式、丰富的表达充分展现教学内容。

教材出版是教育发展中的重要组成部分,为出版高质量的教材,出版社严格甄选作者,组织专家评审,并对出版全过程进行过程跟踪,及时了解教材编写进度、编写质量,力求做到作者权威,编辑专业,审读严格,精品出版。我们愿与院校一起,共同探讨、完善教材出版,不断推出精品教材,以适应我国高等教育的发展要求。

中国纺织出版社
教材出版中心

　　《针织工艺学》自2000年出版以来已多次印刷,受到纺织高等职业技术院校和企业的普遍好评。

　　随着纺织科技的不断进步和高职高专教育教学改革的逐步深入,纺织高等职业技术教育的教材内容也急需更新。受中国纺织出版社委托,我们对原《针织工艺学·纬编分册》和《针织工艺学·经编分册》进行了修订,并合编成一册。

　　本书编写时以高级技术应用性人才培养目标的要求——遵循能力教育为主线,突出实用性、针对性、先进性、创新性等为原则。教材编写中既考虑"高等教育"的理论基础需要,又考虑"职业教育"的核心技能培养,教材内容围绕教学需要和生产实际展开,重点突出,内容完整,新修订内容反映了生产实际的最新进展。

　　本次修订在原书的基础上对内容和结构都做了较大修改,删减了使用较少的设备工艺和附录内容,新增了近年来针织工业的新原料、新产品、新设备和新技术(如计算机控制技术、电脑针织机、成形编织技术)等内容。在章节编排方面分为针织概述、纬编和经编三篇,纬编部分增加了无缝内衣纬编圆机和牵拉卷取新技术章节,经编部分增加了特殊类型经编机等章节。

　　同时,本教材新增了课程设置指导、各章知识点和思考练习题以帮助师生掌握所示内容。

　　参加本书编写的人员及编写分工如下:

　　贺庆玉:第一篇;第二篇中第四章第一节、第二节三,第六章,第七章第二第~五节。

　　熊宪:第二篇第一章,第二章,第四章第二节一、二、四,第七章第一节。

　　丁钟复:第二篇第三章。

　　刘晓东:第二篇第五章、第三篇第一、第三、第四章、第七章、第九章、第十章。

　　张并玚:第三篇第八章、第十二章。

　　张玉红:第三篇第二章、第五章。

　　王琳:第三篇第六章。

丛红莲:第十一章。

本书第一篇和第二篇由贺庆玉统稿,第三篇由刘晓东统稿。

由于编者水平所限,书中难免有错误和不足,敬请读者批评指正。

编者

2009年3月

课程设置指导

本课程设置意义　本课程是高职高专院校"针织专业"、"针织服装专业"的专业主干课程之一。通过本课程的学习使学生系统地了解针织和针织物的基本概念、针织机基本知识、针织原料和针织产品;通过学习针织物的基本组织及常见花色组织的结构、性能,常用针织机的主要机构及编织原理,典型提花选针机构及选针原理等内容,使学生学会设计和分析针织物组织和针织产品,能进行上机工艺设计和调整,并及时了解针织工业的发展趋势、技术进步。本课程重视理论与生产实际相结合,培养针织和针织服装企业急需的既懂针织工艺又懂针织设备,既有必要理论知识,又有一定动手能力,能生产、懂技术、会管理的高级应用型技术人员。

本课程教学建议　本课程是针织专业的专业主干课程,建议教学时数为150~170学时,其中纬编部分80~90学时,经编部分70~80学时。

考虑到高职高专学生实践环节动手操作(运转、保全等)的需要,便于学生在了解基本机型的结构、编织工艺及工艺参数调节的基本方法的基础上,循序渐进地学习针织新设备、新技术,编写时纬编部分对台车、普通罗纹机和普通棉毛机等基本机型仍做了讲解;经编部分对贾卡经编机、多梳栉经编机、双针床经编机、钩编机、缝编机和管编机等均做了介绍。各校可根据地区企业需要情况进行选择性教学。

本课程实践性较强,教学中应注意理论联系实际,密切结合认识实习、运转实习、保全实习和织物分析等环节给学生提供感性认识和实际动手机会,如各种织物组织的认识、分析和设计训练;各种典型针织机的机构认识,了解编织原理和生产操作方法;常见针织产品的上机工艺设计与生产,以加深对所学理论知识的理解,训练学生的职业技能。

本课程教学目的　通过本课程的学习,学生应重点掌握以下知识和具备相应动手能力:

1. 针织和针织物的基本概念,针织机的基本知识,常用针织原料的性能与选用。

2. 针织物的基本组织、主要花色组织的结构、性能、适用场合及花型设计方法。

3. 典型针织机的主要机构及编织原理。

4. 典型提花机的选针机构、选针原理及花型上机工艺设计方法。

5. 具有较好的织物分析能力和设计能力，能对常见花型织物进行原料分析、组织分析和上机工艺设计。

6. 懂得无缝内衣成形针织产品的设计方法，能进行上机工艺设计和产品生产。

7. 结合生产运转实习和保全实习初步掌握常用针织机的操作要领和安装调试方法。

Contents
目　录

4

第一篇
针织概述

第一章　针织及针织物的基本知识

　　针织技术及针织物越来越受到人们的关注。针织物由于其优良的性能成为了纺织品的重要组织部分，它的用途涵盖了服用、家用及产业用等几乎所有的领域，由于需求增加而影响的针织技术的发展有力地推动了针织工业的迅猛发展。

第一节　针织工业的主要产品

　　针织是利用织针将纱线编织成线圈并相互串套而形成织物的一种技术。针织工业就是用针织技术来形成产品的工业。

　　根据编织方法的不同，针织生产可分为纬编和经编两大类。针织机也相应地分为纬编针织机和经编针织机两大类，纬编针织机主要有圆纬机、横机、袜机等；经编针织机主要有普通拉舍尔型经编机、贾卡经编机、双针床经编机、缝编机等。

　　纬编过程中，纱线顺序地垫放在纬编针织机的工作织针上，形成一个线圈横列，纱线纬向编织成纬编针织物，如图 1-1-1 所示。在经编成圈过程中，一组或几组平行排列的纱线于经向喂入经编针织机的工作织针上，同时进行成圈而形成经编针织物，如图 1-1-2 所示。

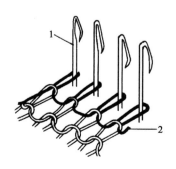

图 1-1-1　纬编针织图
1—织针　2—纬纱

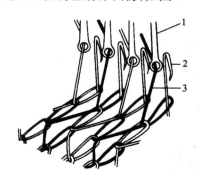

图 1-1-2　经编针织图
1—导纱针　2—织针　3—经纱

由于编织原理不同,两种方式所形成的针织物在结构形状和特性等方面有一些差异。纬编针织物手感柔软,弹性、延伸度好,但易脱散,织物尺寸稳定性较差;经编针织物尺寸稳定性较好,不易脱散,但延伸度、弹性较小,手感较差。

针织物品种繁多,其产品在各个领域都得到了广泛应用,按其用途可分为以下几类。

一、服用针织物

服用针织物按用途可分为内衣类、外衣类、毛衫类、运动衫类和袜子、手套等。在针织机上可采用各种不同粗细、不同原料的纱线编织各种组织结构及厚薄不同的坯布,有的轻薄如蝉翼(如透明的长筒丝袜、镂孔花纹的花边等),而有的重如皮毛(如防寒夹层织物、仿毛皮织物等)。也可以编织成富有特色的提花、彩横条、毛圈、天鹅绒、提花人造毛皮、人造麂皮、化纤仿绸、仿呢、仿毛等坯布。用针织物可以制作内衣(包括汗衫、背心、棉毛衫裤、绒衣绒裤、三角裤、睡衣、胸罩等)、外衣(包括便装、时装、套装等纯外衣产品和内衣外穿的文化衫、恤衫、紧身衫等)、工作服、运动服、羊毛衫、袜子、手套、帽子、围巾、披肩、领带等。除此以外,还可利用其成形机构直接编织全成形的羊毛衫、袜子、手套、围巾等产品。

二、家用针织物

家用针织物中针织装饰织物的品种多样,尤其是室内装饰物。室内装饰物,如精美的提花窗帘、台布、枕套、沙发巾、餐巾、床罩、坐垫套、华贵的毛毯、地毯、软体玩具、蚊帐、贴墙饰物、擦布、包装布、盖布等许多均是针织产品。经编技术在生产这些装饰织物上占有更大的优势。

三、产业用针织物

针织物的产业用途是一个广阔的领域,包括各种建筑材料(如路基、跑道、堤坝、隧道等工程用以排水、滤清、分离、加固用的铺地材料)、各种网制品(如体育用品、银幕布、建筑安全用网、渔网、伪装网及庄稼防护网、水源防护网、遮光网、防滑网、集装箱安全用网等)、工农业用覆盖材料(滤布、防雨布、屋顶覆盖用织物、农作物大棚用材、水龙带、输送带、排水通气管道等)、安全防护用品(如防弹背心,防护帽,隔热、防冻、防辐射用品)等。交通工具的内装饰品如火车、飞机、船舶及汽车的内顶、坐垫套等也常用针织物。

医用是针织物在产业中的又一用途,如用来生产人造血管、人造心脏瓣膜、器脏修补的针织物,透析用布,胶布,绷带,护膝等产品的基础材料……如今正在用特殊弹性尼龙袜取代外科用的特种橡胶长袜。

针织业新技术、新产品仍在不断涌现,针织设备将向更合理、更有效的方向发展。随着现代科技的进步,针织工业将不断产生新的飞跃。

第二节　针织物的基本结构及其与机织物的性能比较

一、针织物的基本结构

针织物的基本结构单元为线圈。在纬编针织物中,它是一条三度弯曲的空间曲线,其几

图 1-1-3 线圈模型

何形状如图 1-1-3 所示。

图 1-1-4 所示是纬编织物中最简单的纬平针组织线圈结构图。纬编针织物的线圈由圈干 1—2—3—4—5 和延展线 5—6—7 组成。圈干的直线部段 1—2 与 4—5 称为圈柱,弧线部段 2—3—4 称为针编弧,延展线 5—6—7 又称为沉降弧,由它来连接两只相邻的线圈。图 1-1-5 所示是经编织物中最简单的经平组织线圈结构图。经编织物的线圈也由圈干 1—2—3—4—5 和延展线 5—6 组成,圈干中 1—2 和 4—5 称为圈柱,弧线 2—3—4 称为针编弧。

线圈在横向的组合称为横列,如图 1-1-4 中的 a~a′横列;线圈在纵向的组合称为纵行,如图中的 b~b′纵行。同一横列中相邻两线圈对应点之间的距离称为圈距,一般以 A 表示;同一纵行中相邻两线圈对应点之间的距离称为圈高,一般以 B 表示。

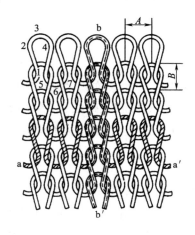

图 1-1-4 纬平针组织线圈结构图

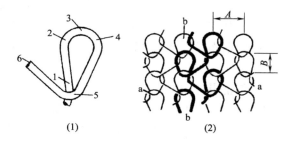

(1)　　　　　　　　(2)

图 1-1-5 经平组织线圈结构图

单面针织物的外观,有正面和反面之分。线圈圈柱覆盖于线圈圈弧的一面称为正面;线圈圈弧覆盖于线圈圈柱的一面称为反面。单面针织物的基本特征为正面线圈圈柱或反面线圈圈弧集中分布在针织物的一面上,当分布在针织物的两面时则称为双面针织物。

二、针织物与机织物基本性能的比较

机织物是利用互相垂直的两组纱线纵横交错来形成织物的。机织物中最简单的平纹组织如图 1-1-6 所示,纵向为经纱,横向为纬纱,经纬纱之间的每一个相交点称为组织点,组织点是机织物的最小结构单元。平纹组织的经纬纱 1 隔 1 上浮下沉;斜纹、缎纹等其他组织的成布原理相同,只是

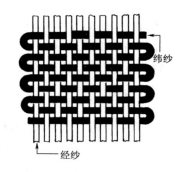

图 1-1-6 平纹机织物

经纬纱上浮下沉的数量不同。

　　针织物和机织物由于成布原理不同,使其具有各自不同的特性。

　　从图1-1-4和图1-1-5所示针织物的线圈结构图上可以看出,针织物是由孔状线圈形成的,因而具有透气性好、膨松、柔软、轻便等特点。纬编针织物线圈是三度弯曲的空间曲线,当受力时,弯曲的纱线会变直,圈柱和圈弧部段的纱线可以互相转移,因此这类针织物的延伸度大、弹性好,这是区别于机织物最显著的特点。

　　同时针织物还具有抗皱性好、抗撕裂强力高等特点,纬编针织物还具有良好的悬垂性。

　　但是针织物的线圈结构也使其尺寸稳定性差、受力后易于变形、质地不硬挺、容易脱散、易于起毛起球等。

　　机织物结构中经纬纱通常紧密排列,否则就会因纱线之间抱合不牢而发生滑丝现象,破坏织物的外观和性能。机织物中经纱与纬纱交织的地方纱线有少许弯曲,这一弯曲垂直于织物平面的方向。当织物受力时,纱线仅有的一点弯曲减少,织物在受力方向略微伸长,而对应相反方向略微缩短。机织物的成布方式使其具有质地硬挺、结构紧密、不易变形、平整光滑、坚牢耐磨等特点,透气性、弹性和延伸度差,易撕裂,易折皱。

　　总之,由于成布方式的不同,针织物与机织物具有各自不同的性能和风格特征,也在能最好地发挥各自特性的应用领域内发展。

第三节　针织物的主要物理机械指标

一、线圈长度

　　针织物的线圈长度是指每一个线圈的纱线长度,它由线圈的圈干和延展线组成,一般用 l 表示,如图1-1-4中的1—2—3—4—5—6—7所示。线圈长度一般以毫米(mm)为单位。

　　线圈长度可以用拆散的方法测量其实际长度,或根据线圈在平面上的投影近似地进行计算,也常在编织过程中用仪器直接测量输入到每枚针上的纱线长度。

　　线圈长度决定了针织物的密度,而且对针织物的脱散性、延伸性、耐磨性、弹性、强力及抗起毛起球和勾丝性等有影响,故为针织物的一项重要物理指标。目前生产中常采用积极式给纱装置,以恒定的速度进行喂纱,使针织物的线圈长度保持恒定,以改善针织物质量。

二、密度

　　针织物的密度用来表示一定的线密度条件下针织物的稀密程度,是指针织物在单位长度内的线圈数。通常采用横向密度和纵向密度来表示。

　　1. 横向密度　简称横密,是指沿线圈横列方向在规定长度(50mm)内的线圈数。以下式计算:

$$P_A = \frac{50}{A}$$

式中: P_A ——横向密度,线圈数/50mm;

A——圈距,mm。

2. 纵向密度 简称纵密,是指沿线圈纵行方向在规定长度(50mm)内的线圈数。以下式计算:

$$P_{\mathrm{B}} = \frac{50}{B}$$

式中:P_{B}——纵向密度,线圈数/50mm;

B——圈高,mm。

横密主要用于控制织物幅宽,因为针织圆纬机的针筒直径和机号确定后,总针数便确定了,织物的线圈纵行数是不会变的,因此生产中主要测定的是织物的纵密,以便及时调整线圈长度,使织物达到规定的纵向密度。由于针织物在加工过程中容易产生变形,密度的测量分为机上密度、毛坯密度、光坯密度三种。其中光坯密度是成品质量考核指标,而机上密度、毛坯密度是生产过程中的控制参数。机上测量织物纵密时,其测量部位是在卷布架的撑挡圆铁与卷布辊的中间部位。机下测量织物在自由状态下的密度,应在织物放置一段时间(一般为24h),待其充分回复趋于平衡稳定状态后再进行。测量部位在离布头150cm、离布边5cm处。

三、未充满系数

针织物的稀密程度受密度和纱线线密度两个因素的影响。密度仅反映了一定面积内线圈数目对织物稀密程度的影响。为了反映在相同密度条件下纱线线密度对织物稀密程度的影响,则用未充满系数δ来表示,未充满系数δ为线圈长度l与纱线直径f的比值。见下式:

$$\delta = \frac{l}{f}$$

l值越大,f值越小,δ值就越大,表明织物中未被纱线充满的空间越大,织物越稀松。

四、单位面积干燥重量

单位面积干燥重量是指每平方米干燥针织物的克重数($\mathrm{g/m^2}$),它是国家考核针织物质量的重要物理指标。

当已知针织物线圈长度l,纱线线密度$\mathrm{Tt(tex)}$,横密P_A、纵密P_B时,可用下式求得针织物单位面积重量Q'($\mathrm{g/m^2}$):

$$Q' = 0.0004 P_A \times P_B \times l \times \mathrm{Tt}(1 - y)$$

式中:y——加工时的损耗率。

如已知所用纱线的公定回潮率W,则针织物单位面积干燥重量Q为:

$$Q = \frac{Q'}{1 + W}$$

单位面积干燥重量 Q 也可用称重法求得:在织物上剪取 $10\mathrm{cm} \times 10\mathrm{cm}$ 的样布,放入已预热到 $105 \sim 110^\circ\mathrm{C}$ 的烘箱中,烘至恒重后在天平上称出样布的干重 $Q''(\mathrm{g})$,则每平方米坯布干重 $Q(\mathrm{g/m^2})$ 为:

$$Q = \frac{样布干重}{样布面积} \times 10000 = \frac{Q''}{10 \times 10} \times 10000 = 100Q''$$

这是针织厂物理实验室常用的方法。

五、厚度

针织物的厚度取决于它的组织结构、线圈长度和纱线线密度等因素,一般以厚度方向上有几个纱线直径来表示。

六、脱散性

针织物的脱散性是指当针织物中纱线断裂或线圈失去串套联系后,线圈与线圈分离的现象。针织物的脱散与它的组织结构、纱线的摩擦因数、未充满系数以及纱线的抗弯刚度等因素有关。

七、卷边性

有的针织物在自由状态下其布边会包卷,这种现象称为卷边。这是由于线圈中弯曲线段所具有的内应力力图使线段伸直而引起的。卷边性与针织物的组织结构、纱线弹性、线密度、捻度和线圈长度等因素有关。

八、延伸度

针织物的延伸度是指针织物在受到外力拉伸时,其尺寸伸长的特性。它与针织物的组织结构、线圈长度、纱线性质和线密度有关。针织物的延伸可分为单向延伸和双向延伸两种。

九、弹性

针织物的弹性是指当引起针织物变形的外力去除后,针织物形状回复的能力。它取决于针织物的组织结构、纱线的弹性、摩擦因数和针织物的未充满系数。

十、断裂强力与断裂伸长率

针织物在连续增加的负荷作用下至断裂时所能承受的最大负荷称为断裂强力。布样断裂时的伸长量与原来长度之比称为针织物的断裂伸长率,用百分比表示。

十一、收缩率

针织物的收缩是指针织物在使用、加工过程中长度和宽度的变化。它可由下式求得:

$$Y = \frac{H_1 - H_2}{H_1} \times 100\%$$

式中:Y ——针织物的收缩率;

H_1 ——针织物在加工或使用前的尺寸;

H_2 ——针织物在加工或使用后的尺寸。

针织物的收缩率可有正值和负值,如在横向收缩而纵向伸长时,则横向收缩率为正,纵向收缩率为负。

十二、勾丝与起毛起球

针织物在使用过程中碰到尖硬的物体,织物中纤维或纱线就会被勾丝。当织物在穿着、洗涤中不断经受摩擦,纱线表面的纤维端露出织物,称为起毛。若这些起毛的纤维端在以后的穿着中不能及时断裂脱落,就相互纠缠在一起被揉成许多球形小粒,称之为起球。

起毛起球和勾丝主要在化纤产品中较突出。它与原料种类、纱线结构、针织物组织结构、后整理及成品的服用条件等因素有关。

思考与练习题

1.针织产品按用途可以分为哪几类?请列举一些具体品种的例子。

2.什么叫纬编,什么叫经编?

3.线圈由哪几部分构成?

4.纬编针织物与经编针织物在使用性能上有何不同?

5.简述针织物的主要服用性能,针织物与机织物的性能差异及原因。

6.简述针织物的主要物理机械指标。

第二章 针织机基本知识

> **● 本章知识点 ●**
>
> 1. 织针的类型及适用机型。
> 2. 针织机的分类与一般结构。
> 3. 机号的概念与表示方法,机号与可加工纱线细度及织物密度的关系。

第一节 针织机的分类及一般结构

一、针织机的分类

利用织针把纱线编织成针织物的机器称为针织机。针织机根据成圈方式的不同分为纬编针织机和经编针织机。

右图分别为钩针、舌针和复合针的示意图。钩针采用圆形或椭圆形截面的钢丝制成,每根针为一个整体。由于采用钩针的针织机上成圈机构比较复杂,同时闭口过程中针钩会受到反复压弹作用而引起疲劳,影响其使用寿命,所以目前只用于台车、吊机等少数针织机,原来使用钩针的经编机也逐渐被复合针取代。舌针采用钢丝或钢带制成。舌针随针织机类型的不同而有差别。舌针在成圈过程中是依靠线圈的移动,使针舌回转形成开口和闭口,因此成圈机件较为简单。舌针用于大多数纬编针织机和部分经编机。复

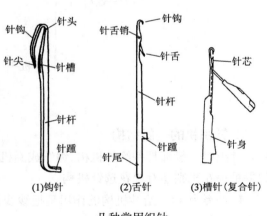

几种常用织针

合针又称槽针,由针身和针芯两部分构成,针芯在针身的槽内滑移以开闭针口。复合针在成圈过程中的运动动程较小,有利于提高针织机的速度和增加成圈系统数,而且编织的线圈结构较均匀。复合针广泛应用于高速经编机。

纬编针织机分类见下表 1 - 2 - 1。经编针织机除按针床数量分为单针床经编机和双针床经编机,按针型分为钩针经编机、舌针经编机和复合针经编机外,还按织物引出方向和附加装置分为特里柯脱型经编机、拉舍尔型经编机和特殊类型经编机(钩编机、缝编机、管编机等)三大类,其中广泛使用的是前两类。

表 1 - 2 - 1　纬编针织机分类

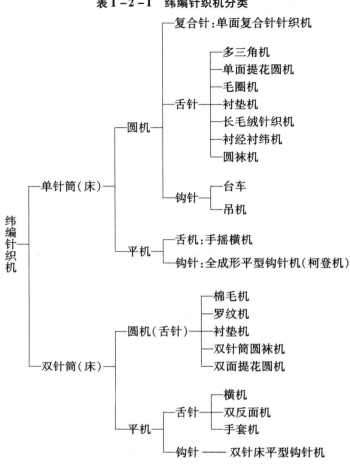

二、针织机的一般结构

针织机一般都具备给纱机构、编织成圈机构、牵拉卷取机构、传动机构及一些辅助装置。如果是提花机则还有提花选针机构。

1.给纱机构　给纱机构的作用是把纱线从筒子上退解下来,输送到编织区域。针织机的给纱机构有消极式和积极式两种。目前生产中常采用积极式给纱或送经机构,以控制针织物的线圈长度,改善针织物质量。

对针织机给纱机构的要求是:

(1)纱线必须连续、均匀、定量地送入编织区域。

(2)各编织系统之间的给纱比保持一致。

(3)送入各编织区域的纱线张力大小适宜,均匀一致。

(4)喂纱量能随着产品品种的改变而进行有效改变,且调整方便。

(5)纱架能安放足够数量的预备纱筒。

2.成圈机构　成圈机构的作用是将导纱器喂入的纱线顺序地弯曲成线圈,并使之与旧线圈相串套而形成针织物。成圈机构由织针等一系列成圈机件构成,它们相互配合完成成圈过程。成圈机构是针织机上最关键的机构,其质量好坏,直接决定着坯布的质量和成圈过程的顺利与否。

3. 牵拉卷取机构　牵拉卷取机构的作用是在编织过程中将已形成的针织物从成圈区域引出,并卷绕成一定形式的布卷,使编织过程能顺利完成。牵拉卷取量的调节对成圈过程和产品质量影响很大,为了使织物密度均匀、幅宽一致,要求牵拉和卷取能连续进行,且牵拉和卷取的张力稳定。卷取时还要求卷装成形良好。

4. 传动机构　传动机构的作用是将电动机的转动传送给针织机的上述各个机构,使它们协调工作完成各自的任务。要求传动机构传动平稳、动力消耗少、便于调节、操作安全方便。

5. 辅助装置　辅助装置是为了保证编织正常进行而设置的。纬编针织机的辅助装置通常有故障自停装置、制动装置、自动加油装置、清洁除尘装置、扩布器、开关装置等。

横机还有针床横移机构,它使横机的一个针床能相对于另一个针床作一定针距的横移,以进行移圈等编织;经编机有梳栉横移机构,用于控制经编机的导纱针在针前、针后横移以垫纱。

第二节　针织机的机号及其选择

一、针织机的机号

针织机的机号是反映针织机用针粗细、针距大小的一个概念,机号即针床上规定长度内所具有的针数,通常规定长度为25.4mm(1英寸)。机号 E 与针矩 T 的关系可用下式表示:

$$E = \frac{25.4}{T}$$

式中:E——机号,针/25.4mm;

　　　T——针距,mm。

由此可知,针织机的机号说明了针床上植针的稀密程度。针距越小,即植针越密,机号则越高,也就是针床上规定长度内的针数越多;反之,针距越大,用针越粗,则针床规定长度内的针数越少,机号越低。在单独表示机号时,应由符号 E 和相应数字组成,如 $E18$、$E22$ 等。使用钩针的台车和吊机在计算机号时,规定长度的选用上有所不同,其规定长度见表1-2-2所示。

表1-2-2　不同类型针织机确定机号时针床的规定长度

针织机类型		针床规定长度(mm)	备　　注
纬编机	台车	38.1(1.5英寸)	—
	圆袜机、横机、双反面机、罗纹机、多三角机、棉毛机	25.4(1英寸)	—
	吊机	41.67(1.5法寸)	每法寸中的针数小于20
		27.78(1法寸)	每法寸中的针数大于20

续表

针织机类型		针床规定长度(mm)	备　注
经编机	使用槽针、钩针的特里柯脱型经编机	25.4(1 英寸)	—
		23.6(1 德寸)	
		30	Z303 型经编机
	拉舍尔型经编机	50.8(2 英寸)	—
		47.2(2 德寸)	—

二、机号与加工纱线线密度和织物密度的关系

不同机号针织机可加工纱线的粗细也就不同。机号越高,所用针越细,针与针之间的间距也越小,所能加工的纱线就越细;机号越低,所用纱线则越粗。在各种不同机号的机器上,可以加工纱线的粗细是有一定范围的。

1. 一定机号的针织机上最适合加工的纱线线密度　某种机号的针织机上可以加工的最粗纱线,决定于成圈过程中针与其他成圈机件之间间隙的大小,纱线的粗细应能保证该纱线在编织过程中顺利通过该间隙(应考虑该间隙必须容纳的纱线根数和结头)。如果纱线过粗,成圈过程中纱线可能被成圈机件擦伤、轧断。由于织针各部位的厚薄不同,在成圈的各个阶段中,针与其他成圈机件间的间隙大小也是不同的。因此考虑所能加工的最粗纱线时,还应考虑成圈的特征,以成圈过程中机件间的最小间隙为依据。

某一机号针织机所能加工的最粗纱线的线密度 Tt 与机号 E 之间的关系可用下式表示:

$$Tt = \frac{K_t}{E^2}$$

式中:K_t——类比系数。由于 K_t 值的计算较复杂,实际生产中很少使用。

某机号针织机所能加工的最细纱线,理论上不受限制,它只取决于织物服用性能或者织物的未充满系数指标。

在某一机号的针织机上,由于各成圈机件尺寸的限制,可以加工的最短线圈长度是一定的(线圈长度过小,退圈、脱圈时就会发生困难)。这样,相同组织结构时,纱线越细,织物就越稀薄,但使纱线无限地变细就会影响织物品质,甚至使其失去服用性能。故在实际生产中,一般由经验决定一定机号机器最适合加工的纱线线密度。

2. 加工纱线线密度的估算法　工厂中也常由经验决定某一机号的机器最适合加工的纱线的线密度,主要的有类比系数法和实测密度法。

(1)类比系数法。若已知纱线线密度求机号,或已知机号求纱线线密度,只要知道类比系数 K_t 值即可。

例一　已知台车上用机号34 可以编织9tex×2、9.7tex×2 的汗布,现要编织7.3tex×2、6tex×2 的汗布,应选用哪一种机号。

解:用类比法算出 K_t 值:

$$K_t = \text{Tt} \cdot E^2 = \frac{9 \times 2 + 9.7 \times 2}{2} \times 34^2 = 21617.2$$

$$E_1 = \sqrt{\frac{K_t}{\text{Tt}}} = \sqrt{\frac{21617.2}{7.3 \times 2}} = 38.5$$

$$E_2 = \sqrt{\frac{21617.2}{6 \times 2}} = 42.4$$

由此估算出 7.3tex×2 可在机号为 38 的机器上编织，6tex×2 可在机号为 42 的机器上编织，这两种纱线也均可在机号为 40 的机器上编织。

例二　已知提花圆机上用机号 20 加工 16.7tex(150 旦)、14tex(125 旦)的涤纶长丝，用机号 22 加工 14tex(125 旦)、11tex(100 旦)涤纶长丝，试估算加工 8.3tex(75 旦)涤纶长丝应采用何种机号。

解：∵

$$\text{Tt} = \frac{K_t}{E^2}$$

$$K_1 = 20^2 \times \frac{16.7 + 14}{2} = 6140$$

$$K_2 = 22^2 \times \frac{14 + 11}{2} = 6050$$

∴

$$E = \sqrt{\frac{K_1 + K_2}{2 \times \text{Tt}}} = \sqrt{\frac{6140 + 6050}{2 \times 8.3}}$$

$$\approx 27$$

由此估算出，加工 8.3tex(75 旦)涤纶长丝宜采用机号 26 或机号 28 的机器。

（2）实测密度法。在实际工作中，还可以用一种更简便的方法来估算一块不知纱线线密度指标的织物在何种机号上加工。针织工作者在长期工作实践中，将织物横密和机号的关系归纳为这样一个经验公式：

$$E = \frac{5}{4} n$$

式中：n——12.7mm(0.5 英寸)内织物的纵行数；

E——25.4mm(1 英寸)内的织针数。

若用横向 50mm 中纵行数 P_A 表示，则近似得：

$$E = \frac{5}{4} n \times \frac{4}{4} = \frac{5}{4 \times 4} \times P_A \approx \frac{1}{3} P_A$$

即

$$\frac{25.4}{T} = \frac{1}{3} \times \frac{50}{A}$$

$$A \approx \frac{2}{3} T$$

式中：A——圈距。

　　这个经验公式对于一般服用针织物,特别是通常的针织外衣织物是适用的。它实质上反映了针距与圈距的一般关系,也就是织物的下机回缩率。用文字表述即:通常织物的圈距是针床针距的2/3。

　　当然,这种经验公式也只是一种近似估算,织物下机后,定形轧幅等工艺有可能使数字稍有增减,但其误差一般不超过3%~5%。这种办法特别适合于织物样品的分析。

思考与练习题

　　1. 简述舌针、复合针和钩针的特点及主要应用机型。

　　2. 简述纬编针织机和经编针织机的分类。

　　3. 简述针织机的一般结构。

　　4. 针织机的机号是如何规定的? 简述机号高低与所能加工的纱线线密度及织物密度的关系。

第三章　针织用纱及针织生产工艺流程

第一节　针织用纱

针织用纱从原料选择、基本要求到品质要求均与机织物用纱不同。纱线的特性在一定程度上影响着针织物的特性,同时为针织物的开发带来丰富变化。

一、针织用纱及基本要求

纱线是从纤维到织物的中间环节,纱线的性能和特点直接影响织物及最终产品的外观和特性。因此纱线选择是针织物设计生产中不可忽视的环节。

针织用纱按纤维形态和加工方法可分为短纤维纱、长丝和变形纱三大类:

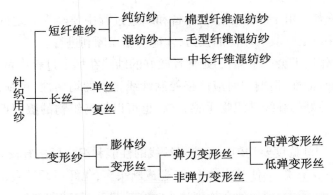

针织用纱中短纤纱占有很大的比重,短纤纱一般分纯纺和混纺两类,它们按使用纤维的长度、线密度和纺纱设备等不同又分为棉型、中长型和毛型三类,其长度、线密度范围见下表所示。

棉型、中长型、毛型纤维的长度、线密度规格表

项　　目		棉　型	中长型	毛　型
长　度	mm	33～38	51～76	76～102
线密度	dtex	1.32～1.65	2.2～3.3	3.3～5.5

棉型纱线细腻而柔软,吸湿性好,宜做内衣织物;毛型纱线较粗,蓬松而富有弹性,毛感强,宜做外衣织物;中长型纤维纱线虽然也较细,但具有毛感,而且加工工序短、生产率高、成本低,可代替毛纱作为针织原料。

长丝有单丝、复丝两种。只由一根丝组成的长丝称单丝;由数根或数十根单丝组成的长丝称复丝。单丝常用于织制头巾、透明袜等轻薄型针织品,复丝广泛用于各种经纬编坯布的编织中。

变形纱是一种新型纱线,常用的有腈纶膨体纱和变形丝。变形丝主要有涤纶低弹丝和锦纶高弹丝两种。变形纱具有较好的弹性和膨松性,其织物丰满,手感柔软,弹性、保暖性好。涤纶低弹丝常用于衬衫,外衣等的编织中;锦纶高弹丝常用于袜类、手套、游泳衣裤、弹力内衣等织物。腈纶膨体纱多用于腈纶衫、裤的生产中。

此外,还有各种异形纤维和利用新型纺纱工艺生产的各种花式纱、包芯纱等,为针织用纱开辟了新的领域。

二、针织用纱的品质要求

一般说来,针织用纱的质量标准较机织为高,在纺纱厂选用原料及纺纱工艺中都应考虑针织用纱所具有的特点。这不仅是为了适应针织物的品质要求,而且因为针织物在织造过程中纱线要受到复杂的机械作用——成圈时要受到一定的负荷,产生拉伸、弯曲和扭转变形;纱线在通过成圈机件及线圈相互串套时还要受到一定的摩擦。同时,由于针织物成布的特殊方式及容易脱散的特点,若纱线质量差会使坯布产生破洞、脱套等现象,甚至使整个编织无法顺利进行,严重地影响产品的质量和产量。为保证针织品的质量和编织的顺利进行,对针织用纱有如下一些要求:

1. 强力和延伸性 由于纱线在针织准备和织造过程中要经受一定的张力和反复负荷的作用,因此针织用纱必须具有较高的强力,才能使编织顺利进行。

纱线在拉伸力作用下会产生伸长,延伸性较好的纱线在加工过程中可以减少断头,而且可以增加针织品的延伸性,但编织时应严格控制纱线张力的均匀性,否则,会造成织物线圈长度的不匀。延伸性好的纱线其织物手感柔软,也可以提高织物的服用性能,即耐磨、耐冲击、耐疲劳性能。

2. 捻度 针织用纱捻度要均匀。捻度对纱线的性能和织物风格有较大的影响。捻度过小,对一般低强度纱线来说,会使其强力不足,造成断头多;化纤短纤纱会由于纤维间摩擦阻力小、容易滑动而影响强力;变形丝在捻度过小时容易起毛、起球和勾丝。捻度过大,则纱线在编织过程中易于扭结,从而造成大量织疵和坏针,同时,捻度过大会使纱线体积重量增加,则产品发硬,影响织物手感,并且产品成本提高,在某些织物组织中还会造成线圈纵行的严重歪斜。一般说来,针织用纱要求柔软光滑,捻度应低于梭织用纱,特别对需起绒和缩绒的绒布、羊毛衫等产品,纱线捻度要求更偏低。

3. 条干均匀度和光洁度 针织用纱的条干均匀度要求较高,应控制在一定的范围内,条干不匀将直接影响针织物的质量。机织物中由于其经纱和纬纱的直铺方式,不匀的纱条在布面上较为分散,而针织物由于其特殊的线圈排列、串套成布方式,过粗或过细的纱条在织物中分布较集中,会在织物表面形成明显的云斑,影响其外观和内在质量。条干不匀还会使纱线强力降低,编织时断头增加,过粗处还会损坏织针。

针织用纱还要有一定的光洁度,否则不但影响产品的内在、外观质量,还会造成大量坏针,使编织无法正常进行。如棉纱的棉结杂质、过大的结头;毛纱的枪毛、草屑、杂粒、油渍、表面纱疵;蚕丝中的丝胶等都会影响纱线的弯曲和线圈大小的均匀,甚至损坏成圈机件,在织物上造成破洞。

4.吸湿性和回潮率 吸湿性和回潮率的大小不仅关系到服装的舒适性、卫生性,而且对纱线性能(柔软性、导电性、摩擦性等)的好坏、生产能否顺利进行会产生影响。回潮率过低,纱线脆硬,化纤纱还会产生明显的静电现象,使编织难以顺利进行;回潮率过高,则使纱线强力降低,编织中与机件间摩擦力增大,损伤纱线。为了减少纱线的摩擦因数,化纤丝表面要有一定含量的除静电剂和润滑剂,短纤纱要上蜡。

根据针织物用途的不同对纱线还应有不同的要求。如汗布要求吸湿、坚牢、轻薄、滑爽、质地细密、纹路清晰,布面疵点如阴影、云斑、棉结杂质尽量少,因此要求原纱比较细,纱线的条干与捻度比较均匀。同时在纺纱过程中应采用精梳,以提高原棉中纤维的整齐度,减少短绒与棉结杂质,使纱线的条干均匀度和强力提高,在成纱过程中应适当提高捻度,使织物手感滑爽。冬季用棉毛衫裤要求柔软,保暖性和弹性好,而且棉毛布是双面针织物,故用纱要求在强力、条干均匀度等方面较汗布为低,一般用单纱,不采用精梳,适当降低捻度,使织物手感更柔软。而对绒衣、绒裤用纱则应选用长度较短、成熟度好、细度较粗的原棉,适当降低捻度,使其易于拉绒。对外衣则要求纱线坚牢耐磨,有一定弹性、蓬松性,条干均匀,有毛型感或丝绸感,易洗、快干、免烫。

第二节　针织生产工艺流程

针织厂的生产工艺流程根据出厂产品的不同而有所不同。

一、纬编针织厂生产工艺流程

多数纬编针织厂是纱线进厂,服装成衣出厂。其工艺流程如下:

纱线进厂──络纱──编织──毛坯检验、称重、打印──半成品入库──染整、定形──光坯检验──配料复核及对色检验──裁剪、成衣──成品检验──包装入库。

在纬编针织厂,短纤维纱通常先要经过络纱工序再上机编织,而化纤长丝筒子纱一般可直接上机。有的纬编针织厂只生产毛坯布,没有染整与成衣工序。

二、经编针织厂生产工艺流程

经编针织厂纱线先要经过整经工序,将纱线平行排列卷绕到经轴上,再上机编织。其生产工艺流程如下:

纱线进厂—→检验—→整经—→编织—→毛坯检验、称重—→半成品入库—→染整、定形—→成品布检验—→打卷、称重、包装—→成品入库。

思考与练习题

1. 简述针织用纱的分类及基本要求。
2. 简述针织生产工艺流程。

第二篇
纬 编

第一章　纬编准备

本章知识点

1. 了解络纱的目的,掌握络纱的要求。
2. 了解筒子的卷装形式。
3. 了解对纱线进行辅助处理的一般形式,实际生产中的选用。
4. 了解针织中常用的几种络纱设备。

第一节　络纱的目的和要求

进入针织企业的纱线卷装形式一般有绞纱和筒子纱两种,为使其卷装形式能适应纬编生产中纱线退绕条件,需要预先做好纬编的准备工作,在整个纬编生产的工艺流程中该工序称为络纱。即需要按照纱线的类型、纬编针织机的不同类型将纱线卷绕成不同的形式,以保证编织的顺利进行。

一、络纱的目的

绞纱不能直接应用在针织机上,必须将其络成筒子纱。筒子纱有些可以直接应用,有些也要重新络成符合针织用纱的要求,具有一定规格的筒子纱。

在络纱过程中除了使纱线卷绕成一定形状的卷装外,同时还可以进一步消除纱线上存在的杂质、棉结、大头、滑结、粗细节等疵点,使针织机生产效率提高,产品质量改善。

络纱过程中还可以对纱线进行必要的辅助处理,如上蜡、上油、加乳化液、加湿及消除静电等,以改善纱线的编织性能。

二、络纱要求

在络纱过程中,应尽量保持纱线原有的物理机械性能,如弹性、延伸性、强力等。络纱张力要求均匀、适度,以保证恒定的卷绕条件和良好的筒子结构。

络纱的卷装形式应便于存储和运输,要考虑到针织生产时纱线的退绕和退绕时产生的张力。同时应考虑筒子的卷绕容量应大些,采用大卷装可以减少针织生产中换筒次数。这样,既能减轻操作者的劳动强度,又能提高机器的生产率。

三、络纱生产指标

1. 产量　络纱产量是以一定时间内所络出的纱线重量来确定的,也就是络纱机的生产

率。在实际运用中,分为理论生产率和实际生产率。在计算理论生产率时,不考虑停车率。计算方式如下:

一个锭子每小时的理论生产率 $A_1[kg/(锭 \cdot h)]$ 的计算:

$$A_1 = \frac{V \times 60 \times Tt}{1000 \times 1000}$$

一台络纱机在 t 小时内的理论产量 $A(kg)$ 的计算公式为:

$$A = A_1 \cdot M \cdot t = \frac{V \times M \times t \times Tt \times 60}{1000 \times 1000}$$

式中:V——平均络纱速度,m/min;

M——一台络纱机的锭子数;

t——计算的时间,h;

Tt——纱线线密度,tex。

那么,一个锭子每小时的实际生产率 A_2 为:

$$A_2 = A_1 \times \eta$$

式中:η——有效时间利用系数,一般为 0.7 ~ 0.85。

2. 质量 络纱质量主要是控制卷装的内在和外在质量。内在质量诸如纱线的卷绕密度、纱线张力以及其他针织用纱的特殊质量指标;外在质量即是卷装的成形质量。如果络筒工艺合适,由于清除了一部分弱节和杂质,单纱断裂强度会略有提高,纱线的光洁度也得到提高。若工艺设计不当,纱线会被过分拉伸和摩擦,纱体变细,单纱强力会下降。此外,在络纱过程中由于设备及操作规范等因素的原因,常产生一些疵点筒子,这既浪费了原材料,也会在很大程度上影响编织生产。

3. 损耗 络纱损耗由下列因素组成:

(1)原料中水分挥发和棉籽、杂质、飞花等清除所造成的无形损耗。

(2)换纱管或绞纱的回丝以及断头打结产生的纱头损失。

(3)清除不良纱管产生的回丝。

络纱损耗常用络纱损耗率来表示。络纱损耗率可按下式计算:

$$络纱损耗率 = \frac{络纱前纱重 - 络纱后纱重}{络纱前纱重} \times 100\%$$

络纱损耗率通常本色纱为 0.1% ~ 0.5%,色纱为 0.17% ~ 0.35%,锦纶弹力纱为 0.5% ~ 0.8%,涤纶低弹丝为 0.5% 左右。

第二节 筒子的卷装形式与络纱设备

一、筒子的卷装形式

筒子的卷装形式很多,针织生产中常用的有圆柱形筒子、圆锥形筒子两种。

1. 圆柱形筒子　圆柱形筒子主要用于络涤纶低弹丝和锦纶高弹丝等化纤原料。这种筒子在退绕时张力波动较大,但其容量比一般筒子大,其形状如图 2 - 1 - 1 所示。纱层厚度相等,上下两端面略有倾斜。从化纤厂出来而直接用于针织生产的一般都是圆柱形筒子,根据需要也可以对其进行重新络筒。

2. 圆锥形筒子　圆锥形筒子是针织生产中广泛采用的一种卷装形式,它不但容纱量大,纱线退绕时张力波动较小,而且络纱生产率较高。在针织生产中采用的圆锥形筒子有下列三种:

(1)等厚度圆锥形筒子。这种筒子的形状如图 2 - 1 - 2(1)所示,它的锥顶角和筒管的锥顶角相同,纱层截面是长方形,上下纱层间没有位移。

(1)　　　　(2)　　　　(3)

图 2 - 1 - 1　圆柱形筒子的　　　　　图 2 - 1 - 2　圆锥形筒子的卷装形式
　　　　　　　卷装形式

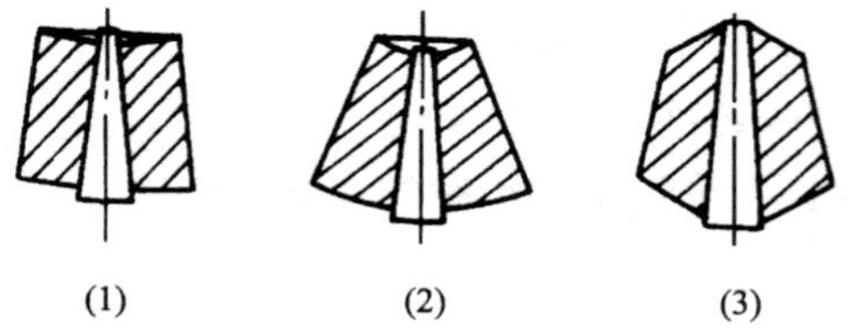

(2)球面形筒子。这种筒子的形状如图 2 - 1 - 2(2)所示,它的两端呈球面状,纱线在大端卷绕的纱圈数较多,同时纱层按一定规律向小端移动,于是大端呈凸球面,小端呈凹球面。筒子的锥顶角大于筒管的锥顶角。

(3)三截头圆锥形筒子。这种筒子的形状如图 2 - 1 - 2(3)所示,俗称菠萝形筒子。这种筒子上的纱层依次地从两端向中部缩短。因此,除了筒子中段呈圆锥形外,两端也呈圆锥形。筒子中段的锥顶角等于筒管的锥顶角。这种筒子的退绕条件好,退绕张力波动较小,适用于各种长丝,如化纤长丝、真丝等。

筒子的卷装结构在工艺上具有重要的意义,它不仅影响卷装的形式和容量的大小,而且对以后的退绕条件也起决定性的作用。卷装的结构主要取决于卷绕方式。

图 2 - 1 - 3 为某种圆机上使用的纱筒,图中可以看到使用了等厚度圆柱形筒子和等厚度圆锥形筒子。

二、络纱设备

络纱机种类较多,常用的有普通络纱机、菠萝锭络丝机、松式络筒机和自动络筒机等。普通络纱机主要用于络取棉、毛及混纺等短纤维纱,菠萝锭络丝机用于络取长丝。菠萝锭络丝机的络丝速度及卷装容量都不如普通络纱机。松式络筒机可以将棉纱等纱线络成密度较松且均匀的筒子,以便进行筒子染色,用于生产色织产品。

络纱机的主要机构和作用如下:卷绕机构使筒子回转以卷绕纱线;导纱机构引导纱线有规律地分布于筒子表面;张力装置给纱线以一定张力;清纱装置检测纱线的粗细,清除附在

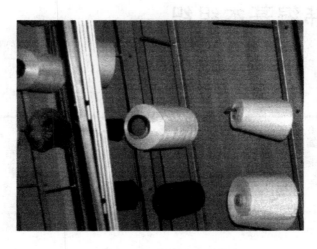

图 2 - 1 - 3　圆机上的筒纱

纱线上的杂质疵点;防叠装置使纱层之间产生移位,防止纱线的重叠;辅助处理装置可以对纱线进行上蜡和上油等处理。

在上机络纱或络丝时,应根据原料的种类与性能、纱线的细度、筒子硬度等方面的要求来选择络纱机种类,并调整络纱速度、张力装置的张力大小、清纱装置的刀门间距、上蜡上油的蜡块或乳化油成分等工艺参数,并控制卷装容量,以生产质量符合要求的筒子。

思考与练习题

1. 简述络纱的目的和要求。

2. 针织生产中采用的筒子卷装形式有几种,各具什么特点,各适用什么原料?

3. 对纱线进行辅助处理的一般形式有哪些? 生产中应如何选择?

第二章 纬编基本组织

　　针织物中的组织是针织物结构单元的组合表现形式,由不同的结构单元和不同的组合形式形成了针织物多种多样的组织。本章所讨论的纬编基本组织最显著的特点就是它们具有相同的结构单元——线圈,因不同的组合形成了不同的基本组织。

　　根据线圈脱圈时的方向不同分为正面线圈和反面线圈;根据正反面线圈在针织物表面的不同分布,分为单面针织物和双面针织物;根据正反面线圈的不同配置,纬编基本组织分别有纬平针组织、罗纹组织、双反面组织和双罗纹组织。

第一节　纬平针组织

　　纬平针组织又通称平针组织,为单面纬编针织物的基本组织,广泛应用于内衣、外衣、袜品和手套生产中。

一、纬平针组织的结构

　　纬平针组织的结构如图 2 - 2 - 1 所示,它由连续的单元线圈相互串套而成。纬平针织物的两面具有明显不同的外观。图 2 - 2 - 1(1)所示为织物正面,正面主要显露线圈的圈柱。成圈过程中,新线圈从旧线圈的反面穿向正面,纱线上的结头、棉结杂质等被旧线圈阻

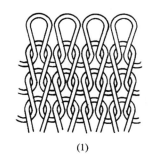
(1)

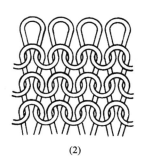
(2)

图 2 - 2 - 1　纬平针织物的结构

挡而停留在反面,因正面与线圈纵行同向排列的圈柱对光线有较好的反射性,故正面平整光洁。图2-2-1(2)所示为织物反面,反面主要显露与线圈横列同向配置的圈弧。由于圈弧比圈柱对光线有较大的漫反射,因而织物反面较为粗糙暗淡。

图2-2-2所示为变化平针织物,变化平针织物是在纬平针的基础上采用某些织针不编织形成浮线纵行,它可由抽针或选针机构控制某些织针不工作来完成。

图2-2-2　变化平针织物

纬平针组织的工艺参数主要有线圈长度、密度、密度对比系数、未充满系数、单位面积重量等,它们都是针织物组织设计和质量控制的重要依据。

纬平针组织的线圈长度可用理论公式 $l = \frac{\pi}{2}A + 2B + \pi f$ 计算,式中 A、B、f 分别为圈距、圈高和纱线直径。但生产中常使用仪器在编织过程中直接测量线圈长度,以便监控针织物的机上密度。在针织物分析中则常用拆散法来计算线圈长度。下机坯布经过染色、水洗、定形等后整理,加之纤维的热收缩性,光坯布的线圈长度比毛坯布的线圈长度小。根据经验,毛坯布的线圈长度与光坯布线圈长度之比,棉纱为101%~102%,涤纶低弹丝为102%~103%,涤纶长丝为110%~118%。

线圈长度与针织物的许多特性有关,在一定条件下,线圈长度将严重影响针织物的服用性能,所以它是一项重要的物理指标。

纬平针织物的未充满系数 δ 根据对织物使用要求不同而有所不同,一般棉、羊毛织物 δ 取20~21,锦纶长丝织物 δ 取42左右。

二、纬平针织物的特性

(一)线圈的歪斜

纬平针织物在自由状态下,线圈会发生歪斜,影响针织物的外观和使用。这种现象的发生一般是由于纱线捻度不稳定所引起的。

线圈纵行的歪斜程度,取决于纱线的线密度、捻度的大小、加捻的稳定程度和织物的密度。当纱线较细时,线圈的歪斜较小;当捻度较小且捻度较稳定时,线圈的歪斜较小;当针织物的结构比较紧密时,线圈歪斜需克服较大的阻力,则线圈的歪斜也较小。因而在针织生产中应采用低捻和捻度稳定的纱线。为提高纱线捻度稳定性,在编织前可预先对纱线进行汽蒸处理。

(二)卷边性

纬平针织物在自由状态下其边缘有明显的包卷现象,称为针织物的卷边。

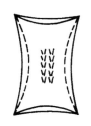

图2-2-3　针织物的卷边
示意图

针织物的卷边性是由于弯曲纱线弹性变形的消失而形成的。纬平针织物横向和纵向的卷边方向不同。沿着线圈纵行的断面,其边缘线圈向织物反面卷曲;沿着线圈横列的断面,其边缘线圈向织物正面卷曲;而在纬平针织物的四个角,卷边作用力相互平衡而不发生卷边。因而纬平针织物卷边形状如图2-2-3所示。

纬平针织物的卷边性随着纱线弹性的增大、纱线线密度的增大和线圈长度的减小而增加。

卷边现象使针织物在后整理以及缝制加工时产生困难,故纬平针织物一般以筒状的坯布形式作后整理;在裁剪前一般要经过轧光或热定形处理。

纬平针织物卷边性应用于服装设计可形成特殊的立体效果。

(三)脱散性

在针织物中,当纱线断裂或线圈失去串套联系后,在外力的作用下,线圈依次从被串套线圈中脱出的状态称为针织物的脱散性。纬平针织物的脱散可能有两种情况:

1. 线圈失去串套联系　纱线没有断裂,线圈失去串套从整个横列中脱散出来。这种脱散只可在针织物边缘横列中进行,线圈逐个连续地脱散出来。纬平针织物的脱散可以沿逆编织方向进行,也可沿顺编织方向进行。对于有布边的针织物,如图2-2-4所示,由于边缘线圈的阻碍,脱散仅能按逆编织方向发生。纱线未断裂的线圈脱散有时是有利的:它可使针织物脱散纱线回用而达到节约原料的目的;可在成形产品的连续生产中作为分离横列或握持横列;利用编织脱散线圈的方法可以生产解编变形纱;利用这种脱散性还可以测量针织物的实际线圈长度以及分析针织物的组织结构。

2. 纱线断裂　线圈沿着纵行,从断裂纱线处分解脱散。这种脱散可在纬平针织物的任何地方发生。它将影响针织物的外观,缩短针织物的使用寿命。当纱线在针织物的某处断裂时,线圈的平衡条件遭到破坏,纱线克服一系列阻力后就开始转移,如图2-2-5所示。断裂纱线首先从线圈Ⅰ中脱出,使线圈Ⅰ失去支持,然后线圈Ⅰ便可从线圈Ⅱ中脱出。

阻止线圈脱散的阻力大小,是由纱线抗弯刚度和纱线摩擦力决定的。只有当针织物内纱线张力超过这个阻力时,线圈才有可能脱散。

针织物的脱散性与线圈长度成正比,与纱线的摩擦因数及抗弯刚度成反比。当针织物受到横向拉伸时,由于圈弧扩张也会加大针织物的脱散。

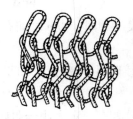

图 2-2-4 针织物线圈沿
横列顺序脱散

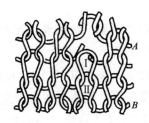

图 2-2-5 纱线断裂处线圈脱散

（四）延伸度

针织物的延伸度是指针织物在外力拉伸作用下伸长的程度。如果不考虑纱线本身的伸长，则针织物的拉伸变形是由于线圈结构的改变而发生的。针织物的延伸度，按照受不同方位拉伸力的作用，有单向和双向之分。

1. 单向延伸度 单向延伸度是指针织物仅受一个方向拉伸力的作用时，其尺寸沿拉伸方向增加，而在垂直与拉伸方向缩短的程度。

纬平针织物的横向延伸度大于纵向延伸度。

2. 双向延伸度 双向延伸度是指针织物受到纵向和横向同时拉伸时，其面积的增加程度。一般纬平针织物在双向拉伸时，其线圈的最大面积，较原来面积增加57%左右。双向拉伸在针织物的生产和使用中经常会遇到，如坯布纵向牵伸和横向扩幅，针织衣裤在穿着时肘部、臀部、膝部均产生双向拉伸。在生产过程中应尽量减小对针织物的过度拉伸，否则不能有效地控制针织物缩水率，导致产品质量降低。针织物的双向拉伸度为穿着者的运动提供了易于活动的伸展空间，增加了舒适感，但也应避免过度的延伸，否则其变形不易恢复，影响使用质量。

三、纬平针织物的成圈过程

纬平针织物一般在采用钩针或舌针的单面纬编针织机上编织，也可在双面纬编机上利用一只针床（筒）编织。

（一）纬平针组织在钩针纬编机上的成圈过程（针织法）

纬平针组织在钩针纬编机上的成圈过程如图 2-2-6 所示。

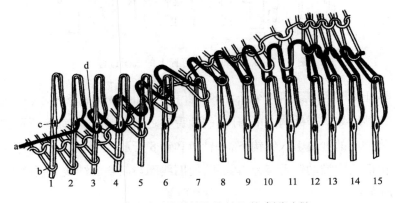

图 2-2-6 纬平针在钩针上的成圈过程

1. 退圈　将针钩下的旧线圈转移至针杆上,使旧线圈 b 同针槽 c 之间有足够的距离,以供垫放纱线。如针 1 所示。

2. 垫纱　将纱线 a 垫放在针杆上,并使其位于旧线圈 b 和针槽 c 之间,如针 1 和针 2。垫纱是借助导纱器与织针的相对运动来完成的。

3. 弯纱　利用沉降片将垫放在针杆上的纱线弯成具有一定大小未封闭线圈 d,如针 3 和针 4 所示。

4. 带纱　使弯曲成圈状的线段沿针杆移动,并经针口进入针钩内,如针 5 所示。

5. 闭口　将针尖压入针槽,使针口封闭,以便旧线圈套在针钩上,如针 6 所示。

6. 套圈　将旧线圈套上针钩后,针口依靠自身的弹性立即恢复开启状态,如针 6 和针 7 所示。

7. 连圈　旧线圈与未封闭新线圈接触,如针 8 所示。此时,未封闭线圈的大小应为沉降片所控制,因为纱线转移时需克服纱线和纱线间以及纱线与针钩间很大的摩擦阻力。

8. 脱圈　旧线圈从针头上脱下,套在未封闭线圈上,使其封闭,如针 9 和针 10 所示。

9. 成圈　形成所需要大小的线圈,如针 12 所示。

10. 牵拉　给新形成的线圈一定的牵拉力,将其拉向针背,以避免在下一成圈循环中进行退圈时,发生旧线圈重新套到针上的现象。

(二)纬平针组织在舌针纬编机上的成圈过程(编结法)

纬平针组织在舌针纬编机上的成圈过程如图 2-2-7 所示。

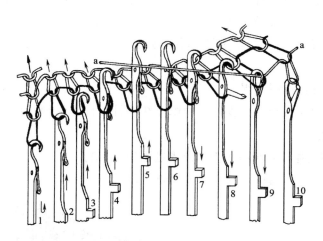

图 2-2-7　纬平针在舌针上的成圈过程

1. 退圈　将针钩下的旧线圈移至针舌下的针杆上,如针 4 和针 5 所示。

2. 垫纱　将纱线 a 垫于针钩之下,开启的针舌尖之上,如针 5 和针 6 所示。

3. 带纱　将垫上的纱线引入针钩下,如针 7 和针 8 所示。

4. 闭口　由旧线圈推动针舌将针口关闭,使旧线圈与新垫的纱线分别位于针舌的内外,如针 8 和针 9 所示。

5. **套圈** 将旧线圈套于针舌上,如针 8 和针 9 所示。套圈与闭口同时进行。

6. **连圈** 针继续下降,使旧线圈和被针钩带下的新纱线相接触,如针 9 所示。

7. **弯纱** 针继续下降,使新线圈逐渐弯曲,如针 9,弯纱与以后的成圈一起进行,一直延续到线圈形成。

8. **脱圈** 旧线圈从针头上脱下并套在新线圈上。

9. **成圈** 针下降到最低位置而最终形成线圈,如针 10 所示。

10. **牵拉** 将新形成的线圈拉向针背,以免针上升时旧线圈重套于针钩上。如针 1、针 2、针 3 所示。

针织法与编织法的主要区别是编织过程中弯纱位于不同的时段,针织法弯纱靠前,编织法弯纱靠后,弯纱在后时纱线受到的编织张力较大。

第二节 罗纹组织

将正面线圈纵行与反面线圈纵行以一定的组合规律配置的纬编组织称为罗纹组织,它是双面纬编针织物的基本组织。

一、罗纹组织的结构

图 2-2-8 为一种最基本的 1+1 罗纹组织的结构,它由一个正面线圈纵行和一个反面线圈纵行相间配置组成。图 2-2-8(1)是自由状态时的结构,2-2-8(2)是在横向拉伸时的结构,2-2-8(3)是在机上的线圈配置图。1+1 罗纹组织的正、反面线圈是由纱线 1—2—3—4—5 组成。它先形成正面线圈 1—2—3,再形成 3—4—5 反面线圈,继而再形成正面线圈 5—6—7,如此交替地配置形成了 1+1 罗纹组织。由图可见,1+1 罗纹组织的正、反面线圈不在同一平面上,这是因为沉降弧须由前到后或由后到前地把正反面线圈相连,使得沉降弧产生较大的弯曲和扭转。由于纱线的弹性,它力图伸直,结果使正面线圈纵行有向反面线圈纵行前方移动的趋势,相同的线圈纵行相互靠近。1+1 罗纹组织两面都具有由圈柱组

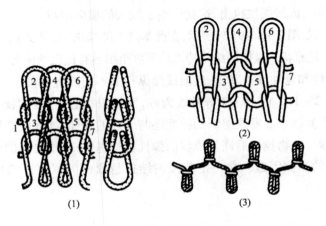

(1)　　　　　　　　　　(2)

(3)

图 2-2-8 1+1 罗纹组织

成的直条凸纹的表面,只有在拉伸时,才会露出它们之间的横向圈弧。完全松弛的 1 + 1 罗纹组织,理论上的厚度是纬平针组织的两倍,宽度则为相同针数的纬平针组织的一半。实际上 1 + 1 罗纹织物通常比其编织宽度要收缩约 30%,罗纹组织在宽度方向有大于宽度两倍的延伸度。

罗纹组织的种类很多,它取决于正、反面线圈纵行数的不同配置。通常用数字表示,如 1 + 1 罗纹、2 + 2 罗纹、5 + 3 罗纹等,第一个数字表示相邻正面线圈纵行的个数,第二个数字表示相邻反面线圈纵行的个数。

对棉、羊毛纱来说,罗纹组织的未充满系数一般取 21。因此在给定纱线线密度的条件下,根据未充满系数就可求得上机时应该编织的线圈长度。

二、罗纹组织的特性

(一)弹性和延伸度

罗纹组织的纵向延伸度类似于纬平针组织。1 + 1 罗纹组织在纵向拉伸时的线圈结构形态如图 2 - 2 - 9(1) 所示。

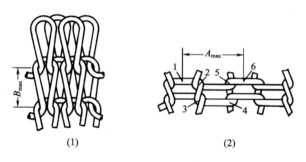

(1)   (2)

图 2 - 2 - 9   1 + 1 罗纹纵横向拉伸时的结构

罗纹组织的最大特点是具有较大的横向延伸度和弹性。在罗纹织物中,由于组织结构的关系,在每个正、反面线圈纵行交界处,都隐潜有反面线圈纵行。当受到横向拉伸时,首先是隐潜在正面线圈后面的反面线圈被拉出,这就产生了较大的横向增量。1 + 1 罗纹组织在横向拉伸时的线圈结构形态如图 2 - 2 - 9(2) 所示,在此基础上继续拉伸,则发生线段的转移。当外力去除后,织物又会恢复原状。这样的结构特点使罗纹组织具有优良的横向延伸度和弹性。

罗纹组织的弹性和延伸度与其正、反面线圈纵行的不同配置有关。一般 1 + 1 罗纹组织的弹性和延伸度比 2 + 1、2 + 2、5 + 3 等罗纹为好,罗纹织物的完全组织越大,则横向相对延伸度就越小,弹性也就越小。罗纹组织的弹性还与纱线的弹性、纱线间摩擦力及织物密度有关。纱线的弹性越好,织物拉伸后恢复原状的弹性也就越好;纱线之间的摩擦力取决于纱线间的压力和纱线间的摩擦因数。在一定范围内结构越紧密的罗纹针织物其纱线弯曲也越大,因而弹性就越好。

(二)脱散性

1 + 1 罗纹组织只能沿逆编织方向脱散,因为沉降弧被正、反面线圈纵行之间的交叉串套牢牢把持住,当某一线圈中的纱线断裂时,这只线圈所处的纵行也只有沿逆编织方向脱散。

其他形式的罗纹组织中,如2+2罗纹、5+3罗纹等,它们具有同纬平针组织相似的彼此连在一起的正面或反面线圈纵行,故这些线圈纵行除可沿逆编织方向脱散外,还能从线圈断裂处产生梯脱。

(三)卷边性

在正、反面线圈纵行数相同的罗纹组织中,由于卷边力的彼此平衡,基本不卷边;在正、反面线圈纵行数不同的罗纹组织中,有卷边现象存在。

由于罗纹组织有非常好的延伸度和弹性,不易卷边,而且顺编织方向不会脱散,它常被用于袖口、裤脚、领口、衣服的下摆等局部,也可以作为弹力衫、裤的面料。

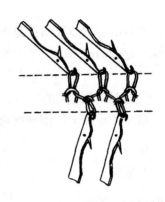

三、罗纹组织的编织

罗纹组织的每一横列均由正面线圈与反面线圈相互配置而成。因此在编织时,就需要由两种针分别排列在两个针床(或针筒)上。一般两个针床的配置应该成一定角度,使两个针床上的针在脱圈时的方向正好相反,这样可由一个针床上的针形成正面线圈,而另一个针床上的针形成反面线圈。如图2-2-10所示,两针床呈90°角配置。

图2-2-10 罗纹组织的编织

第三节 双罗纹组织

双罗纹组织是由两个罗纹组织彼此复合而成。即在一个罗纹组织的线圈纵行之间,配置另一个罗纹组织的线圈纵行,它是罗纹组织的一种变化组织。

一、双罗纹组织的结构

图2-2-11为1+1双罗纹组织的线圈结构图。由图可见,一个罗纹组织的反面线圈纵行被另一个罗纹组织的正面线圈纵行所遮盖,两面的纵行是彼此相对被牵制住,不会因拉伸而显露反面线圈纵行,在织物的两个表面只能看到正面线圈,所以也称为双正面组织。

1+1双罗纹组织是由相邻两个成圈系统形成一个线圈横列,即在一个成圈系统中,下针筒的奇数针1、3、5、…与上针盘的偶数针2′、4′、6′、…相配合形成一个1+1罗纹组织;而在另一个成圈系统中,下针筒的偶数针2、4、6、…与上针盘的奇数针1′、3′、5′、…相互配合形成另一个1+1罗纹组织。这样两个1+1罗纹组织相互联结而形成了一个1+1双罗纹组织,如图2-2-12所示。

由于双罗纹组织是由相邻两个成圈系统形成一个线圈横列,因此在同一横列上的不同系统形成的线圈在纵行彼此相差半个圈高,如图2-2-11所示。

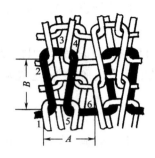 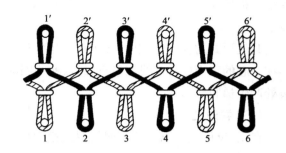

图 2-2-11 1+1 双罗纹组织的线圈结构   图 2-2-12 1+1 双罗纹组织线圈在机上的配置

最简单的双罗纹组织是由两个 1+1 罗纹组织复合而成,双罗纹组织还可以由其他的罗纹组织复合而成,如 2+2 双罗纹组织、2+1 双罗纹组织等。

二、双罗纹组织的特性

双罗纹组织的线圈长度可根据下面经验公式计算:

棉纱 $l = 1.8A + 2B + 3.6d$

人造丝 $l = 1.8A + 2B + 1.5d$

式中:A——圈距;

B——圈高;

d——纱线直径。

在生产中,双罗纹组织的线圈长度也可根据未充满系数来确定。一般用于内衣及运动衣的双罗纹组织的未充满系数在 19～26 之间,采用棉纱时为 19～21,采用毛纱时为 19～22。

双罗纹织物在宽度上,由于同一横列的相邻线圈不是配置在同一高度,而是沿纵向相差半个圈高,因而线圈的圈距会减小。

双罗纹组织的脱散性较小,其边缘横列可逆编织方向脱散,由于同一横列由两根纱线组成,线圈间彼此摩擦较大,当个别线圈断裂时,因受另一个罗纹组织中纱线的摩擦阻力,不易发生线圈沿着纵行从断纱处分解脱散的梯脱情况。双罗纹织物不会卷边。

由于双罗纹组织是由两个被拉伸的罗纹组织复合而成,在未充满系数和线圈纵行的配置与罗纹组织相同的条件下,其延伸度、弹性、脱散性较罗纹组织小,织物比罗纹组织更厚实,表面平整,结构稳定。

根据双罗纹组织的编织特点,采用不同色纱、不同方法上机可以得到彩横条、彩纵条、彩格等多种花色效应。

三、双罗纹组织的编织

双罗纹织物通常被用于制作棉毛衣裤,所以通常称为"棉毛布",相应生产的针织机也被

称为棉毛机。双罗纹组织形成的基本方法如图
2－2－13 所示。两个针床的织针针头呈相对配
置。针 1、2、3、4 表示针筒上的织针，1′、2′、3′、4′
表示针盘上的织针。针筒和针盘上都排有高踵
针和低踵针。针筒上的高踵针 1、3、…与针盘上
的高踵针 2′、4′、…是一组针，在一组高挡三角的
作用下，形成 1＋1 罗纹组织。针筒的低踵针 2、
4、…与针盘的低踵针 1′、3′、…是另一组，在低挡
三角的作用下形成另一个 1＋1 罗纹组织。两组
罗纹组织由沉降弧连在一起，形成 1＋1 双罗纹
组织。

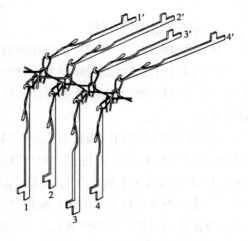

图 2－2－13　双罗纹组织的编织

第四节　双反面组织

双反面组织是由正面线圈横列和反面线圈横列相互交替配置而成的。

一、双反面组织的结构

图 2－2－14 是由一个正面线圈横列和一个反面线圈横列相互交替配置而成的双反面
组织，半圆形针编弧和沉降弧是由正、反面线圈相互串套，凸出在织物的表面，呈一环套一环
的结构，类似"珍珠"状，图 2－2－14(1)是自由状态，图 2－2－14(2)是纵向拉伸状态，这是
典型的 1＋1 双反面组织。

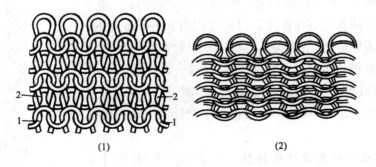

(1)　　　　　　　　　　　　　　　(2)

图 2－2－14　双反面组织的线圈结构

双反面组织由于弯曲纱线弹性力关系，使线圈横列 2－2 的针编弧[图 2－2－14(1)]向
前倾斜，而线圈横列 1—1 的针编弧向后倾斜。由于线圈的倾斜，致使织物两面都由线圈的
圈弧突出在表面，而圈柱凹陷在内，因而在织物的正、反面看起来都像纬平针组织的反面，故
称为双反面组织。

二、双反面组织的特性

双反面组织具有和纬平针组织相同的脱散性。

双反面组织由于线圈的倾斜使织物的纵向长度缩短,因而增加了织物的厚度及其纵向密度。在纵向拉伸时具有很大的弹性和延伸度,从而使双反面组织具有纵、横向延伸度相近似的特点。

双反面组织的卷边性随正面线圈横列与反面线圈横列的组合不同而不同,如1+1、2+2这种由相同数目正、反面线圈横列组合而成的双反面组织,因卷边力相互抵消,故不会卷边。2+1、2+3等双反面组织中由正、反面线圈横列所形成的凹陷与浮凸横条效应更为明显。如将正、反面线圈横列以不同的组合配置就可以得到各种不同的凹凸花纹,其凹凸程度与纱线弹性、线密度及织物密度等因素有关。双反面组织及其花色组织被广泛应用于羊毛衫、围巾和袜子生产中。

三、双反面组织的编织

双反面组织可采用双头舌针编织的。双头舌针的形状如图2-2-15所示。

图2-2-15 双头舌针

双头舌针与普通舌针不同的是在针杆两端都具有针头。双头舌针配置在针槽内,因其本身没有针踵,需要由导针片带动完成成圈动作。双反面机成圈机件的配置如图2-2-16所示。导针片的片踵受三角座控制而获得运动,导针片的片钩与双头舌针的一个针头连为一体。

1. 成圈机件及其配置 图2-2-16显示了圆型双反面机成圈机件的配置。双头舌针3安插在两个呈180°配置的针筒5和针筒6的针槽中,上下针槽相对,上下针筒同步回转。每一针筒中还分别安插着上下导针片2和4,它们由上下三角1和7控制带动双头舌针运动,使双头舌针可以从上针筒的针槽中转移到下针筒的针槽中或反之。成圈可以在双头舌针的任一针头上进行,由于在两个针头上的脱圈方向不同,因此如果一个针头上编织的是正面线圈的话,那么在另一个针头上编织的则是反面线圈。

2. 成圈过程与双头舌针的转移 图2-2-17显示了双反面组织在双反面机上的成圈过程。双反面机的成圈过程与双头舌针的转移密切相关,可分为以下几个阶段:

(1)上针头退圈。如图2-2-17(1)和(2)所示。双头舌针3受下导针片4的控制向上运动,在上针头中的线圈退至针杆上,与此同时,上导针片2向下运动。

(2)上针钩与上导针片啮合。随着下导针片4的上升和上导针片2的下降,上导针片受上针钩的作用相外侧倾斜,如图

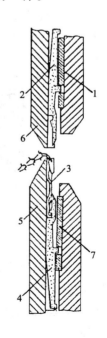

图2-2-16 双反面机成圈
机件的配置

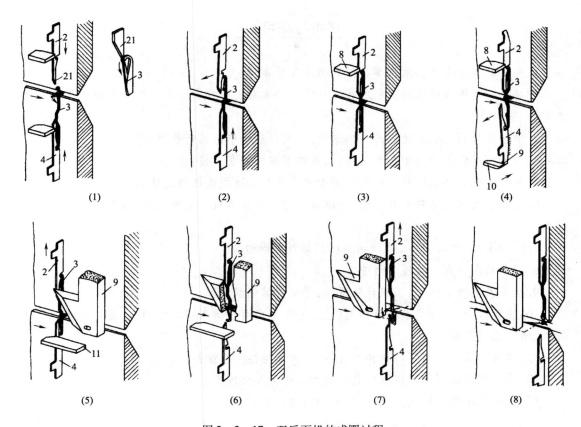

图2－2－17　双反面机的成圈过程

2－2－17(2)中箭头所示。当下导针片4升至最高位置,上针钩嵌入上导针片的凹口,与此同时,上导针片在压片8的作用下向内侧摆动,使上针钩与上导针片啮合,如图2－2－17(3)所示。

(3)下针钩与下导针片脱离。如图2－2－17(4)所示,下导针片4的尾端9在压片10的作用下向外侧摆动,使下针钩脱离4的凹口。之后上导针片2向上运动,带动双头舌针上升,下导针片在压片11的作用下向内摆动恢复原位,如图2－2－17(5)所示。接着下导针片4下降与下针钩脱离接触,如图2－2－17(6)所示。

(4)下针头垫纱。如图2－2－17(7)所示,上导针片2带动双头舌针进一步上升,导纱器9引出的纱线垫入下针钩内。

(5)下针头弯纱与成圈。如图2－2－17(8)所示,双头舌针受上导针片控制上升至最高位置,旧线圈从下针头上脱下,纱线弯纱并形成新线圈。

随后,双头舌针按上述原理从上针筒向下针筒转移,在上针头上形成新线圈。按此方法循环,将连续交替在上下针头上编织线圈,形成双反面织物。

思考与练习题

1. 纬平针组织有哪些结构参数? 其相互关系如何?

2. 纬平针组织线圈纵行歪斜的程度与哪些因素有关? 在实际生产中采用什么措施减小其歪斜程度?

3. 简述纬平针织物卷边性产生的原因,在实际应用中如何扬长避短?

4. 分析纬平针织物受到外力拉伸时,其线圈结构的变化情况。

5. 纬平针织物的脱散性受到哪些因素的影响? 简述脱散性的优缺点。

6. 简述罗纹组织的特性和用途,罗纹组织为什么具有较大的横向弹性,其弹性与哪些因素有关?

7. 比较 1 + 1 罗纹、2 + 2 罗纹组织的脱散性和卷边性。

8. 双罗纹组织有何特性和用途?

9. 画出双罗纹组织上、下织针配置图,并简述其编织原理。

10. 在具有 16 个成圈系统的棉毛机上,若要形成两个横列高、两个纵行宽的跳棋式色彩花纹,请画出编织图。

11. 简述双反面组织的结构和外观特征,有何特性和用途?

12. 为什么双反面组织在纵向具有较大的弹性和延伸度?

13. 简述双反面机的成圈机件、配置和编织原理。

第三章 普通单面纬编针织机的结构及编织工艺

● 本章知识点 ●

1. 台车编织纬平针织物时的成圈过程。
2. 单面四针道多三角圆纬机的结构。
3. 多三角机的成圈机件配置及其成圈过程。成圈过程中影响舌针退圈动程、正确垫纱、弯纱张力和最终线圈长度的因素。

单面圆纬机是指具有一个针筒(床)的圆型纬编针织机。常见的有使用钩针的台车、吊机和使用舌针的单面纬编针织机。其中,吊机多用于真丝类纱线的编织。

第一节 台车的结构及编织工艺

台车因针筒放在一个台面上而得名。台车机号一般为 $E18 \sim E30$,针筒直径一般为 $356 \sim 789$ mm($14 \sim 31$ 英寸),成圈系统一般为 $4 \sim 12$ 路,可用来编织平针组织、集圈组织、衬垫组织等多种织物。台车的主要特点是价格便宜、操作简单、维修容易、机件互换性强(台车的针筒直径可随产品尺寸规格需要而改变,机号也可随加工纱线线密度与织物稀密的要求而调换)和翻改品种方便,但生产效率低,生产高质量的织物比较困难,故目前在国外和国内针织业较发达的地区已很少使用,但在我国的一些地区仍有使用。

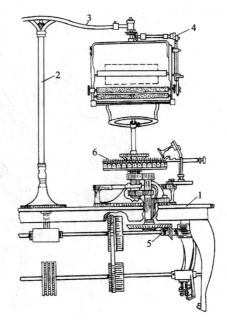

图2-3-1 台车的一般结构

一、一般结构

台车由给纱机构、编织机构、牵拉卷取机构、传动机构和开关、自停机构等组成。整个编织机构要装在铁制的台形机座 1 上(图2-3-1),机座上可装 1 个或 2 个机组,每个机组可以单独工作,机座正中装有一根中心柱 2,柱的顶端装有横梁 3,梁的两端各装一只卷布架 4,机座的下部是传动机构 5,带动针筒 6 回转。

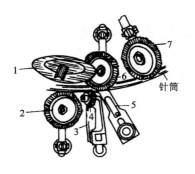

图 2-3-2 台车的成圈机件及其配置

二、成圈机件及其配置

台车上编织平针织物时一路成圈机件的配置关系如图 2-3-2 所示,由针筒、钩针、退圈圆盘 1、辅助退圈轮 2、导纱器 3、弯纱轮 4、压针钢板 5、套圈轮 6、成圈轮 7 等组成。织针固定在针筒上,其他成圈机件成组配置,与织针相互配合成圈。在针筒运转过程中,导纱器、压针钢板是固定的,退圈圆盘由织物带动回转,其余成圈机件均由织针带动并绕自身轴转动。退圈圆盘、套圈轮、成圈轮安装在针筒内侧,其余机件安装在针筒外侧。

三、成圈过程

纬平针组织在台车上的成圈过程如图 2-3-3 所示。

1. 退圈　如图 2-3-3(1)所示,针织物被退圈圆盘 1 的边缘压下,旧线圈 3 从针 2 的针钩内下移到针杆上,准备垫纱。同时辅助退圈轮的沉降片 4 从针头向针杆下方移动,以压下乱纱、粗纱。

2. 垫纱　如图 2-3-3(2)所示,弯纱轮上的沉降片 5 将导纱器喂入的纱线 6 垫到针杆上。

3. 弯纱　如图 2-3-3(3)所示,与针杆啮合的弯纱轮上的沉降片在针间由下到上,由浅到深,逐步将纱线弯成圈状线段,并在弯纱的同时,将弯成的圈状线段带入针钩内,如图 2-3-3(4)所示。

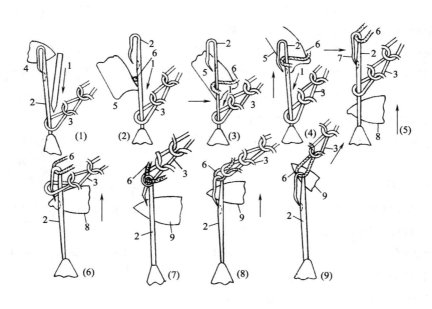

图 2-3-3 台车上平针织物的成圈过程

4. **带纱**　如图 2-3-3(4)所示,在弯纱的同时,弯纱轮上的沉降片 5 向上移动,将弯成的圈状线段带入针钩内。

在上述各个步骤中,针织物均是处在退圈圆盘的作用下,因此所有旧线圈都强制地停留在针杆的下部。

5. **闭口**　如图 2-3-3(5)所示,压针钢板 7 压在针钩的针鼻处,使针尖压入针槽内,以闭合针口,这时弯曲的圈状线段和旧线圈被针尖所隔开。在针织物逐步离开退圈圆盘作用区域时,由于针织物受针筒上方牵拉卷取机构的作用,旧线圈就将沿针杆向针头方向移动。

6. **套圈**　如图 2-3-3(6)所示,旧线圈 3 脱离退圈轮的作用并在牵拉机构的牵拉力和套圈轮沉降片 8 的共同作用下,快速从针杆下端上移而套到被压的针钩上。

7. **连圈**　如图 2-3-3(7)所示,旧线圈 3 在牵拉力和成圈轮沉降片 9 的作用下,继续沿针钩移向针头,与弯曲的圈状线段相接触。

8. **脱圈**　如图 2-3-3(8)所示,旧线圈 3 在牵拉力和成圈轮的沉降片 9 的继续作用下,从针头上脱落到新线圈 6 上。

9. **成圈**　如图 2-3-3(9)所示,旧线圈 3 在牵拉力和成圈轮的沉降片 9 的继续作用下,移至新线圈的沉降弧处,以形成规定大小的新线圈 6。

10. **牵拉**　借牵拉机构的作用,将所形成的新线圈 6 拉向针背一面,以便为下一个成圈作准备。

第二节　多三角机的结构及编织工艺

多三角机是一种单针筒舌针圆纬机。针筒直径为 762~965mm(30~38 英寸),成圈系统数量一般为每 25.4mm 筒径 3~4 路。目前广泛使用的是四针道多三角机,它可以编织平针、彩横条、集圈等多种织物结构,如再更换一些成圈机件,还可以编织衬垫、毛圈等花色织物。

一、机器一般结构

四针道多三角单面圆纬机由编织机构、给纱机构、牵拉卷取机构、传动机构及其他辅助装置构成,其外形如图 2-3-4 所示。

台面 1 由 3 只机脚 2 支撑,其中右边一只机脚上装有电气控制箱(包括加油控制箱)3 以及电动机 4 和传动头 5 等。台面内装有大伞齿轮,用以固装及传动针筒和牵拉卷取机构 6,台面上装有编织机构 7。

在 3 只机脚上还装有 3 根立柱 8,立柱上装有三脚架和直角架 9,直角架上装有输线轮支撑环 10、张力器支撑环 11 和支架 12,支架杆上装有断线器支撑环 13(其中一根支架杆上装有输线传动机构)。它们用于支撑输线装置、张力器和断线自停装置。

底座 14 位于地平面上,它支撑着牵拉卷取机构,同时也起稳定机脚的作用。

在机器的两侧放置有落地纱架,纱架上可放置一定数量的筒子,纱线从筒上引出后,通过张力器和张力自停器进入机器上部的储存式积极输线装置,并被输送到编织部分经过弯曲成圈而编织成织物。织物向下引出,进入牵拉辊,在牵拉辊的摩擦作用下,织物张紧并逐渐引出,然后卷在一个卷布辊上。

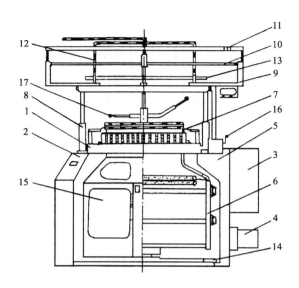

图 2-3-4　单面四针道多三角机外形结构

在相邻两机脚间装有有机玻璃防护罩,既能起到防护作用还可通过其观察布面情况。其中有一边的防护罩由两扇门 15 组成,以便在维修和落布时开启。为确保安全,门框上装有电器联锁机关,当门开启时,机器不能运转。

在右边的机脚上还装有扳手 16,当机器处于停机状态而需要做转动时,可扳动扳手使机器转动。

机器上装有两道吹尘装置 17,用于吹去给纱途径和编织区域的飞花尘杂。

此外,机器上还装有张力自停装置,断纱、坏针自停装置,坯布满卷自停开关和三班计数器,在电气装置中还设置了缓慢启动和能耗制动电路。

四针道多三角单面圆纬机选针机构在第六章第二节将作详细介绍。下面先介绍最简单、最基本的单针道多三角机的编织机构及其编织原理。

二、成圈机件及其配置

多三角机可以带有或不带有沉降片。由于前者编织的织物质量较好,所以占绝大多数。装有沉降片的多三角机的成圈机件及其配置如图 2-3-5

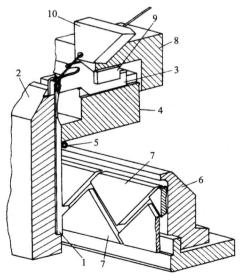

图 2-3-5　多三角机成圈机件及其配置

所示。舌针 1 竖直插在针筒 2 的针槽中。沉降片 3 水平插在沉降片圆环 4 的片槽中。舌针
与沉降片呈一隔一交错配置。沉降片圆环与针筒固结在一起并作同步回转。箍簧 5 作用在
舌针上,防止后者向外扒。舌针在随针筒转动的同时,由于针踵受织针三角座 6 上的退圈和
成圈等三角 7 作用而在针槽中上下运动。沉降片在随沉
降片圆环转动的同时,因片踵(图 2-3-6 中的 4)受沉降
片三角座 8 上的沉降片三角 9 控制而沿径向运动。导纱器
10 固装在针筒外面,以便对针垫纱。

图 2-3-6 普通沉降片的结构

　　图 2-3-6 为普通结构的沉降片。1 是片鼻,2 是片
喉,两者用来握持线圈。3 是片颚,其上沿(即片颚线)用
于弯纱时握持纱线,故片颚线所在平面又称握持平面。4 是片踵,通过它来控制沉降片的
运动。

三、成圈过程

　　编织纬平针组织的成圈过程如图 2-3-7 所示。

　　图 2-3-7(1)表示成圈过程的起始时刻。沉降片向针筒中心挺足,用片喉握持旧线圈
的沉降弧,防止退圈时织物随针一起上升。

　　图 2-3-7(2)表示织针上升到集圈高度,又称退圈不足高度。即此时旧线圈尚未从针
舌上退到针杆上去。

　　图 2-3-7(3)表示舌针上升至最高点,旧线圈退到针杆上,完成退圈。

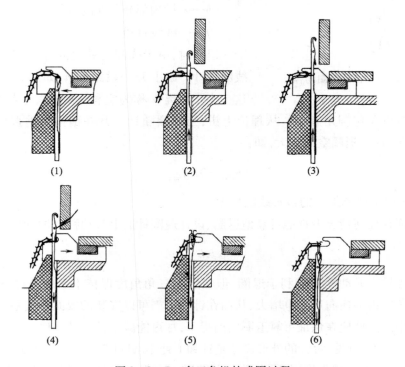

(1)　　　　　　　　(2)　　　　　　　　(3)

(4)　　　　　　　　(5)　　　　　　　　(6)

图 2-3-7 多三角机的成圈过程

图 2-3-7(4)表示舌针在下降过程中,从导纱器垫入新纱线。沉降片向外退,为弯纱做准备。

图 2-3-7(5)表示随着舌针继续下降,旧线圈关闭针舌,并套在针舌外。针钩接触新纱线开始弯纱。沉降片已移至最外位置,片鼻离开舌针,这样不致妨碍新纱线的弯纱成圈。

图 2-3-7(6)表示舌针下降到最低点,旧线圈脱圈,新纱线搁在沉降片片颚上弯纱,新线圈形成。

从图 2-3-7(6)到图 2-3-7(1)表示沉降片从最外移至最里位置,用其片喉握持与推动线圈,辅助牵拉机构进行牵拉。同时为了避免新形成的线圈张力过大,舌针作少量回升。

四、成圈工艺分析

1. 退圈 在多三角机上,退圈是一次完成的。即舌针在退圈三角(又称起针三角)的作用下,从最低点上升到最高位置,如图 2-3-8 所示。退圈时舌针的上升动程可由下式求得:

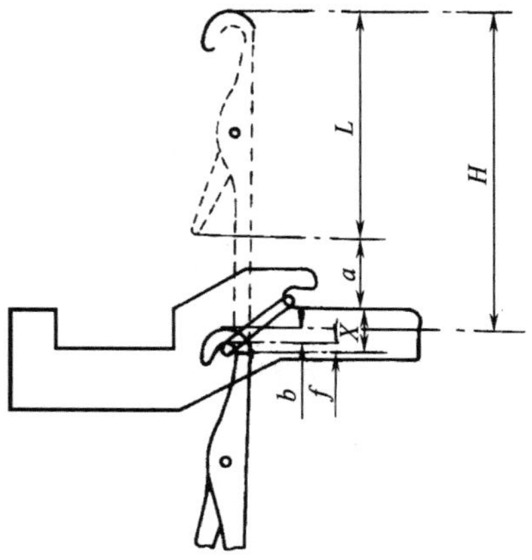

$$H = L + X + a - b - f$$

式中:L——针钩头端至针舌末端的距离;

X——弯纱深度;

a——退圈结束时针舌末端至沉降片片颚的距离;

b——针钩部分截面的直径;

f——纱线直径。

图 2-3-8 舌针退圈动程

退圈时,由于线圈与针之间存在着摩擦力,将使线圈随针一起上升一段距离 h,如图 2-3-9 所示。这一小段距离 h 称为空程。h 的大小与纱线对针之间的摩擦因数以及包围角有关。从理论上讲,当线圈随针上升并偏移至垂直位置(图 2-3-9 中 $\alpha \rightarrow 90°$)时,退圈空程最大,即:

$$h_{max} = 0.5l_{max}$$

式中:l_{max}——机上可能加工的最长线圈长度。

为了保证在任何情况下都能可靠地退圈、设计退圈针的上升动程 H 时应保证:

$$a \geqslant h_{max}$$

虽然增加针上升动程 H 有利于退圈,但在退圈三角角度保持不变的条件下,增加 H 意味着一路三角所占的横向尺寸也增大,从而在针筒周围可以安装的成圈系统数减少,这会降低机器的效率。因此应在保证可靠退圈的前提下,尽可能减小针上升动程。

从图 2-3-10 可见,舌针的外形尺寸是针钩 1 处小,针肚 2 与针舌 3 处大。故在退圈过程中,旧线圈受到针的扩张作用,张力增大,有断裂的危险。另外,退圈一般是几枚针同时进

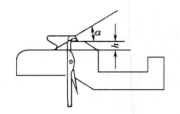

图 2 - 3 - 9　退圈空程

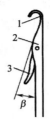

图 2 - 3 - 10　舌针外形

行,因此线圈所受的张力更大,特别是编织线圈长度较短的紧密织物时更甚。为了减少张力,一方面应尽量减小针肚 2 的尺寸,使角 β 降低;另一方面在设计起针(退圈)三角时,三角的角度不要太平坦,以减少同时退圈的针数,便于纱线的转移。

退圈时,针舌是由旧线圈打开,因此当针舌绕轴回转不灵活时,在该针上的旧线圈将会受到过量的拉伸而变大,从而影响线圈的均匀性,造成织物表面纵条疵点。针舌形似一根悬臂梁,受到旧线圈的作用而变形,当旧线圈从针舌上滑下时,将产生弹跳,从而关闭针口,影响以后成圈过程的正常进行。所以要有相应的防针舌反拨装置,在多三角机上一般用导纱器来防止针舌反拨。

2. 垫纱　退圈结束后,针开始沿弯纱三角下降,将纱线垫放于针钩之下,此时导纱器的位置应符合工艺要求,才能保证正确地垫纱。图 2 - 3 - 11 为纱线垫放在舌针上的情况。

从导纱器引出的纱线 1 在针平面上的投影线 3 与沉降片片颚线 2—2(也称为握持线)之间的夹角 β 称为垫纱纵角。纱线 1 在水平面上的投影线 4 与片颚线 2—2 之间的夹角 α 称为垫纱横角。在实际生产中,是通过调节导纱器的高低位置 h,前后(径向进出)位置 b 和左右位置 m,来得到合适的垫纱纵角 β 与横角 α。

在调节两个垫纱角度时,必须注意:

(1)垫纱横角 α 过大(b 偏大)时,纱线难以垫到针钩下面,从而造成旧线圈脱落,即漏针。α 角过小(b 偏小)时,可能发生针钩与导纱器碰撞,引起针和导纱器损坏。

(2)垫纱纵角 β 过大(h 偏大)时,易使针从纱线旁边滑过,未钩住纱线,造成漏针。β 角过小(h 偏小)时,在闭口阶段针舌可能将垫入的纱线夹住,使纱线被轧毛甚至断裂。

导纱器的左右位置应在保证正常垫纱的原则下,退圈时不影响针舌开启,并能挡住已开启的针舌,防止其反拨;弯纱成圈时不影响针舌封闭。导纱器的安装与调整,将影响到垫纱纵横角度,应根据所使用的机型而定。下面以德国迈耶·西(Mayer & Cie)公司的机器为例,说明导纱器的安装位置。

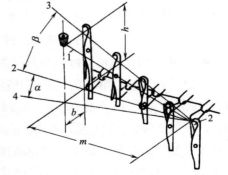

图 2 - 3 - 11　舌针垫纱

图 2 - 3 - 12 显示了导纱器的左右位置。其中 1 是舌针 4 的运动轨迹,2 是沉降片 5 的运动轨迹,6 是沉降片片颚平面线,8 是舌针闭口区域。导纱器 3 的右端离开 8 的距离 7 为 2 ~ 3 个针距,以保证导纱器不阻挡针舌关闭。导纱器的左端应在针舌开启区域 9 的右面,一方面不应影响针舌的打开,另一方面要能挡住已开启的针舌,防止其反拨。图中 10 为运动方向。图 2 - 3 - 13 显示了导纱器的径向进出与高低位置。导纱器 1 的内侧与舌针 2 之间距离 K 应为 0.3mm 左右。导纱器底部与沉降片片颚平面的间距 I 应保持在约 0.6mm,以保证导纱器不妨碍沉降片的运动。此外,导纱器的孔眼一般应处于针舌尖低于片颚 1.2mm 的那枚下降中的针的左方(图中未表示),这样可防止垫纱时纱线落入针舌尖之下,避免产生漏针疵点。

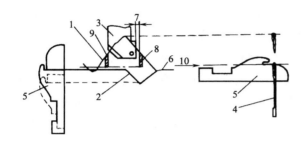
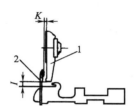

图 2 - 3 - 12 导纱器的左右位置　　　　图 2 - 3 - 13 导纱器的进出和高低位置

3. 闭口　闭口开始于针沿弯纱三角下降到旧线圈与针舌相遇时刻,而结束于针舌销通过沉降片片颚所在的握持平面,如图 2 - 3 - 14 所示。开始闭口时,由于针筒回转离心力的缘故,针舌会向上翘;而同针杆形成一个夹角,这有利于针舌的关闭。特别是当编织变形纱时,可防止纱线 1 的部分纤维跑到针舌上而妨碍闭口的进行。为了使闭口运动顺利进行,避免旧线圈 2 重新进入针钩之内,在退圈后应该将针织物向下拉紧,使旧线圈 2 紧贴在针杆上。

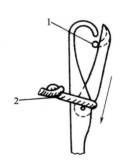

图 2 - 3 - 14 舌针闭口

在闭口过程中针舌以针舌销为中心回转,针舌的转动角速度在开始时较小,以后逐渐增大,当闭口将结束时达最大,这时针舌将与针钩产生一个撞击。降低舌针在闭口阶段的垂直运动速度,可以减小针舌对针钩的撞击力。

4. 套圈　当针踵沿弯纱三角斜面继续下降时,旧线圈将沿针舌上升,套于针舌上。由于摩擦力以及针舌倾斜角 ϕ 的关系,旧线圈处于针舌上的位置呈倾斜状,与水平面之间有一夹角 β。从图 2 - 3 - 15 可见,$\beta = \phi + \delta$,δ 的大小与纱线同针之间的摩擦有关。因角 ϕ 的存在,随着织针的下降,套在针舌上的纱线长度在逐渐增加,在旧线圈将要脱圈时刻达最长。当编织线圈长度较短的紧密织物时,套圈的线圈将从相邻线圈转移过来纱线。弯纱三角的角度会影响到纱线的转移。角度大,同时参加套圈的针数就少,有利于纱线的转移;反之,同时套圈的针数增加,不利于纱线的转移,严重时会造成套圈纱线的断裂。

5. 弯纱、脱圈与成圈 针下降过程中,从针钩内点接触到新纱线起即开始了弯纱,并伴随着旧线圈从针头上脱下而继续进行,直至新纱线弯曲成圈状并达到所需的长度为止,此时形成了封闭的新线圈。针钩内点低于沉降片片颚线的垂直距离 X 称为弯纱深度,见图 2-3-16。

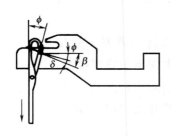

图 2-3-15 套圈时线圈的倾斜

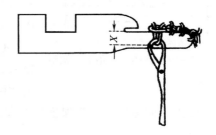

图 2-3-16 弯纱深度

对于采用消极式给纱的纬编机,线圈长度主要由弯纱深度来决定。因此调整弯纱三角就可改变线圈长度,即织物的密度。对于采用积极式给纱装置的机器,线圈长度主要由该装置的给纱速度(单位时间内的输线量)来决定,而调整弯纱三角的位置是为了使织针能按照给纱装置的给纱速度吃纱弯纱,从而使弯纱张力保持在合适范围。如果弯纱三角位置太低,则成圈所需纱线长度超过输线量,使弯纱张力上升,当超过纱线断裂强度时,就会发生断头织疵。若弯纱三角位置过高,成圈时所需纱线长度小于输线量,使弯纱张力过小甚至接近于零,导致张力自停装置发出停机信号,机器停止运转。

弯纱按其进行的方式可分为夹持式弯纱和非夹持式弯纱两种。当第一枚针结束弯纱,第二枚针才开始进行弯纱时称为非夹持式弯纱。当同时参加弯纱的针数超过一枚时,称为夹持式弯纱。夹持式弯纱时纱线张力将随参加弯纱针数的增加而增大。弯纱按形成线圈纱线的来源可分为有回退弯纱和无回退弯纱。形成一只线圈所需要的纱线全部由导纱器供给,这种弯纱称无回退弯纱;形成线圈的一部分纱线是从已经弯成的线圈中转移而来的,这种弯纱称为有回退弯纱。

弯纱区域的纱线张力,特别是最大弯纱张力,是影响成圈过程能否顺利进行以及织物品质的重要参数。

在实际编织时,通常需根据工艺要求调整弯纱深度,这是通过改变弯纱三角的高低位置来完成的。在传统机器上,一般是各路三角分别调节。在新型机器上,采用了中央调节机构,可快速、准确、方便地同步调整各路弯纱三角的高低位置。为使弯纱深度调整方便,且不影响其他工艺点位置的变化,许多新型机器上还采用退圈三角和弯纱三角分块的成圈系统。

一个成圈系统的三角(包括退圈、弯纱等三角)可分为整体式与分块式两种。前者如图 2-3-5 所示,由于退圈与弯纱三角加工成整体一块,弯纱三角的上下调整使退圈三角也随之同步移动,造成舌针运动轨迹上下平移,如图 2-3-17 所示。这种调节方式会对成圈工艺产生如下影响:

(1)退圈最高点会随弯纱深度的改变而相应变化。在图 2-3-17 中,实线为原来的舌

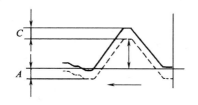

图2-3-17 整体式三角上下调整

针运动轨迹,若弯纱深度向下调低距离 A 后,轨迹变为虚线,退圈最高点下降距离 C。这在编织线圈较长即较稀的织物时,有可能发生退圈不足的情况,即旧线圈不能从针舌滑至针杆上。因此在三角总体设计时应考虑这一因素。

(2)针舌开启与关闭位置发生变化。当三角向下调整后,舌针运动轨迹也向下平移成虚线,此时舌针开启与关闭区域也会分别横移,即针舌完全开启点会向左横移,开始关闭点会向右横移。为保证导纱器不会阻挡舌针的开闭,有时它的左右位置也必须做相应的调整。

(3)垫纱角度发生变化。三角调整造成舌针运动轨迹向下平移,导致握持点(舌针轨迹与握持线的交点)移动,从而垫纱纵角 β 和横角 α 均增加。这会影响到垫纱的可靠性,可能发生漏针现象。故为保持可靠垫纱,三角高低位置改变后,一般还要调整导纱器。

对于退圈三角和弯纱三角分块的成圈系统来说,欲改变弯纱深度只需调整弯纱三角位置。由于退圈三角不动,所以退圈最高点和针舌开启位置不会发生变化。弯纱三角可以垂直上下调整,但这会对针舌关闭位置和垫纱角度产生前述的一些影响。为此,迈耶·西公司的圆纬机均采用斜向式弯纱三角,如图2-3-18所示。当弯纱三角按箭头方向调整后,虽然弯纱深度将发生变化,但握持点和针舌开启与关闭区域 Z_1 和 Z_2 保持不变,所以不会对成圈工艺产生影响,无需对导纱器重新调整。

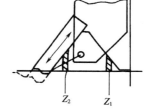

图2-3-18 斜向式弯纱三角

6.牵拉 牵拉是将成圈以后的线圈拉向针背,防止下一循环退圈时,旧线圈重新落入针钩中。在多三角机上牵拉是由牵拉机构和沉降片完成的。

思考与练习题

1.简述台车生产的优缺点。它有哪些主要的成圈机件?

2.单针道多三角机有哪些主要成圈机件?它们在成圈过程中起什么作用?

3.简述多三角机编织纬平针组织的成圈过程。

4.简述成圈过程中影响舌针退圈动程的因素,为什么在保证可靠退圈的前提下应尽可能减小舌针上升退圈动程?

5.为了保证正常垫纱,导纱器的安装位置应注意哪些工艺因素?

6.实际编织时,如何调整弯纱深度?

7.影响线圈长度的决定因素是什么?还有什么因素会影响最终成圈长度?

第四章 普通双面圆纬机的结构及编织工艺

● **本章知识点** ●

1. 罗纹机的成圈机件配置与成圈过程。滞后成圈、同步成圈和超前成圈的概念、特点和适用场合。
2. 高速罗纹机与普通罗纹机在配置上的区别。
3. 编织罗纹织物时的织针配置。
4. 双罗纹机(棉毛机)的成圈机件配置与成圈过程。
5. 新型棉毛机与普通棉毛机在配置上的不同。
6. 棉毛机上编织的主要产品及编织原理。

普通双面纬编针织机是指具有两个针筒(床)的双针床纬编机。最常用的是罗纹机和双罗纹机(又称棉毛机)。

第一节　罗纹机的结构及编织工艺

罗纹机在纬编生产中,主要用来生产 $1+1$、$2+2$ 等罗纹织物,制作内、外衣坯布和袖口、领口、裤口、下摆等部件。罗纹机的针筒直径范围很大,小的一般为 89mm(3.5 英寸),大的可达 762mm(30 英寸)以上。

一、罗纹机基础结构与工艺

(一)成圈机件的相互配置

图 2-4-1 所示为罗纹机上下针床的配置。圆型罗纹机有两个针床,它们相互呈 90°配置,其中针床 1 呈圆盘形且配置于另一针床之上,故称上针盘,针床 2 呈圆筒形且配置在上针盘之下,又称下针筒。针盘和针筒上分别配置有针盘针和针筒针。织针分别受上、下三角 3 和 4 的作用,在针槽中做进出和升降运动,将纱线编织成圈。导纱器固装在上三角座上,为织针提供新纱线。

圆形罗纹机上下两个针床 1 和 2 上的针槽相错配置,上下织针的配置如图 2-4-2 所示,上针盘针槽(图中符号△)与下针筒针槽(图中符号○)交错配置。

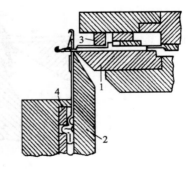

图 2-4-1　罗纹机上下针床的配置

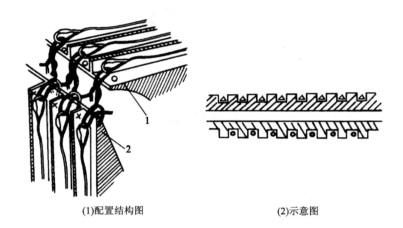

(1)配置结构图　　　　　　　　(2)示意图

图 2 - 4 - 2　罗纹机上下织针的配置

(二)成圈过程

罗纹机上编织罗纹织物的成圈过程如图 2 - 4 - 3 所示。与舌针编织纬平针组织一样,罗纹织物的成圈过程也分为退圈、垫纱、闭口、套圈、弯纱、脱圈、成圈和牵拉八个阶段。

图 2 - 4 - 3(1)表示成圈过程中上下针的起始位置。

图 2 - 4 - 3(2)表示上下针分别在上下起针三角的作用下,移动到最外和最高位置,旧线圈从针钩中退至针杆上完成退圈动作。为了防止针舌反拨,导纱器开始控制针舌。

图 2 - 4 - 3(3)表示上下针分别在压针三角作用下,逐渐向内和向下运动,新纱线垫到针钩内。

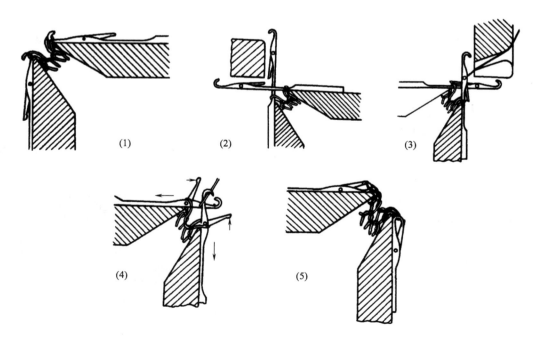

(1)　　　　　　　　(2)　　　　　　　　(3)

(4)　　　　　　　　(5)

图 2 - 4 - 3　罗纹机的成圈过程

图2-4-3(4)表示上下针继续向内和向下运动,完成套圈,由旧线圈关闭针舌。

图2-4-3(5)表示上下针移至最里和最低位置,完成套圈、弯纱、脱圈过程形成了新线圈,最后由牵拉机构进行牵拉。

(三)三角对位

三角对位,即上针与下针压针最低点的相对位置,又称为成圈相对位置。凡是具有针盘与针筒的双面纬编机都需要确定这个位置。它对产品质量和坯布物理指标影响很大,是重要的上机参数。不同机器、不同产品、不同组织,对位有不同的要求。罗纹机的对位方式有三种:滞后成圈、同步成圈、超前成圈。如图2-4-4所示。

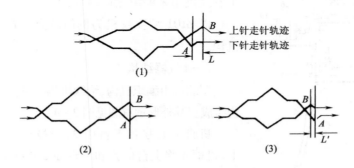

图2-4-4 三角对位图

图2-4-4(1)表示滞后成圈。滞后成圈是指下针先被压至弯纱最低点 A 完成成圈,上针比下针迟约1~6针(图中距离 L)被压至弯纱最里点 B 进行成圈,即上针滞后于下针成圈,这种成圈方式,在下针先弯纱成圈时,弯成的线圈长度一般为所要求的两倍。然后下针略微回升,放松线圈,分一部分纱线供上针弯纱成圈。这种弯纱方式属于分纱式弯纱。其优点是由于同时参加弯纱的针数较少,弯纱张力较小,而且因为分纱,弯纱的不均匀性可由上下线圈分担,有利于提高线圈的均匀性,所以这种弯纱方式应用得较多。滞后成圈可以编织较为紧密的织物,但弹性较差。

图2-4-4(2)表示同步成圈。同步成圈是指上下针同时到达弯纱最里点和最低点形成新线圈。同步成圈用于上下织针不是有规则顺序地编织成圈,例如生产不完全罗纹和提花织物。因为在这种情况下,要依靠下针分纱给上针成圈有困难。同步成圈时,上下织针所需要的纱线都要直接从导纱器中得到,所以织出的织物较松软,延伸性较好,但因弯纱张力较大,故对纱线的强度要求较高。

图2-4-4(3)表示超前成圈。超前成圈是指上针先于下针(距离 L')弯纱成圈,这种方式较少采用。一般用于在针盘上编织集圈或密度较大的凹凸织物,也可编织较为紧密的织物。

上下织针的成圈是由上下弯纱三角控制的,因此,上下针的成圈配合实际上是由上下三角的对位决定的。生产时应根据所编织的产品特点,检验与调整罗纹机上下三角的对位,即上针最里点与下针最低点的相对位置。

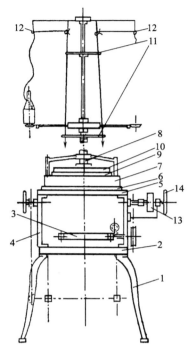

图 2 - 4 - 5 普通罗纹机

二、普通罗纹机

罗纹机分为普通罗纹机和高速罗纹机。普通罗纹机的传动方式采用的是针盘与针筒固定不动，三角与导纱器回转；高速罗纹机采用的是三角和导纱器固定不动，上针盘和下针筒同步回转。

普通罗纹机分为大、中、小三种规格。常用的有：Z101 型大罗纹机用来编织内衣的下摆、背心、游泳衣裤、紧身衣等；Z131 型中罗纹机用来织内衣的领口；Z151 型小罗纹机用来编织领口、裤口等。

以 Z101 型罗纹机为例简单介绍普通罗纹机的主要机构。

（一）机器结构

罗纹机由编织机构、给纱机构、牵拉卷取机构和传动机构组成。其外形示意图见图 2 - 4 - 5。

机脚 1 上方有下台面 2，牵拉机构 3 位于下台面 2 上，机框 4 将上台面 5 和下台面 2 连接起来，针筒 6 座于上台面上，在针筒四周有回转的三角座 7，在针筒上方有固定的针盘 9，回转的针盘三角座 10 位于针盘上方。竖杆 8 连接针筒三角座和针盘三角座，使针盘三角随针筒三角同步回转。纱架 11 和导纱钩 12 随三角座一起回转。在机器的右侧机框上装有传动和开关机构 13，传动轴上有手轮 14，以便用手盘动机器。机器上还装有断纱和坏针等自停装置。

（二）上下三角

图 2 - 4 - 6(1) 为 Z101 罗纹机构的下三角，图中 1 为起针三角或称退圈三角，2 为弯纱三角，3、4 为导向三角。在成圈过程中，起针三角使针上升进行退圈，弯纱三角使针下降完成其余成圈阶段。如果改变针织物的密度，可调节弯纱三角的上下位置。图 2 - 4 - 6(2) 为 Z101 型罗纹机的上三角。图中 1 为退圈三角，2 为弯纱三角，3、4 为导向三角。当三角座回转时，退圈三角使针盘针沿针筒径向向外伸出，将旧线圈从针钩退到针杆上实现退圈，弯纱三角迫使针向针筒中心收进，实现垫纱、闭口、套圈、脱圈、弯纱和成圈过程。上针盘弯纱三角的进出位置也可以根据需要调节，以改变弯纱深度。

（三）成圈工艺点

在成圈过程的各阶段，不论是上针还是下针，都应有相应的高低或进出位置，特别是一些关键点更是如此。一般称这些位置为织针运动的工艺点位置。

上针各工艺点的位置是用上针针头或针舌尖相对于针盘口沿（也称筒口线）进出的尺寸来表示，下针各工艺点的位置是以下针针头或针舌尖相对于下针筒筒口线的高低尺寸来表示。各工艺点位置随机器类别、使用原料、产品品种、生产环境和织针类型等因素的不同而

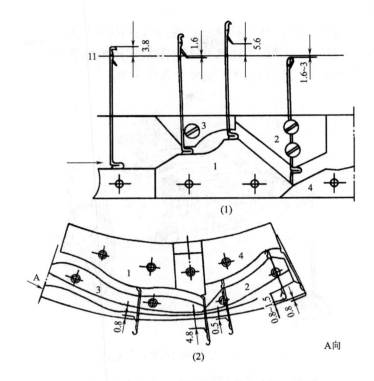

(1)

(2)

A向

图 2 - 4 - 6　Z101 型罗纹机上下三角走针工艺图

相应变化。

　　Z101 型、Z131 型罗纹机一般采用的几个工艺点尺寸如图 2 - 4 - 6 中数字所示。

　　(四)给纱机构

　　普通罗纹机一般采用消极式给纱。纱线从纱架的筒子上退绕出来进入导纱器,导纱器的结构如图 2 - 4 - 7 所示。

　　导纱器 1 是一块弧形薄板,装在每个成圈系统的上方。纱线经过导纱瓷孔 8 进入导纱器孔 2 或 3 后(双纱则同时穿入两个孔眼),将纱线垫到针上。在利用两根同类纱线同时供一个成圈系统编织时,不必考虑纱线穿入导纱眼的次序。导纱器 1 嵌在夹头 5 的下方,夹头 5 上方的圆形杆用螺丝 6 固定在托座 10 上,托座 10 通过螺丝 7 固定在杆 9 上,杆 9 的下端有槽形缺口,用螺丝 11 固定在针盘三角的圆盘 4 上。导纱器随针盘三角座一起回转。松开螺丝 6 可以使圆形杆的位置上下移动,以调节导纱器的高低位置;松开螺丝 7,可以使托盘 10 在杆 9 上回转,调节导纱器沿针弧线的距离;松开螺丝 11 可使杆 9 的位置沿针筒径向移动,调节导纱器与针筒的距

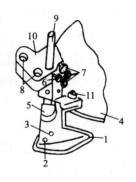

图 2 - 4 - 7　导纱器

离(以下针筒为主,因下针先成圈)。安装导纱器以针头不相碰为原则,但又要保证垫纱正确。

（五）牵拉机构

图2-4-8为普通圆形罗纹机上的牵拉机构,它是利用牵拉机构和重锤9的重力作用来牵拉罗拉织物的。在三角回转的罗纹机上,针织物经牵拉机构牵拉后,落入容器中。在某些机器上,附有简单的卷布机构,将编织好的罗纹卷成一卷。

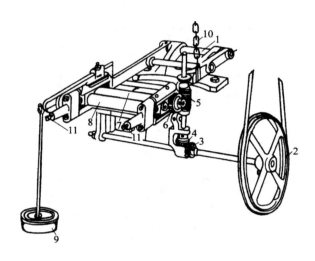

图2-4-8　普通罗纹机的牵拉机构

罗纹机的整个牵拉机构可绕轴1摆动,槽轮2位于机器主轴快速皮带轮旁,通过皮带传动槽轮2。槽轮2经斜齿轮3和4、蜗杆5和蜗轮6再传动牵拉辊7。牵拉辊7的轴端齿轮传动牵拉辊8,两辊的转向相反,且两辊夹持着织物将织物向下牵拉。由于牵拉辊表面的速度大于罗纹织物的编织速度,两个牵拉辊沿罗纹织物向上移动,此时整个牵拉机构即绕轴1摆动,槽轮2亦上升,因而皮带松弛使槽轮停止回转。但牵拉辊7和8仍夹住罗纹织物,随着罗纹织物的编织,由牵拉机构与重锤9的重量对罗纹织物进行牵拉,逐渐向下方摆动。槽轮2也缓缓下降,将传动皮带逐渐绷紧,牵拉辊又回转而继续进行牵拉。改变重锤9的重量,可以调节罗纹织物的牵拉力。

转动螺丝11可以调节牵拉辊之间的紧压程度。

链条10的下端固定在牵拉机构的架子上,上端则与自停机构杠杆相连接。如果纱线断头,罗纹组织脱套时,牵拉机构下跌,拉动链条10而使自停机构发生作用。

三、高速罗纹机

与普通罗纹机相比较,高速罗纹机的机速高,针筒直径大,进线路数也多(每25.4mm筒径有1~3.2路),织针、三角制造精度高,结构更合理。同时其机架、传动机构、送纱机构、牵拉卷取机构、润滑装置、除尘及自控装置等都采用了更合理的新型装置,以利于高速运转。三角采用了可变换三角和活络三角,有的针筒三角采用了四针道,以便于编织花色罗纹组织。有的新型高速罗纹机上甚至加装了四色调线装置、氨纶输线装置和移圈装置,以便编织彩横条罗纹、弹力罗纹和移圈花色罗纹。下面重点介绍高速罗纹机的成圈机件及其调节。

高速罗纹机的机架、给纱机构、牵拉卷取机构,可参见前面的多三角机和下一节中的新型棉毛机,虽然生产厂商不同,结构形式略有不同,但其机构、原理大同小异。

(一)成圈机件及其相互配置

高速罗纹机的成圈机件及其配置如图2-4-9所示。下针(针筒针)1插在针筒8的针槽中,其针踵受下三角座5上的下三角6作用,使下针上下运动。上针(针盘针)2配置在上针盘7的针槽中,其针踵受上三角座4上的上三角3控制,使上针径向运动。导纱器9装在针筒外面,以便引导纱线对上下针垫纱。

(二)三角机构

1. 下三角 图2-4-10是下三角座。每块下三角上都有一个完整的成圈系统,其上有起针三角1、挺针三角2、弯纱三角3、护针三角4、调节旋钮5(调节弯纱深度)、调节装置6(决定挺针三角2的上下位置)。

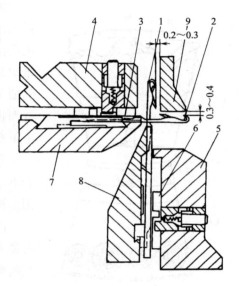

图2-4-9 高速罗纹机的成圈机件及其配置

图中 b 和 c 是护针点,a 是集圈高度。当针筒针在三角走针道 T 内运动时,依次受到起针三角1、挺针三角2、弯纱三角3等控制,顺序完成成圈过程。挺针三角2是活络三角,可通过旋转调节装置6使其升起或落下,落下时织针编织集圈,升起时织针成圈。对于弯纱三角3的上下调节,靠转动旋钮5,使三角3在斜向导槽中运动,从而获得不同的弯纱深度,改变线圈长度。由于压针三角调节沿固定斜向进行,故编织时有关弯纱和闭口等工艺点基本保持不变。

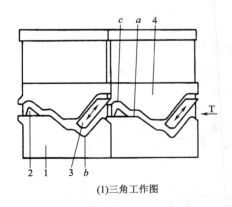
(1)三角工作图

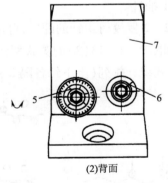
(2)背面

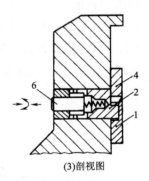
(3)剖视图

图2-4-10 下三角座

2. 上三角 图2-4-11是上三角座。每块扇形块有两个成圈系统,它们分别各有起针三角1、挺针三角2、弯纱三角3、护针三角4、摆动开关旋钮装置6及弯纱三角上下调节旋钮5等,当上针盘织针针踵在三角走针道 T 内运动,首先由起针三角起到集圈位置 a,然后经挺针三角2把织针挺到退圈位置,如挺针三角没处于伸出位置,则织针仍沿集圈轨道运行,当

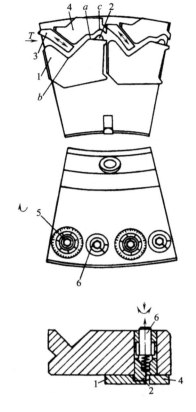

织针继续运行时，受压针三角 3 控制进入脱圈位置 b，挺针三角 2 的位置受摆动开关旋钮装置控制有集圈及成圈两个位置，c 为护针点。压针三角 3 的上下，由调节旋钮带动螺旋导槽转盘，从而带动压针三角斜滑块，斜滑块沿斜槽上下滑动，可获得不同的压针深度，从而获得不同的线圈长度，由于压针三角调节沿固定斜向进行，故编织时上下有关走针工艺点可基本不变。

在编织某种织物时可以方便地关闭一些成圈点，例如下三角座上的三角 2 及上三角座上的三角 2 可关掉，则织针可沿集圈轨道运行编织集圈组织。

由于采用了变换三角，可以增加罗纹品种，主要品种有弹力罗纹织物、畦编织物、半畦编织物、网眼织物、横条织物等。

四、编织罗纹织物时的织针配置

在罗纹机上可编织 1＋1、2＋1、2＋2 等普通罗纹织物。也可编织各种花式罗纹织物。上下织针一般呈相错配置（即罗纹配置），但也可根据需要调整为相对配置（即棉毛配置）。调整织针配置时，既要注意同时调整三角，还要注意调整顺序。

图 2－4－12（1）表示编织 1＋1 弹力罗纹时的织针配置，上下针 1 隔 1 相错配置，织针插满上下针槽；图 2－4－12（2）表示编织 2＋1 不完全罗纹时的织针配置，针盘针 1 隔 1 抽针。

图 2－4－13 表示编织 2＋2 罗纹时织针的配置，可用图 2－4－13（1）的瑞士式罗纹配置（上下针各隔 2 针抽 1 针）和图 2－4－13（2）的英式罗纹配置（上下针各隔 2 针抽 2 针），也可用 2－4－13（3）的双罗纹式织针排列（上下针各隔 2 针抽 2 针）。

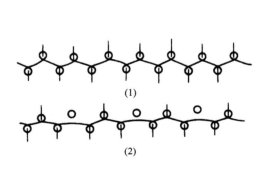

图 2－4－12　1＋1、2＋1 罗纹织针配置

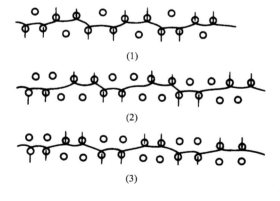

图 2－4－13　2＋2 罗纹织针配置

图 2－4－11　上三角座

图 2 - 4 - 14 表示一种提花罗纹的织针配置,上下针呈罗纹配置,按花纹要求进行抽针。

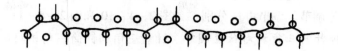

图 2 - 4 - 14 一种提花罗纹的织针配置

五、罗纹机成圈机件的调节

罗纹机的工艺调整主要通过成圈机件的调整来进行。

1. 针盘高度的调节 针盘针槽槽底至针筒口面的垂直距离称为筒口距,它是决定线圈尺寸的一个重要因素,影响着线圈的大小。筒口距增大,线圈增大;反之,线圈减小。筒口距的调节是通过调整针盘的上升或下降来进行的。针盘高度的调节如图 2 - 4 - 15 所示。调节距离的大小可以在表上显示出来。但是基本密度还需通过成圈三角来调节。调节针盘高低时,松开调节螺钉 2,再按所需方向转动转动件 1,调节完毕后要重新拧紧螺钉 2,高低值可从百分表 3 上读出。

调节时应注意针盘不可调节得太低,针盘与针筒之间必须有足够的距离,使编织的织物能够顺利牵拉下去,且针盘织针不能碰到针筒织针的顶端。但针盘也不可调节的太高。一般来说生产大线圈(稀密度线圈)时,把转动件 1 向右转,针盘随之升高,如图 2 - 4 - 15(2)所示,百分表上同时显示出升高的读数;生产小线圈时,如图 2 - 4 - 15(3)所示,应把转动件1 向左转,针盘随之下降,从百分表 3 上可显示降低的读数。

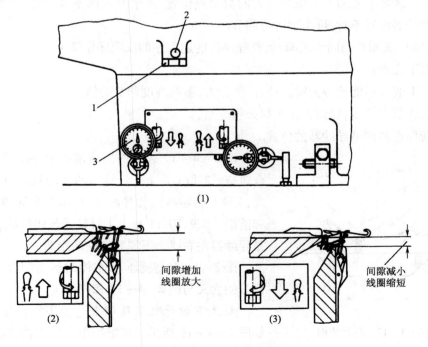

图 2 - 4 - 15 针盘高度的调节

2. 三角的调节 这里主要是指上下弯纱三角的调节。高速罗纹机上不仅下弯纱三角可沿斜槽运动调节弯纱深度，上弯纱三角也有一定调节度。它们的调节是对弯纱深度的调节，是一项重要工艺调节。调节办法分别参考图2－4－10和图2－4－11。

3. 针盘三角和针筒三角相对位置调节 针盘三角和针筒三角相对位置可通过对针盘三角托盘做周向调节来进行。调节程序如图2－4－16所示。

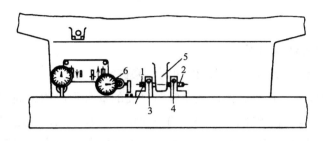

图2－4－16 上下三角相对位置的调节

（1）从同步成圈调整到滞后成圈的操作顺序：

①松开螺钉3，把左边的调节螺钉1向外转几圈。

②用手柄慢慢转动机器，直到左边的螺钉1靠上凸边5。在调整过程中要注意仪表6的数值变化。

③在精调时，把左边的调节螺钉1向凸边5调节，直至获得所需滞后成圈对针位置（图2－4－4）然后拧紧螺钉3。

④松开螺钉4，轻轻地把右边的调节螺钉2朝凸边5的方向调节，然后拧紧螺钉4。

⑤检查导纱器位置和上下织针针舌的翻动点位置，如果发现都不对，则集中调节，如发现有个别导纱器位置不对，可个别进行调节。

（2）从滞后成圈调到同步成圈，调整程序按前述程序的反顺序做即可。每次在进行调节时应注意以下几点：

①螺钉1或2不能拧得太紧，以防产生分力，影响高度调节的值。

②每次调节完毕后，螺钉3或4都必须拧紧。

③重新检查和调整导纱器的位置。

图2－4－17表示滞后成圈时上下织针的运动配合轨迹。2和1是上下针针头的运动轨迹，3是运动方向，4和5为导纱器和导纱孔，6和7为导纱器的后沿和前沿。8、9、10、11是上下针针舌开闭区域。12和13是导纱器左右或上下需要调整的距离。

图2－4－18表示同步成圈时运动配合轨迹，图中代号的含义与图2－4－17相同。

4. 上下织针配置的调整 上下织针配置的调整如图2－4－19所示。根据所生产的织物，双面圆纬机

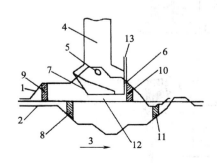

图2－4－17 滞后成圈

上下织针可有棉毛和罗纹两种配置。调节时,针筒2下面的所有螺栓1必须全部松开,然后根据调节的距离和方向用扳手扳动针筒2下面的偏心螺丝3到规定位置,调节到位后,应重新拧紧全部螺栓1(顺序逐步拧紧),在调节螺丝3时,切不可松开螺丝4。

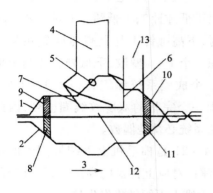

图2-4-18 同步成圈

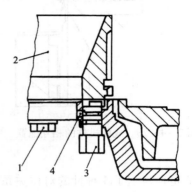

图2-4-19 上下织针配置调节

在调节织针配置时应注意:

(1)已退圈的织针不可在水平方向碰到一起。

(2)正在退圈的织针不可相互碰撞。

(3)把织针从棉毛配置调整到罗纹配置时,必须先将针槽位置调到上下针相错,然后才能相应调整三角。

(4)把织针从罗纹配置调整到棉毛配置时,应先调整三角,再把针位调到上下针相对位置。

(5)在调节时如果针筒沿旋转方向或反方向移动得太多,将会损坏针踵,在这种情况下,应用手柄轻轻地转动,重新调整。

第二节 双罗纹机(棉毛机)的结构及编织工艺

双罗纹机主要生产双罗纹织物和花色棉毛织物,用来制作棉毛衫裤、运动衫、T恤衫等服装。棉毛机的种类较多,这里重点介绍目前工厂使用较多的典型设备。

一、双罗纹机的成圈机件及成圈工艺分析

(一)成圈机件的相互配置

圆型双罗纹机(棉毛机)成圈机件的相互配置如图2-4-20所示。上针盘1处于下针筒的上方,相互配置成90°,插在上针盘和下针筒针槽内的舌针分别受上下三角3和4作用而完成成圈过程。图中5是钢梭子,编织时纱线穿过导纱瓷眼6、钢梭子5而引到针上。

1.上下针的排列及相对位置 双罗纹机主要编织双罗纹组织,它是由两个1+1罗纹复合而成,故需要4组针进行编织,如图2-2-14所示。下针分为高踵针1和低踵针2,两

种针在下针筒针槽中呈 1 隔 1 排列。上针也分高踵针 2′和低踵针 1′两种,在上针盘针槽中也呈 1 隔 1 排列。下针筒的针槽与上针盘的针槽呈相对配置,这与罗纹机不同。上下针的对位关系是,上高踵针 2′对下低踵针 2,上低踵针 1′对下高踵针 1。

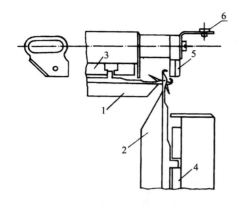

图 2 - 4 - 20　成圈机件的相互配置

编织时,下高踵针 1 与上高踵针 2′在某一成圈系统编织一个 1 + 1 罗纹,下低踵针 2 与上低踵针 1′在下一个成圈系统编织另一个 1 + 1 罗纹。每两路编织一个完整的双罗纹线圈横列,因此双罗纹的成圈系统必须是偶数。

图 2 - 4 - 21 是棉毛机上下织针配置的示意图,它清楚地表示了 4 种针的对位关系:下针筒的低踵针对应上针盘的高踵针,下针筒的高踵针对应上针盘的低踵针。这在插针时应特别注意,否则上下织针将发生顶撞。

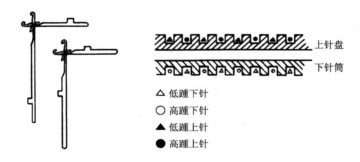

上针盘

下针筒

△ 低踵下针
○ 高踵下针
▲ 低踵上针
● 高踵上针

图 2 - 4 - 21　上下织针配置示意图

2. 上下三角的配置　由于上下针均分为两种,故上下三角也相应分为高低两档(即两条针道),分别控制高低踵针,如图 2 - 4 - 22 所示。

在奇数成圈系统 I 中,下低档三角针道由起针(退圈)三角 5、压针(弯纱)三角 6 及其他辅助三角组成;上低档三角针道由起针三角 7、压针三角 8 及其他辅助三角组成。上下低档三角针道相对组成一个成圈系统,控制下低踵针 2 与上低踵针 4 编织一个 1 + 1 罗纹。与此同时,下高踵针 1 与上高踵针 3 经过由三角 9、10、11、12 和 13 组成的水平针道,将原有的旧成圈握持在针钩中,不退圈、垫纱和成圈,即不进行编织。

在随后的偶数系统 II 中,下高档三角针道由起针三角 14、压针三角 15 及其他辅助三角组成;上高档三角针道由起针三角 16、压针三角 17 及其他辅助三角组成。上下高档三角针道相对应组成一个成圈系统,控制上下高踵针 3 和 1 编织另一个 1 + 1 罗纹,此时上下低踵针在由三角 18、19、20、21 和 22 组成的针道中水平运动,握持原有的旧线圈不编织。

经过 I、II 两路一个循环,编织出了一个双罗纹线圈横列。图中 23 和 24 是活络三角,可控制上针进行集圈或成圈。距离 A 和 B 表示上针滞后于下针成圈。

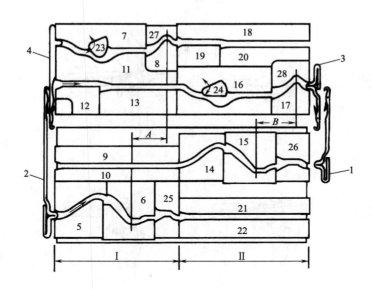

图 2 - 4 - 22 三角系统

（二）成圈过程及其分析

图 2 - 4 - 23 所示为成圈过程中针头运动轨迹线。图中 1′—2′—3′—4′—5′—6′—7′—8′ 为上针针头运动轨迹线，1—2—3—4—5—6—7—8—9 为下针针头运动轨迹线。图 2 - 4 - 24 所示为双罗纹组织的成圈过程示意图。图中表示的是上、下低踵针（或高踵针）形成一个罗纹组织的成圈过程。在这个过程中，上、下高踵针（或低踵针）均不参加工作，它们的针头都处于各自的筒口处，针构内钩着上一成圈系统中形成的旧线圈。

1. 退圈 如图 2 - 4 - 24（1）所示。上、下针沿各自的起针三角斜面 $a′b′$、ab 挺出（参见图 2 - 4 - 23），到达起针平面 $b′c′$、bc 时，针钩内的旧线圈 A、B 打开针舌向针杆方向滑动，并扣住了针舌。当针进一步上升时，旧线圈将从针舌上滑下，针舌在变形能的作用下会产生弹跳现象，有可能重新关闭针口影响垫纱，所以三角设计了一个起针平面。在起针平面 $b′c′$、bc 上，舌针在稳定的状态下进入导纱器的控制区，使垫纱前针舌处于开启状态，由图可见，上针比下针先起针。

2. 垫纱 如图 2 - 4 - 24（2）所示。参见图 2 - 4 - 23，上、下织针同时到达挺针最高点 $d′$、d，旧线圈 A、B 打开针舌移到针杆上完成退圈后，下针受压针

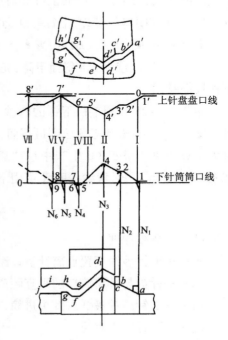

图 2 - 4 - 23 上下织针针头运动轨迹

59

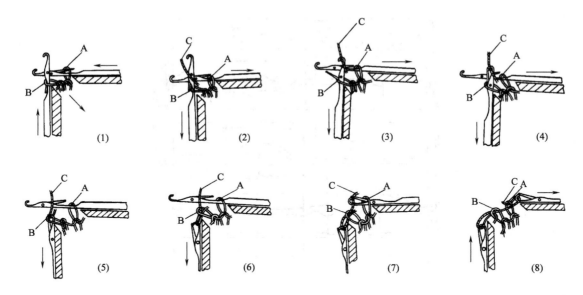

图 2 - 4 - 24　双罗纹组织的成圈过程

三角工作面 d, e 作用开始下降,上针在收针工作面 d', e' 作用下开始收进,并垫上了新纱线 C。

3. 闭口与带纱　如图 2 - 4 - 24(3)所示。(参见图 2 - 4 - 23)下针受压针三角工作面 $d_1 e$ 作用继续下降,并开始闭口,垫上的新纱线压在上针的针舌上。在棉毛机上采用上针滞后成圈的方式,当下针弯纱时上针相对静止,不作径向运动。下针继续下降,如图 2 - 4 - 24(4)所示,完成闭口与带纱,上针针踵仍停留在收针平面上静止不动。

4. 下针套圈、连圈、脱圈、弯纱　如图 2 - 4 - 24(5)和 2 - 4 - 24(6)所示。(参见图 2 - 4 - 23)下针继续沿 $d_1 e$ 斜面下降,完成套圈、连圈、脱圈、弯纱并形成了加长线圈,上针仍不作径向移动。

图 2 - 4 - 25 为棉毛机下针的弯纱过程。图中 N_1、N_2、N_3、N_4 是上针,S_1、S_2、S_3、S_4 是下针。图中 S_2 针被压针三角压到最下面,这枚针相对上针平面线(又称弯纱搁置平面)下降的最大距离叫弯纱深度 X。生产中往往通过调节弯纱深度来改变织物密度。由图 2 - 4 - 25 和图 2 - 4 - 26 可知,弯纱深度 X 可用下式进行粗略计算:

$$X = x_1 + x_2 + x_3 + x_4 + F$$

式中: X——弯纱深度;

　　x_1——上针纱线搁置点离针盘口距离;

　　x_2——针盘与针筒筒口的垂直距离;

　　x_3——下针压针最低点针头进筒口尺寸;

　　x_4——下针针头直径;

　　F——纱线直径。

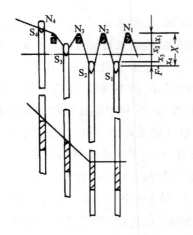

图 2 - 4 - 25　下针的弯纱

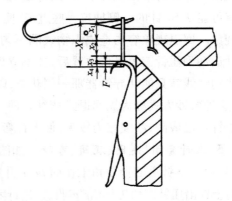

图 2 - 4 - 26　弯纱深度

　　这里有两个尺寸是可调的,一是针盘与针筒筒口垂直距离,可用升降针盘来调节;二是织针压进筒口的尺寸,可用调节压针(弯纱)三角的高低位置来实现。

　　由于给纱机构的不同,弯纱深度的调节方式也有不同。在采用消极式喂纱机构的针织机中,弯纱深度的大小对线圈长度、密度、单位面积坯布重量影响较大;在采用积极式给纱机构的针织机中,弯纱深度只影响纱线张力。因而在消极式喂纱的针织机上,弯纱深度的调节非常重要,应根据不同机号、不同纱线线密度来合理调节弯纱深度(即针头进筒口的距离),见下表。

弯纱深度的调节　　　　　　　　　　　　　　　　　　　　　　　　　单位:mm

机号 E	上针盘三角	下针筒三角
16	1 ~ 1.3	1 ~ 1.6
18	1 ~ 1.2	1 ~ 1.5
22	0.8 ~ 1	0.8 ~ 1.2
24	0.6 ~ 1	0.6 ~ 1.2
28	0.5 ~ 0.8	0.5 ~ 1
32	0.3 ~ 0.6	0.3 ~ 0.8
40	0.2 ~ 0.5	0.2 ~ 0.6

　　在压针过程中,纱线被弯曲,并沿针的表面滑动发生摩擦,使纱线张力增大,每经过一枚针就要增加一些张力。如 S_2 针钩着的线圈抽拉到最下面,显然,纱线要经过 N_3、S_3、N_4,张力累计起来就很大,张力过大容易使纱线断裂。因而弯纱时的纱线张力对棉毛机生产影响较大,要尽量降低。影响弯纱张力的因素主要有:

　　(1)同时参加弯纱的针数。

　　(2)纱线与针的摩擦因数。

　　(3)垫纱时的纱线张力即初张力。

　　以上分析是假定弯纱时所需要的纱线仅从导纱器一侧抽拉过来的,但是假定使 S_1 针压到最低点完成弯纱后立即上升,则弯曲的线圈张力就会减小,那么 S_2 针弯纱时所需的纱线就有可能从 S_1 针的一侧抽拉一些过来,使 S_1 针上已弯好的线圈长度减小,这种现象称为回退现象。回退现象容易造成织物线圈不匀。为此在下压针三角上设计一个压针小平面 ef,当针运动到压针三角最低位置后,并不立即上升,已弯好的线圈不放松,正在弯纱的织针所需要的纱线就只能从导纱器那一侧获得,以稳定线圈长度,也可利于提高织物中线圈的均匀性,这种弯纱方式称为无回退式弯纱。而上针压针三角底部无此小平面,呈尖形,因为这时上下针均已成圈,纱线张力较大,使上针弯纱后立即回退,有利于减小纱线的张力。

5. 上针套圈、连圈、脱圈、弯纱 如图 2-4-24(7)和图 2-4-24(8)所示。(参见图 2-4-23)下针沿回针三角工作面 fg 上升到回针平面 hi,放松线圈,并将部分纱线分给上针,此时上针沿压针三角工作面 $f'g'$ 收进,进行闭口、套圈,继而完成连圈、脱圈、弯纱等过程。在棉毛机上,上下针的弯纱、成圈不是同时进行的,而是先由下针弯纱成圈后,上针再进行弯纱成圈。上针弯纱所需要的纱线如果也是从导纱器抽拉过来,纱线的张力势必在已拉紧的基础上再增加,这就容易发生断纱,所以棉毛机上采用分纱式弯纱法。当下针弯纱时,上针相对静止,故上针盘的三角配置有一个收针平面 $e'f'$ 作为下针弯纱时的搁置平面,使下针弯纱时能得到长度一致的线圈,下针的弯纱长度近于规定长度的 2 倍。下针弯纱完毕后,织针作适当的回针,放松下针对纱线的控制,提供部分纱线供上针弯纱用。下针沿下针三角上的回升平面 hi 完成回升,下针回升提供的纱线长度应和上针的弯纱深度密切配合,过多过少都不利于成圈的顺利进行。分纱弯纱法有利于提高线圈的均匀性和减少弯纱时的纱线张力,可织得较紧密的织物。

6. 成圈、牵拉 参见图 2-4-23,上针成圈后沿 g'_1h' 斜面略作外移(上针的回针),适当地回退少量纱线,同时下针沿 ij 斜面略作下降,收紧因分纱而松弛的线圈,下针煞针。在下针整理好线圈以后上针又收进一些,同样起整理线圈的作用。至此,上下织针成圈过程完成,且正、反两面的线圈都比较均匀,可使织物的外观质量提高。

一个成圈过程完成后,新形成的线圈在牵拉机构牵拉力的作用下被拉向针背,避免下一成圈循环中针上升退圈时又重新套入针钩中。

牵拉力的大小,对织物的纵横密度比有一定的影响,在满足成圈过程的前提下,应尽可能减小牵拉力,以利织物品质的提高。

二、Z211 型普通棉毛机

(一)机器的结构和主要技术特征

Z211 型棉毛机的外形结构如图 2-4-27 所示,由 3 只车脚支撑住圆形台面构成机架,在台面的外侧装有传动机构,台面中间装有编织机构,机架上装有给纱架,在机架中心地面上装有牵拉卷取机构。

Z211 型棉毛机的尺寸规格是根据针筒直径来确定。常采用直径系列,其系列直径范围为 356~584mm(14~23 英寸),每隔 25.4mm(1 英寸)为一挡。这可适应针织品各种不同尺寸的需要,有利减少裁耗。新型棉毛机多采用大直径,常见的为 762mm(30 英寸),有利于针织物的后整理加工和针织厂的生产管理。

图 2 - 4 - 27　Z211 型棉毛机外形结构

圆纬机的进线路数一般以 25.4mm(1 英寸)针筒直径相对周长中所能安置的成圈系统数来表示。如针筒直径为 356mm(14 英寸),当针筒直径 25.4mm(1 英寸)相对周长安置一路进线时,在针筒周围即可装有 14 路进线系统。当针筒直径 25.4mm(1 英寸)相对周长安置 1.5 路进线时,在针筒周围即可装有 20 路进线系统。目前棉毛机大部分是采用 25.4mm 装 1.5 路进线,也有一些机器经过改装后成为 25.4mm 装 1.8 路、2 路或 2 路以上的进线系统数。显然,圆纬机的进线路数越多,产量越高。一般应根据织物组织结构、针筒直径、转速以及成圈机件的工作情况来决定其进线路数。Z211 型棉毛机的机号范围为 12 ~ 22.5 针/25.4mm。机器转速与针筒直径大小有关,理论转速为 22 ~ 33r/min,针筒直径越大,转速越小。

(二)编织机构

1.编织机构的结构　Z211 型棉毛机的编织机构的结构如图 2 - 4 - 28 所示。

下三角座 1 固装在台面上,其上装有三角 2 和毛刷架 3,毛刷架上装有毛刷架支杆 4,支杆上装有导纱器 5 和扁

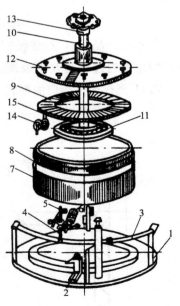

图 2 - 4 - 28　Z211 型棉毛机的编织机构

毛刷6。针筒7固装在大圆锥齿轮的支口上(图中未画出),针筒上有针槽,槽内1隔1插入高低踵舌针,横向凹槽8中围有纱绳,防止舌针越出针槽。

上三角座12覆盖在针盘9的上面,针盘活套进中心轴10并搁置于弹子盘11上,弹子盘与中心轴通过下端的固紧螺帽固接在一起,中心轴穿进三脚架轴孔,由梅花螺帽13吊住。针盘上也有针槽,槽内1隔1插入高低踵舌针。

下传动轮14固装在大圆锥齿轮上,上传动轮15固装在针盘上,并与下传动轮紧靠,大圆锥齿轮回转时,下传动轮推动上传动轮转动,使上下针床同步回转。针筒内圈一般均匀地分布着4对传动轮,大直径针筒有6对传动轮。上下织针在各自三角的控制下,做上、下和进、出运动。

2.编织机件及其相互位置 Z211型棉毛机的编织机件主要有织针、针床、三角和导纱器等。

(1)织针。Z211型棉毛机上使用钢片舌针,与罗纹机上使用的钢丝舌针相比,针踵强度较高,较耐用,但重量稍大。棉毛机上使用4种机针,如图2-4-29所示。针盘上用的是高踵短针1和低踵短针2,针筒上用的是高踵长针3和低踵长针4。上下织针的配置如前所述。

(2)针床。Z211型棉毛机广泛使用镶钢片结构的钢针床,以适应高速、多路、高机号棉毛机的发展需要。Z211型棉毛机上针筒与针盘的直径不相等,针筒直径是指针筒口处的直径,针盘直径一般比针筒直径小2~3mm。

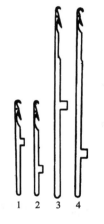

图2-4-29 钢片舌针

针盘与针筒筒口的配置要求如图2-4-30所示。水平距离A即为针筒与针盘直径差值的一半。筒口高度B可以调节,B值的大小随产品原料、纱线线密度、组织结构不同而有所差异。B值一般为1~1.6mm。在生产中也可通过改变B值来调整织物的密度。

Z211型棉毛机筒口的形状一般有光口和毛口两种,如图2-4-31所示。

图2-4-30 针盘与针筒筒口配置要求

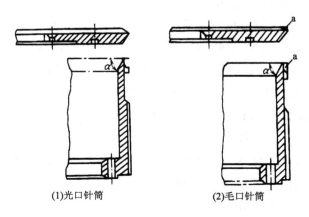

(1)光口针筒   (2)毛口针筒

图2-4-31 Z211型棉毛机的筒口形状

光口针筒在筒口处没有针槽壁，一般适合生产较紧密的双罗纹织物。毛口针筒在筒口处有齿壁 a，齿壁用来搁置沉降弧，协调织针完成弯纱和脱圈，在成圈过程中有利于脱圈，但形成的织物较稀松。一般用于生产罗纹织物、密度较低的双罗纹织物和一些花色织物。

针筒筒口处选用 α 角为 59°~60°，此角度较大，有利于织物在牵拉过程中减小与针筒壁的摩擦阻力，提高坯布质量。

针筒上每个针槽的宽度要求一致，无明显宽度不匀，否则会影响织针的运动。针杆与槽壁间隙有一控制范围，间隙太小，摩擦增大，会产生稀路针、破洞、漏针、轧针踵等。间隙太大，针在针槽中运动不稳定，易产生蹿跳现象，特别在上针收针三角部位易出漏针。Z211 型棉毛机因其多为不封闭状态，故飞花等易积聚在针槽内，所以针杆与针槽壁之间的间隙应取得稍大一些，一般控制在 0.10mm 左右。

（3）三角。图 2-4-32 是上、下三角的配置图。上三角座分高低两挡三角。1、1′是挺针三角（又称退圈三角），4、4′是收针三角，5、5′是压针三角，2、2′是回针三角，3、3′、6 是镶板。由三角 1、2、3、4、5 组成高踵上针的走针针道，三角 1′、2′、3′、4′、5′、6 组成低踵上针的走针针道。下三角座也分为高低两挡三角，其中 7、7′是挺针三角，9、9′是压针三角，8、8′是回针三角，10′是镶板。由三角 7、8、9 组成高踵下走针针道，7′、8′、9′、10′组成低踵下针的走针针道。在机器运行时，所有的高踵针受高挡三角作用编织一个罗纹组织，低踵针受低挡三角作用编织另一罗纹组织。两个罗纹相互交叉复合成双罗纹组织。

(1)上三角座

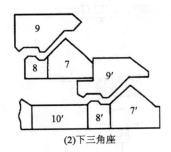
(2)下三角座

图 2-4-32　棉毛机上下三角配置图

上、下三角中的压针三角位置可根据织物密度的要求加以调节。图 2-4-33 所示为下压针三角密度调节装置。

旋松定位螺钉 1，调节螺钉 2 向下压时，使压针三角的压针点下移，压针量增加，反之，压针量减少。在调节到所需要密度后，即拧紧定位螺钉 1，使压针三角位置固定。如果要同时调整压针三角的位置，可垫高或放低下三角座，以改变下三角座与针筒口的相对高度。

同样，上压针三角的位置也能调节，以满足织物密度和品种的要求。

Z211 型棉毛机的下三角为不封闭分块式，一块块三角

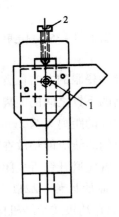

图 2-4-33　下压针三角密度调节装置

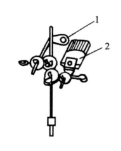

图 2 - 4 - 34　导纱器和
扁毛刷

构成不连续的走针针道。这种三角的优点是制造简单,三角外观及走针轨迹外观十分清楚,但因其制造精度差,对针的控制不严,编织时在要求较高的一些工艺点上针易失控。同时在编织中易积飞花,造成织疵。

　　(4)导纱器和扁毛刷。图 2 - 4 - 34 所示为导纱器和扁毛刷,导纱器上的导纱瓷眼 1 起引导纱线至针口垫纱的作用。导纱瓷孔要求光洁,不能发毛、破裂。扁毛刷 2 用来控制针舌运动,防止针舌反拨。扁毛刷必须平整、紧密,要求有一定的厚度、宽度,并保持一定弹性。扁毛刷的宽度选用原则是保证退圈时针舌开启不受毛刷阻碍,压针时,针舌关闭不受其影响。扁毛刷与织针的配置如图 2 - 4 - 35 所示。

　　扁毛刷的高低位置,要求尽量靠近上针针钩平面而又不与上针相碰,如图 2 - 4 - 35(1)所示。扁毛刷的左右位置,要求左边不妨碍下针退圈时针舌的打开,右边不妨碍下针压针时针舌的关闭。扁毛刷的进出位置,一般要求与下针针钩的距离左边为 1.5 ~ 2mm、右边为 0.5mm,还应注意喂入的纱线不与扁毛刷相碰,如图 2 - 4 - 35(2)所示。

　　导纱瓷眼与织针的配置如图 2 - 4 - 36 所示。

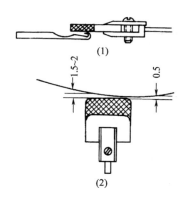

图 2 - 4 - 35　扁毛刷与织针的配置

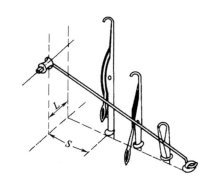

图 2 - 4 - 36　导纱瓷眼与织针的配置

　　导纱瓷眼的左右位置,在 1.5 ~ 2 路/25.4mm 的棉毛机上,导纱瓷眼中心与右边一枚挺针最高的下针之间的距离 S 为 10 ~ 12mm。导纱瓷眼的进出位置,应使导纱瓷眼的里边缘与下针之间的距离 L 为 2mm,以引出的纱线不与扁毛刷摩擦为准。导纱瓷眼的高低位置,由瓷眼引出的纱线应能垫放在下针挺针最高织针的针舌匙上稍上一点的地方为宜。纱线垫到针上的位置应避开针舌关闭时的剪刀口,以免剪断纱线。

　　3. 给纱机构　Z211 型棉毛机的给纱机构通常有简单消极式给纱机构、条带式积极给纱机构、储存消极式给纱机构三种。

　　(1)简单消极式给纱机构。Z211 型棉毛机大多采用消极式给纱机构,见图 2 - 4 - 37。纱架位于机器上方,固定在三根立柱上,三根立柱装于台面上。图中可见这种简单消极式给纱机构的纱线行程。纱线从纱筒上退绕下来进入成圈区域,主要是借助织针在压针三角斜面作用下给纱线以拉力而实现的。

纱线从纱筒1上引出,穿过玻璃导纱孔2,经过上导纱圈3、油布圈4、下导纱圈5和导纱器6引入针钩下面,进行编织成圈。

由此可见,这种给纱机构的纱线张力,是由纱线的阻力来决定的。它由下述几方面组成:

①纱线自筒子上退绕时受到的阻力。

②纱线在运动时气圈产生的张力。

③纱线与导纱器、油布圈和针等的摩擦。

这种消极式给纱机构,结构简单,由于纱线张力的差异,给纱的均匀性较差,对织物的品质也有一定的影响。

(2)条带式积极给纱机构。Z211型棉毛机的消极式给纱机构可改装成条带式积极给纱机构,如图2-4-38所示。

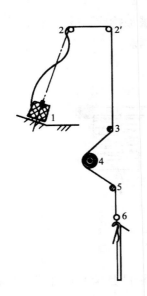

图2-4-37　简单消极式给纱机构

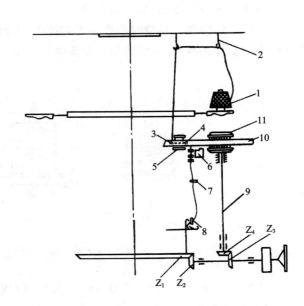

图2-4-38　条带式积极给纱机构

图中纱线从筒子1上引出,经导纱钩2和导纱瓷眼3,在条带10与滚筒5之间绕过,由另一导纱瓷眼4中引出,然后经断纱自停器6、瓷眼7、导纱器8进入编织区域。

条带式给纱机构的传动来自机器的主轴9,在主轴上另装一只圆锥齿轮Z_3,传动圆锥齿轮Z_4,而使无级变速器11转动,从而带动橡胶履带10,于是输线滚筒5也随之转动。因为纱线夹在条带和输线滚筒之间,依靠纱线与它们二者之间的摩擦,将纱线主动定长地输入编织区域中。

条带式给纱机构的给纱效果较好。

(3)储存消极式给纱机构。有的Z211型棉毛机上也采用了储存消极式给纱装置。这种给纱装置安装在纱筒与编织系统之间,其工作原理是:纱线从筒子上引出后,不是直接喂入编织区域,而是先均匀地卷绕在该装置的圆柱形储纱筒上,在绕上少量具有同一直径的纱圈后,再根据编织时耗纱量的变化,从储纱筒上引出送入编织系统。这种装置比简单消极式给纱具有明显的优点:第一,纱线卷绕在过渡性的储纱筒上后有短暂的迟缓作用,可以消除由于纱筒容纱量不一、退绕点不同和退绕时张力波动所引起的纱线张力的不均匀性,使纱线在相仿的条件下从储纱筒上退绕;第二,该装置所处的位置与编织区域的距离比纱筒离编织区域为近,可以最大限度地改善由于纱线行程长造成的纱线附加张力和张力波动。

根据纱线在储纱筒上的卷绕、储存和退绕方式的不同,该装置可分为三种类型。

第一种,如图 2-4-39(1)所示,储纱筒 2 回转,纱线 1 在储纱筒上端切向卷绕,从下端经过张力环 3 退绕。

第二种,如图 2-4-39(2)所示,储纱筒 3 不动,纱线 1 先自上而下穿过中空轴 2,再借助于转动圆环 4 和导纱孔 5 的作用在储纱筒 3 下端切向卷绕,然后从上端退绕并经 4 输出。

第三种,如图 2-4-39(3)所示,储纱筒 4 不动,纱线 2 通过转动环 1 和导纱孔 3 的作用在储纱筒 4 上端切向卷绕,从下端退绕。

第一种形式纱线在卷绕时不产生附加捻度,但退绕时会被加捻或退捻。第二、第三种形式不产生加捻,因为卷绕时的加捻被退绕时反方向的退捻抵消。

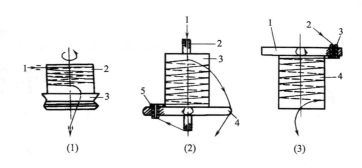

(1)　　　　　　　(2)　　　　　　　(3)

图 2-4-39　纱线的储存与退绕形式

4. 牵拉卷取机构　Z211 型棉毛机上的牵拉卷取机构采用的是偏心拉杆式牵拉卷取机构,如图 2-4-40。

整个卷布架依靠板 1 和 2 上面的撑板 3 由针筒大齿轮带动而作同步回转,在机构下中部的水平横轴 15 上装有左右两个小圆锥齿轮 Z_1 与固定的圆锥齿轮 Z_2 相啮合。水平横轴左右两端各装有一套偏心轮、调节架、棘轮装置。主动牵拉辊 9 的左端装有齿轮 10 与被动牵拉辊上的齿轮 11 相啮合,当卷布架随针筒一起转动时,Z_1 绕 Z_2 转动,同时也绕自己的轴心转动,通过横轴带动偏心轮 4 回转。偏心轮的作用可使拉杆 12 上下运动,从而带动调节架 5。调节架 5 以轴心 P 为支点上下摆动,最后使连杆 13 或 14 的棘爪 7 或 8 撑动棘轮 6,从而使主动牵拉轴 9 发生回转。当拉杆 12 向上运动时,棘爪 8 撑动锯齿轮 6 进行牵拉,此时棘爪 7 走空程;当拉杆 12 向下运动时,棘爪 7 撑动棘轮进行牵拉,棘爪 8 走空程。牵拉辊另一

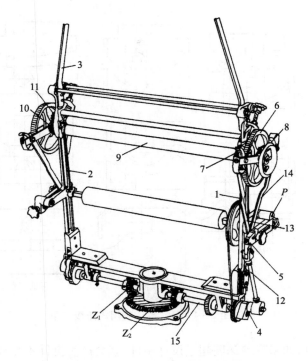

图 2 – 4 – 40　偏心拉杆式牵拉卷取机构

侧的传动情况相同。为使牵拉速度比较均匀,左右两只偏心轮的安装位置应相差 90°,以使左右两侧的 4 只棘爪轮流交替地撑动棘轮。

三、新型棉毛机

为了提高坯布的编织质量和产量,方便编织棉毛集圈等花色组织,各厂普遍采用了各种型号的新型高速棉毛机。新型棉毛机的特点体现在三角和织针的改进,采用积极式给纱机构和性能优良的牵拉卷取装置及除尘、润滑和自动控制等方面,以实现高速、多路、高产量、高质量的目的。

(一)三角的改进

1. 采用整体封闭式的曲线三角　一种新型棉毛机上使用的整体封闭式曲线三角如图 2 – 4 – 41 所示。它的第一个特点是在同一块三角上既有挺针点,又有弯纱点,织针的退圈与成圈在同一三角的作用下完成,故称这样的三角为整体式。它有利于三角对织针的控制,可确保织物的编织质量。这种整体封闭式三角与传统三角的设计不同。传统三角挺针三角与压针三角分开设计。传统三角要调节弯纱深度,只要调整弯纱三角即可,而挺针高度不变。整体封闭式三角调节弯纱深度时,挺针高度也会随之改变。例如,需要增加线圈长度时,应将三角下调以增加弯纱深度,但此时挺针高度也随之下降。这与本该增加挺针高度的要求相矛盾。为解决此矛盾,整体封闭式三角是通过精确的设计与制造,把线圈长度的变化控制在一定的范围之内,以满足最大线圈长度要求的弯纱深度和该线圈的最小挺针高度。因此,

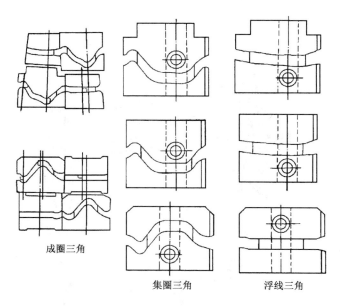

成圈三角

集圈三角　　　　　浮线三角

图 2-4-41　整体封闭式曲线三角

在使用时必须注意,如果弯纱深度超过设计条件,就会产生挺针不足而造成花针等疵点。这种棉毛机三角的第二个特点是采用曲线三角代替传统的直线三角。在直线三角中,针与三角接触,针将在其突然改变速度的各点上与三角发生冲击,引起针的串跳,严重时会产生断针踵与断针构的现象,同时,在三角的表面会磨起沟槽,恶化织针的运行。曲线三角能使针具有平稳而连续的加速度,或者使其加速度限制在一个极小值的范围内,这样可以减少织针的断裂、三角的磨损,有利于机器运转速度的提高和成圈路数的增加。第三个特点是采用了可变换三角。该机上除了有必须的成圈三角外,还增添了集圈三角和浮线三角备件。针盘上里、外三角分别代表上三角中控制长、短踵针位的三角。有了这三种基本形式的三角,就可以根据织物组织结构的不同来选用相应的三角,增大了机器的实用功能。

2. 采用可调三角　为了便于编织花色棉毛织物和不同密度的棉毛织物,许多新型棉毛机上采用了可调三角。

如前面图 2-4-10 和图 2-4-11 所示,三角中的挺针三角 1、弯纱三角 2 是可调的。挺针三角 1 可根据编织要求进入或退出工作。进入工作时编织线圈,退出工作时编织集圈。弯纱三角 2 根据线圈长度的不同要求可调其弯纱深度。弯纱三角 5 的调节是靠转动旋钮带动螺旋导槽,带动弯纱三角滑块沿斜槽上下滑动,获得不同的压针深度来进行的。由于弯纱三角的移动是沿固定的斜向进行,故编织时有关的走针工艺点(如握持点、针舌开启与关闭等)可基本保持不变,所以不必对导纱器重新调整。传统的垂直调节弯纱三角在改变其压针深度的同时还需要重新调节导纱器的相对位置。

3. 采用多针道变换三角　如图 2-4-42(1)所示。上针盘有两个针道,分别装入了成圈三角 A、集圈三角 B 和不编织三角 C,这些三角都可以根据花型要求互换。

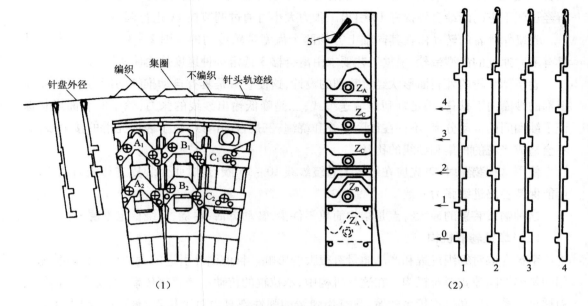

图 2 - 4 - 42　多针道变换三角

图 2 - 4 - 42(2)所示为针筒三角,它有六个针道,最上一个 5 号为压针道,最下一个 0 号为起针道,中间的 1 ~ 4 号为选择针道。除压针道中的压针三角不得调换外,其余针道内均可选装可互换的三角。Z_A 是成圈三角,Z_B 是集圈三角,Z_C 是不编织三角,0 号和 5 号三角对所有的织针起作用,而 1 ~ 4 号的三角仅对相应号的织针起作用。当按花型要求装入所需三角后,在各三角工作面的作用下,针筒织针即能在一个线圈横列内分别按需进入退圈、集圈和不工作三种位置,故织针的这种工作方式被称为三位选针法。

根据图中的三角排列可以看出,当织针通过这一三角系统时,1 号织针编织集圈,2 号和 3 号织针形成浮线,4 号织针编织线圈。不同的三角排列与织针排列的密切配合能编织出以罗纹和双罗纹组织为基础的各种变换组织的针织物。

（二）积极式给纱机构

新型棉毛机上普遍采用积极式给纱机构,它能主动向编织区输送定长纱线,以保证连续、均匀、恒定供线,使各成圈系统的线圈长度趋于一致,给纱张力较均匀,从而提高织物纹路清晰度和强力等外观和内在质量,能有效地控制织物的密度和几何尺寸。其中应用较多的有条带式和储存式。条带式积极送纱机构已在 Z211 棉毛机中做了介绍,这里介绍储存式积极给纱装置。

如图 2 - 4 - 43 所示,纱线通过导纱瓷眼 4 引入,经过清纱片 5 清纱,再经过张力

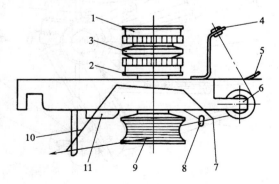

图 2 - 4 - 43　储存式积极给纱装置

装置6,通过断纱自停探针7及导纱瓷圈8,从卷绕储纱轮9的上方绕入,至下方退绕出来,再经过侧下方的断纱自停探杆10引出。张力大小可通过调节板11进行调节。

卷绕储纱轮的转动由在其同轴上方的两个齿型带轮传动的。图2-4-43中1和2是具有不同速度的齿型带轮,根据工艺要求由离合器3选定一种速度从而使9转动。

卷绕储纱轮的外表面形状经过特别的设计,这使它一是具有自动推纱的能力,可将卷在上部的纱圈向下推移,满足顺利地输送纱线;二是降低输出纱线的张力,轮子的表面形状保证了纱圈间的自动分离,不存在纱圈重叠和绕缠;三是自动清纱,轮子表面光滑的接触表面,不会造成飞花的积集和纱线的钩丝。

使用这种装置时,首先应在纱轮上卷绕纱线10~15圈,通过张力装置进行张力调节,尽可能保持各路进线张力一致。

这种输线装置的最大特点是结构简单零件少,转动灵活,卷绕、退绕稳定方便。

(三)牵拉卷取机构

牵拉卷取对编织过程和产品质量有很大的影响。目前国外引进的大圆机上比较普遍采用的是弹性间隙式牵拉机构。在这种机构中,牵拉辊的传动不是直接传动,而是由主轴的动力通过一系列传动机构传至弹簧,只有当弹簧的弹性恢复力对牵拉辊产生的转动力矩大于织物对牵拉辊产生的张力矩时,牵拉辊才转动牵拉织物。间隙式的动力来源于多凸头转子摆杆机构和偏心连杆机构。

图2-4-44中1为多凸头圆环,推杆转子2沿其边缘运动,遇到圆环的凸边时转子被压下,推杆的另一边推动牵拉摆杆转动,拉长牵拉摆杆弹簧3,摆杆撑头4在棘轮上倒退(防退撑头5阻止牵拉辊的倒退)。遇到圆环的凹边时,恢复弹簧6使转子紧贴凹边向上运动。摆杆在牵拉弹簧3的作用下,由摆杆撑头4推动牵拉辊进行牵拉,这时,如果织物张力产生的对牵拉辊阻力矩小于牵拉弹簧3的牵拉力矩,则牵拉辊转动,反之牵拉辊不转。显然,调整牵拉弹簧3的初张力即可控制织物的牵拉张力。若牵拉张力调整范围不够时,可调换牵拉弹簧3得到新的张力范围,一般机上有多种规格弹簧供选用。

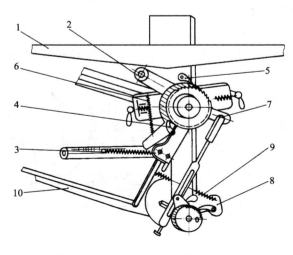

图2-4-44 弹性间隙式牵拉机构

织物的卷取见图2-4-44,牵拉摆杆的另一端与卷布连杆7相连,当推杆转子2向下运动时,连杆7向上,带动卷布摆杆8沿卷布棘轮倒退,拉长卷布弹簧9,当转子2向上时,卷布摆杆8在卷布弹簧9的作用下进行卷布。随着布卷直径增加,卷布力矩也相应增加。卷布弹簧9的一端与布卷直径探测杆10固接,随着布卷直径的增加,卷布弹簧初张力增加,从而卷布辊的转动力矩增加,保证了布卷均匀整齐,符合工艺要求。

（四）传动机构

如图 2-4-45 所示为一种典型的双面圆纬机传动机构简图。

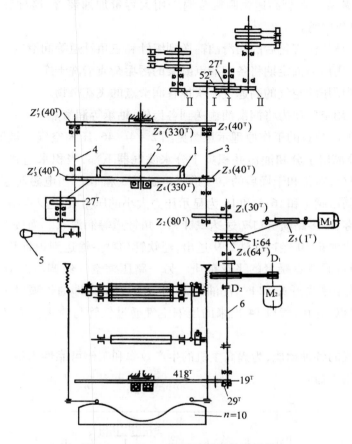

图 2-4-45　双面圆纬机的传动机构

针筒的转动分慢速寸行和正常运转两种，慢速寸行由蠕动电动机 M_1 驱动，正常运转由主电动机 M_2 驱动。圆机工作时先由 M_1 慢速启动，经时间继电器延时，再由 M_2 带动正常转动，更换皮带轮 D_1 和 D_2 可改变机器转速。新型的圆纬机已采用变频调速技术来无级调节机速和慢启动。

为保证针筒 1 与针盘 2 的传动同步性，采用两根立轴 3 和 4 以及齿轮 Z_3、Z_4、Z_7、Z_8 补偿齿轮 Z_3' 和 Z_7' 来传动针盘，两个传动系统可以相互补偿针盘对针筒的转动波动量，减小传动间隙，提高了针筒、针盘的同步性。一般应将针筒、针盘的传动精度控制在 0.05mm 之内。针织机机号越高，对针筒、针盘间的传动精度要求越高。

机器上方的积极式给纱装置的条带轮由主轴 3 传动，机器下方的凸轮式牵拉卷取装置由传动轴 6 传动，随针筒同步回转，手柄 5 用于盘动针织机。

这种传动使针筒、针盘、给纱和牵拉卷取机构的传动配合一致，减少了启动、制动和运转过程中各惯性力对编织部分的影响，有利于织物质量的提高，同时传动准，运转平稳，有利于机器速度的提高。

（五）辅助机构

1. 自动加油装备 新型高速大圆机普遍采用大容量加油装置,这种装置具有喷雾、冲洗、吹气和注油四个功能。

（1）喷雾。把被气流雾化后的润滑油输送到织针和三角针道等润滑点。

（2）冲洗。利用压力油定期将各润滑点凝聚的污垢杂质清洗干净。

（3）吹气。利用压缩空气的高速气流吹掉各润滑点的飞花杂物。

（4）注油。利用空气压力将润滑油输送到各齿轮、轴承等润滑点。

大容量喷雾加油装置的工作原理示意图见图2-4-46,压缩空气1被输入分水滤气器2内,滤去杂物,分离出水分和油污并积集于分水滤气器下部,当积水达到一定量后就自动送入储水瓶17积存,净化和干燥后的空气进入电磁阀3和18。当电磁阀通电打开后,压缩空气分两路进入调压阀4和16,5和15为显示压力大小的压力表,进入雾化器6的压缩空气被雾化成微粒油雾,由多路喷雾口7送达织针和三角针道等润滑点。当按下手动开关8时,压力油束即从雾化油箱10经过冲洗口9送出,经软管和喷头输送到织针和三角针道等冲洗点,定期冲洗干净各润滑点凝聚的飞花杂质。另一路压缩空气经调压阀16进入注油器13和吸气口14,当按下手动开关12时,注油器13中的压力油束即通过喷口11被输送到各个齿轮、轴承等润滑点。由吹气口14出来的压缩空气通过软管与喷头对织针进行吹气,吹掉飞花等杂质。

自动加油装置的各种动能,为提高主机的生产效率和工作可靠性提供了良好的保证,并延长了机器的使用寿命。

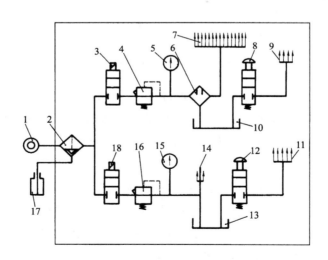

图2-4-46 大容量喷雾加油装置示意图

2. 自停装置 为了使机器在运行过程中能自动检测漏针、粗纱节、断头、失张缠绕等故障,新型大圆机普遍采用了各种自停装置。一般有漏针和坏针自停装置、粗节自停装置、断纱自停装置、张力自停装置、织物缠绕自停装置、织物卷绕定长自停装置。这些装置都是通过简单的电子线路、接触开关来实现的。它们的工作有效保证了编织的正常进行,提高了织物质量,减轻了操作者的劳动强度。

3. 除尘清洁装置　圆纬机上常用的有风扇除尘和压缩空气吹风除尘两种。风扇一般装在机器顶部,机器运转时它也回转,可以吹掉机器上部分飞花尘屑。压缩空气吹风除尘装置分别装在机器顶部和中部。顶部的装置可以有 4 条吹风臂环绕机器转动,吹去筒子架等机件上面的飞花,空气由定时控制输出,中部的装置通常与喷雾加油装置联合使用,通过管道在编织区吹风,防止飞花进入编织区,保证织物的编织质量。

四、棉毛机上编织的产品举例

在棉毛机上编织的产品,除普通棉毛织物外还可以编织某些花色织物,主要有:利用织针、色纱的变化生产的纵条纹、横条纹、方格等效应的织物;应用抽针生产的凹凸效应纵条纹棉毛织物;变换三角而生产的空气层织物。同时,利用双罗纹机与罗纹机互换能力可以改变织物弹性和延伸度等。

(一)普通直条组织编织工艺

举例织物为一个完全组织宽度为 12 个纵行,由 11 个纵行的针筒、针盘的单面编织和 1 个纵行的棉毛编织(连接两个单面编织),形成直条纹常作保暖内衣面料的组织。这样的织物表面平整、厚实,横向延伸性小、紧密、尺寸稳定性好。

1. 编织图　这种组织的编织图如图 2 – 4 – 47 所示。

2. 三角排列图　这种组织在上机编织时的三角排列如图 2 – 4 – 48 所示。

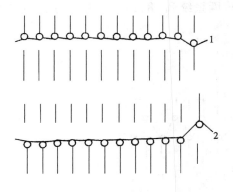

图 2 – 4 – 47　直条组织编织图

图 2 – 4 – 48　直条组织编织时三角排列图

(二)方格组织编织工艺

1. 素方格　为形成方格效果,织针按 8 针一组,16 路一个循环。按棉毛组织织针配置,只是在针盘上每隔 7 枚针抽掉 1 枚高踵针。

该织物中 1～7 路,9～16 路编织棉毛组织,第 8 路针筒高踵针编织集圈形成横条,针盘的抽针处形成 7 个纵行的直条,组合形成素色方格组织。

(1)素方格组织的编织图如图 2 – 4 – 49 所示。

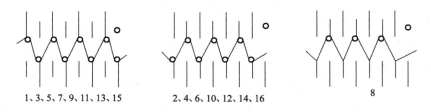

1、3、5、7、9、11、13、15　　　　2、4、6、10、12、14、16　　　　8

图 2 – 4 – 49　素方格组织编织图

（2）素方格组织的三角排列图如图 2 – 4 – 50 所示。

路数		1	2	3	4	5	6	7	8	9	10	11	12	13	14	15	16
针盘	低踵	V	—	V	—	V	—	V	—	V	—	V	—	V	—	V	—
	高踵	—	V	—	V	—	V	—	V	—	V	—	V	—	V	—	V
针筒	高踵	—	∧	—	∧	—	∧	—	⊓	—	∧	—	∧	—	∧	—	∧
	低踵	∧	—	∧	—	∧	—	∧	—	∧	—	∧	—	∧	—	∧	—

图 2 – 4 – 50　素方格组织编织时三角排列图

2. 色彩方格　利用抽针和色纱组合也可形成色彩方格织物。织针与上面的素方格组织排列方式相同，按 8 针一组，20 路一个循环，针盘上每隔 7 针抽掉 1 枚高踵针。三角呈棉毛组织三角排列。织物编织时 1、3、5、…、19 等奇数成圈系统和 18、20 号成圈系统配置红纱，2、4、6、…、16 偶数成圈系统配置白纱。

（1）编织图和色纱排列图如图 2 – 4 – 51 所示。

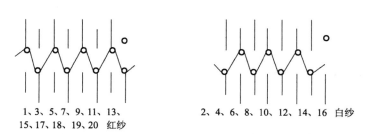

1、3、5、7、9、11、13、　　　　2、4、6、8、10、12、14、16　白纱
15、17、18、19、20　红纱

图 2 – 4 – 51　色彩方格组织编织图和色纱排列

（2）色彩方格组织的三角排列图如图 2 – 4 – 52 所示。

（三）牛肚布组织编织工艺

牛肚布组织 10 路一个循环，1 和 2 路编织一横列棉毛组织，3 ~ 10 路编织变化平针，由于针筒针的多次编织而形成面料表面有横向凸出细条纹，形似牛肚的布面效果。

1. 编织图　牛肚布组织的编织图如图 2 – 4 – 53 所示。

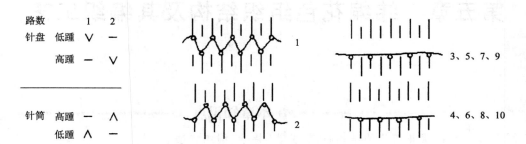

图 2 - 4 - 52　色彩方格组织三角排列图　　　　　图 2 - 4 - 53　牛肚布编织图

2.三角排列图　牛肚布组织的三角排列图如图 2 - 4 - 54 所示。

路数		1	2	3	4	5	6	7	8	9	10
针盘	低踵	∨	—	—	—	—	—	—	—	—	—
	高踵	—	∨	—	—	—	—	—	—	—	—
针筒	高踵	—	∧	∧	—	∧	—	∧	—	∧	—
	低踵	∧	—	—	∧	—	∧	—	∧	—	∧

图 2 - 4 - 54　牛肚布三角排列图

思考与练习题

1.罗纹机有哪些主要成圈机件？它们在成圈过程中起什么作用？

2.何谓滞后成圈、同步成圈和超前成圈？简述它们的特点和适用场合。

3.简述高速罗纹机与普通罗纹机配置上的不同。

4.双罗纹机与罗纹机在成圈机件配置上有何主要不同？

5.新型棉毛机与普通棉毛机相比有哪些技术进步？

6.棉毛机针筒形状有哪两种,各有什么区别？各适合生产何种类型的针织物？

7.单式弯纱和复式弯纱有何区别？棉毛机上采用何种弯纱方式？为什么？

8.画出棉毛机上、下织针的走针轨迹,并对关键点的配合进行分析。

9.在牵拉过程中,为何会发生线圈横列的弯曲现象？应该如何防止？

10.在双面机上进行罗纹编织与棉毛编织变换,主要调节哪些机件？为什么？

11.请就图 2 - 4 - 51 和图 2 - 4 - 52 所示色彩方格棉毛织物的编织图、三角排列图和色纱排列图在意匠纸上画出该织物的花型色彩效果图。

第五章　纬编花色组织结构及其编织工艺

> ● **本章知识点** ●
>
> 1. 提花组织的结构特点、分类、特性、编织方法。
> 2. 集圈组织的结构特点、分类、特性、编织方法。
> 3. 添纱组织的结构特点、分类、特性和基本编织方法,影响正确添纱效果的因素。
> 4. 衬垫组织的结构特点、分类、衬垫比、特性和编织方法。
> 5. 毛圈组织的结构特点、分类、特性和基本编织方法。
> 6. 长毛绒组织的结构特点、分类、特性和基本编织方法。
> 7. 衬纬组织的结构特点、特性和编织方法。
> 8. 常用的复合组织种类、结构特点、特性和编织方法。

花色组织是在原组织或变化组织的基础上通过编入附加纱线、变换或取消成圈过程中的个别阶段、改变线圈形态等方式而形成的。

花色组织按照线圈结构基本上可分为以下几类:提花组织、添纱组织、衬垫组织、集圈组织、毛圈组织、长毛绒组织、菠萝组织、纱罗组织、波纹组织、衬经衬纬组织以及由以上组织组合而成的复合组织等。

第一节　纬编针织物组织结构的表示方法

表示纬编针织物组织结构的方法有线圈结构图、意匠图、编织图、三角配置图。

一、线圈结构图

线圈结构图是直接用图形表示纱线在织物内的配置状态,如果 2 – 5 – 1 所示。

从线圈结构中可以清晰地看出线圈在织物内的组成形态,有利于研究与分析针织物的性质与编织方法,但绘制大型花纹的线圈结构图比较困难,所以,这种表示方法仅适用于较为简单的花色组织。

图 2 – 5 – 1　线圈结构图

二、意匠图

意匠图是把织物内线圈组合的规律,用规定的符号画在小方格纸上表示的一种图形。方格纸上的每一方格代表一只线圈。方格在纵向的组合表示织物中线圈纵行,在横向的组合表示织物中线圈横列。根据表示对象的不同,又可分为结构意匠图和花型意匠图两种。

1.结构意匠图　结构意匠图用于表示结构花纹。它是将成圈、集圈和浮线用规定的符号在小方格纸上表示。通常用于表示由成圈、集圈和浮线组合的单面织物组织(双面织物一般用编织图表示)。结构意匠图有不同的表示方法,如图2-5-2(1)所示的线圈图,可用图2-5-2(2)、图2-5-2(3)所示的两种结构意匠图表示,图2-5-2(2)中"⊠"表示成圈;"⊡"表示集圈;"□"表示浮线;图2-5-2(3)中"□"表示成圈,"⊡"表示集圈,"⊟"表示浮线。

2.花型意匠图　花型意匠图是用来表示提花织物正面(提花一面)的花型与图案。图2-5-3表示由两种色纱组成的提花组织的意匠图。图中符号"⊠"表示由一种色纱编织的线圈;符号"□"表示由另一种色纱编织的线圈。由图中可以看出,每一个线圈横列由两种色纱编织而成,且组成这一组织的最小循环单元为6个线圈纵行和6个线圈横列,一般称此最小循环单元为一个完全组织。整块针织物就是由完全组织循环重复而成。

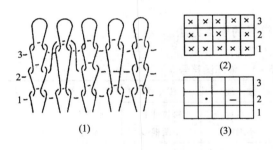

图2-5-2　线圈图和结构意匠图

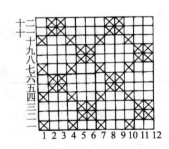

图2-5-3　花型意匠图

意匠图的表示方法简单方便,特别适用于提花组织的花纹设计与分析。

在织物设计与分析以及制定上机工艺时,应注意区分上述两种意匠图所表示的不同含义。

三、编织图

编织图是将针织物组织的横断面形态,按成圈顺序和织针编织及配置情况,用图形表示的一种方法。它能较为形象地将织物的编织动态表达出来。这种方法适用于大多数纬编织物,特别是表示双面纬编针织物时,有一定的优点。

如图2-5-4所示,可表示纬平组织、罗纹组织和双罗纹组织。

1.编织图的符号　编织图中用竖线"丨"表示织针,竖线的横向排列表示了机器上织针的互相配置。图2-5-4(1)表示只使用了一种织针。图2-5-4(2)、图2-5-4(3)中上下两排竖线分别表示上下两种针,图2-5-4(2)中表示上针(针盘针)与下针(针筒针)1隔1排列,呈罗纹配置;图2-5-4(3)表示上下针均由高低两种针踵分别排成针头相对状态,

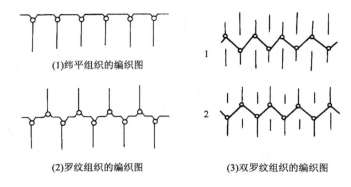

(1)纬平组织的编织图

(2)罗纹组织的编织图

(3)双罗纹组织的编织图

图 2-5-4 编织图

呈双罗纹配置。

在织针头端画一个小圆圈,以"♀"表示此针参加编织成圈;符号"丫"表示织针钩住喂入的纱线,但并没有成圈,纱线呈悬弧状,即为集圈;符号"⊥"或"⊤"表示在织针上没有垫入纱线,织针不参加编织,形成浮线。如果机器上有些针被从针筒或针盘上抽掉,抽针处用符号"○"表示。

表 2-5-1 列出了几种常用编织图符号的表示方法。

表 2-5-1 编织图符号表

编织方法	成 圈	集 圈	浮 线	添 纱	衬 垫	抽 针
针的状态位置	针筒针针盘针	针筒针集 圈	针盘针不编织	每枚针上垫两根纱	针筒针或针盘针	针盘针抽 针
线 圈结构图						
编织图符 号						

2.编织图绘制 编织图在绘制时,需要既反映该组织的织针配置情况,又反映出一个完全组织织针编织情况,通常按照如下步骤:

(1)在纸上画出针盘针和针筒针的配置情况。

(2)一个完全组织由几个成圈系统编织就要画几排针的配置图,每一排针的数量至少要等于一个完全组织的纵行数。

(3)根据每一横列上织针的编织情况用规定的符号进行绘制。

图2-5-4(3)表示双罗纹织物的编织图,双罗纹织物的完全组织为两个纵行,一个横列。而每一横列由两个成圈系统编织而成,故画两排针的配置图,从图中可看出,第一成圈系统编织时,针盘和针筒的高踵针成圈,低踵针不成圈,第二成圈系统编织时,针盘和针筒的低踵针成圈,高踵针不成圈。

四、三角配置图

有的花色组织是靠针的排列与三角配置的变换而形成的。在织物设计时需要绘制三角配置图,从而可在上机时按设计方案调节变换三角,实现顺利编织。

三角配置图的表示方法见表2-5-2。

表2-5-2 三角配置表示法

三角配置方法	三角名称	表示符号
成 圈	针盘三角 针筒三角	$\vee$ $\wedge$ 或 $\triangledown$ $\triangle$
集 圈	针盘三角 针筒三角	$\sqcap$ $\sqcup$
不工作	针盘三角 针筒三角	空白 空白 或 — —

第二节 提花组织的结构及编织工艺

提花组织是将纱线垫放在按花纹要求所选择的某些针上进行编织成圈而形成的一种组织。在那些不垫放新纱线的针上,旧线圈不进行脱圈,这样新纱线就呈水平浮线状处于这只不参加编织的针的后面,以连接相邻针上刚形成的线圈。此时没有参加编织的针待以后编织系统进行编织成圈时,才将提花线圈脱圈在新形成的线圈上。因而提花组织的每个提花线圈横列由两个或两个以上的成圈系统编织而成。提花组织是在原组织和变化组织的基础上形成的,它的结构单元是线圈和浮线。可以形成色彩花纹效应和结构花纹效应。图2-5-5所示为一种两色提花组织。

一、单面提花组织

单面提花组织根据形成一个完全组织中各正面线圈纵行间线圈数相等与否及线圈大小的状态可分为结构均匀的和不均匀的两种。

结构均匀的提花组织,一个完全组织中正面各线圈纵行的线圈数相等,所有的线圈大小基本上都相同。

从工艺上讲,在编织结构均匀的提花组织时,在给定的喂

图2-5-5 提花组织

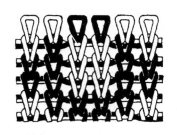

图2-5-6 结构均匀的两色
单面提花组织

纱循环周期内,每枚织针必须且只能吃一次纱线而编织成圈。如:在编织两色均匀提花组织时,每两个成圈系统分别穿有不同性质或色彩的纱线组成一个喂纱循环周期,织针在通过这两路时,每枚织针只能吃某一路的纱线编织成圈;在另一路不吃纱形成浮线。这样,编织成的每一线圈横列就是由两种不同性质或色彩的纱线组成。三色提花组织,则由三种不同性质或色彩的纱线形成一个线圈横列。图2-5-6所示为两色结构均匀的提花组织。将各种不同性质或色彩的纱线所形成的线圈进行适当的配置,就可在织物表面形成各种不同图案的花纹。

结构不均匀的提花组织,一个完全组织中各正面线圈纵行间的线圈数不等,因此线圈大小也不完全相同。编织时,在每个喂纱循环周期内织针吃纱情况不受限制,每枚织针可以形成1个线圈、2个线圈、3个线圈,或者在此循环周期内不形成线圈。如图2-5-7所示。图2-5-7(1)表示奇数织针对所有的纱线进行编织,形成平针纵行1和3,偶数织针在每一循环周期内只吃一次纱线,有选择性编织而得到提花纵行2和4。形成平针的织针与形成提花线圈的织针,可以按1:1、1:2规律间隔排列。由于在提花线圈纵行之间有平针线圈纵行,就可使浮线变短,否则,织物反面浮线太长,容易勾丝,影响织物的服用性能,从而限制了花纹设计的灵活性。

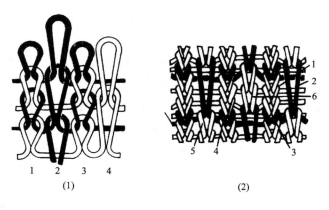

(1)   (2)

图2-5-7 结构不均匀的两色单面提花织物

从图2-5-7还可看出:在这种组织中,提花线圈的高度比平针线圈近乎大一倍。提花组织中,线圈形态与大小变化的主要原因之一,是由于在编织过程中,某些针编织成圈,而另一些针不编织,这样在牵拉力作用下,两种针上的线圈张力发生差异,张力较大的线圈从相邻的线圈中抽引纱线而变长,即引起了线圈间纱线的转移,线圈发生了变化。这样,提花线圈纵行拉长变大凸出在织物表面,而平针线圈纵行则凹陷在内,在外观上形似罗纹组织。呈现在织物表面的提花纵行所形成的花纹清晰度就不会受到太大影响,增大了设计的灵活性,在一定程度上克服了单面均匀提花组织的缺点。

织物组织中线圈形态、大小的变化程度与提花线圈不脱圈的次数有关。通常用"线圈指数"来表示某一线圈在编织过程中没有进行脱圈的次数。花色组织中线圈大小的差异常常可用线圈指数表征。线圈指数大,说明该线圈在编织过程中没有进行脱圈的次数多,线圈被拉长的程度显著。如图2-5-7(1)中,提花线圈的线圈指数为1,而平针线圈的线圈指数为0,这样提花线圈就比平针线圈大。线圈指数可以反映出线圈间大小的差异,但不成一定的比例关系。因为具有相同线圈指数的线圈,还会受到其他各种因素的影响。这种情况在分析和设计花色组织时应予考虑。例如图2-5-7(2)所示的组织也是结构不均匀的两色提花组织。其中平针线圈1、3、4的线圈指数为0,提花线圈2的线圈指数为4。提花线圈被拉长时,与其相连的平针线圈3、4被抽紧变小。从线圈3、4转移过来的纱线有一定限度,当转移发生困难时,线圈2便将上一横列的、与之相联的线圈5向上拉紧并使之变长,而从提花线圈2中穿套出来的新线圈6,也比相邻纵行上的线圈1为长,且位置较低。线圈5、6的线圈指数也为0,但比线圈1、3、4为大。

如将"线圈指数"较高的提花线圈按花纹要求与平针线圈有机地组合起来,就能得到广泛的具有凹凸效应的提花花纹。如图2-5-8所示,有的提花线圈连续三四次不脱圈,线圈指数为3和4,其背后分别有三根、四根浮线,这样的提花线圈,实际上不可能被拉长到四个或五个平针线圈横列的高度,因此,提花线圈必将抽紧相邻的平针线圈,并使平针线圈凸出在织物的表面,从而得到凹凸的外观效应。纱线弹性愈好,织物密度愈大,则凹凸效应就愈显著。这种结构特征在单面提花织物中具有广泛的应用。

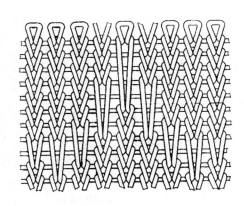

图2-5-8 结构不均匀的单面提花组织

合理地使用线圈指数所反映的特征,将扩大花型设计的灵活性,也有助于进行织物组织分析。

二、双面提花组织

提花组织的花纹可在织物的一面形成,也可同时在织物的两面形成。在实际产品设计时,大多数采用一面提花,形成花型效应面,不提花的一面作为产品的反面。

双面提花组织是在双面提花圆型纬编机上织成的。针筒针经过选针机构选针后织成正面花型。针盘针织成反面花型。同单面纬编提花组织一样,花纹面有均匀提花和不均匀提花两种编织类型。而根据针盘针编织情况的不同,其反面组织可分为完全提花组织和不完全提花组织。如果织针在通过每一成圈系统时,所有的上针都参加编织成圈,所形成的组织就称为完全提花组织;如果上针呈高低踵一隔一配置,编织时,相邻成圈系统分别由两种针轮流交替编织成圈形成的组织就称为不完全提花组织,如图2-5-9

所示。

　　图 2 - 5 - 10(1)为两色结构均匀的完全提花组织的结构图,其正面是由两根不同的色纱形成一个提花线圈横列,完全组织中各正面线圈大小基本相等。反面是由一种色纱形成一个线圈横列,也就是说,在每一成圈系统中,上针全部参加编织成圈。反面组织的意匠图如图 2 - 5 - 10(2)所示(图中符号"⊠"、"□"分别代表不同的色纱编织的线圈),反面呈现出横条纹效应。从图 2 - 5 - 10(1)中可看出正面线圈纵向密度:反面线圈纵向密度为1:2,同理,如为三色结构均匀的完全提花组织,则正、反面线圈纵向密度之比为1:3。因此,采用的色纱数愈多,正、反面线圈纵向密度的差异愈大,正面线圈被拉长也就愈厉害。当正、反面线圈纵向密度比太小时,正面和反面线圈的牵拉条件不同会使局部的成圈过程遭到破坏,同时从拉长的正面线圈中可看到反面线圈的浮线,影响织物正面花纹的清晰度。因此,完全组织在花纹设计上也会受到一定的限制。所以,通常只采用两色或三色的完全提花组织。

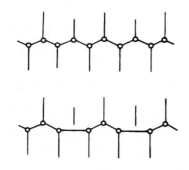

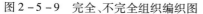

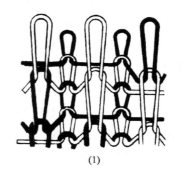

(1)　　　　　　　　　　(2)

图 2 - 5 - 9　完全、不完全组织编织图　　　图 2 - 5 - 10　结构均匀的两色双面完全提花组织

　　图 2 - 5 - 11(1)是一种结构均匀的两色不完全提花组织的结构图。正面是由两种不同的色纱形成一个提花线圈横列,这是通过选针机构按要求选择织针实现的;反面由两种色纱形成一个线圈横列。两种线圈在纵向上呈一隔一排列。它是通过针盘三角的配置来实现

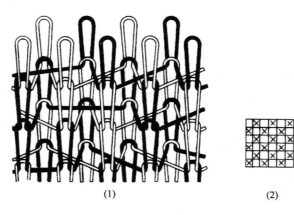

(1)　　　　　　　　　　(2)

图 2 - 5 - 11　结构均匀的两色双面不完全提花组织

的,即在相邻两个色纱循环中,通过三角的配置使高低踵织针交替吃不同色纱而得到如图2-5-11(2)的"小芝麻点"效应,这种两色不完全提花组织正反面线圈纵向密度之比为1:1,密度较为均匀。

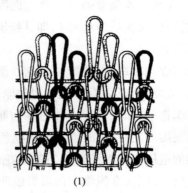

图2-5-12 为结构均匀的三色不完全提花组织,正面是由三种不同色纱形成一个提花线圈横列。反面是由三种色纱进行两两组合形成一个线圈横列,也就是每经过6路编织后,正面形成2个线圈横列,反面形成3个线圈横列,纵向呈三色一隔一配置,如图2-5-12(2)所示,这种组织的正反面线圈密度之比为2:3。

图2-5-12 结构均匀的三色双面
不完全提花组织

从这里可以看到,不完全提花组织中正反面线圈高度差异较小,可以具有较大的纵密和横密,织物的重量和厚度都较同条件下完全提花组织织物大。由于正反面密度差异较小,且反面色纱组织点分布均匀,花纹"露底"现象较少,所以,在生产中广泛应用。

在结构均匀的提花组织中,正面线圈的大小,也因编织顺序的不同而有差异,这种差异随着花纹中色纱数的增加而增加。如图2-5-13的组织中,同一纵行上的4个线圈其线圈指数是不一样的。线圈3的指数为0,线圈4的指数为1,线圈1的指数为2,线圈2的指数为1。因此,线圈1最大,线圈3最小。从图中色纱线圈配置可看出,白纱A线圈指数有两种:1或2,而黑纱B的线圈指数也有两种:0或1。这是因为在编织时,机器上色纱呈白、黑、白、黑等循环配置在色纱循环中,白纱在前,黑纱在后。如图2-5-14,其中"□"代表穿白纱的成圈系统,"■"代表穿黑纱的成圈系统。而当某枚织针在第1路吃了白纱,就只能在下一色纱循环即第3路再吃白纱成圈,则此枚针在第2路就没有脱圈,其第1路的白纱线圈指数为1。如果按花纹要求第1路吃白纱后,需到第4路吃黑纱,则此枚针在第2路和第3路两次不脱圈,那么,第1路吃白纱编织的线圈,其线圈指数就为2。所以排在第1路的白纱形成的线圈的线圈指数只能有两种:1或2。同样分析,如果某枚针在第2路吃黑纱形成黑色线圈,在下一个色纱循环中,即第3路和第4路,此枚针也有两

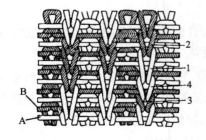

图2-5-13 结构均匀的两色双面
不完全提花组织

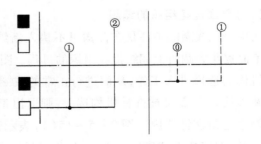

图2-5-14 "先吃为大"原理示意图

种吃纱可能,即要么在紧跟着的第 3 路吃白纱形成白色线圈,要么在第 4 路吃黑纱,形成黑色线圈,相应的不脱圈次数为 0 和 1,即其线圈指数只能有两种:0 或 1。因此,总的来说,白纱的线圈比较大。

在多色均匀提花组织中,凡排列在色纱循环前一路的色纱,其线圈比后几路的大,这一原理被简称为"先吃为大"。合理地利用此原理,会给我们的设计带来很多灵活性。例如,在设计两色提花织物时,如果希望一种色纱为底色,而另一种色纱为配色,要使配色纱在织物表面形成醒目突出的花纹,这时就需要将配色放在色纱循环的前一路。

上面所述的适用于线圈结构均匀的提花组织。线圈结构不均匀的双面提花组织,正面线圈高度差异较大,因而在织物表面可形成凹凸效应。

三、提花组织的特性

1. 延伸度 提花组织的横向延伸度小,这与提花组织中存在浮线有关。浮线愈长,延伸度愈小,在具有拉长提花线圈的提花组织中,其纵向延伸度也较小。

2. 厚度 提花组织的厚度相对较厚,单位面积重量较大。这是因为提花组织的一个横列是由几根纱线编织组合而成,织物的浮线较多,使织物的厚度增加。而且浮线的弹性和线圈转移现象有使线圈纵行互相靠拢的趋势,使布幅变狭。

3. 脱散性 提花组织的脱散性较小,主要是由于提花组织的线圈纵行和横列是由几根纱线形成的,当其中的某根纱线断裂时,另外几根纱线将承担外力的负荷,阻止线圈脱散。此外,由于纱线与纱线之间接触面增加,也可使织物的脱散性减小。

四、提花组织的编织工艺

在提花组织的成圈过程中,每一路纱线是根据花纹需要只在某些所选择的针上垫纱成圈,未被选择的织针,此时不垫入新纱线,其上的旧线圈也不从针上脱下,这样完成一次提花编织。而刚才没有吃纱成圈的织针会在下一路或以后成圈系统吃纱形成线圈,直到每一枚针都至少形成一个线圈,因此,编织一个提花横列需要由几个成圈系统来完成。

在采用舌针的提花针织机上,舌针是否参加工作,是由提花选针机构和编织三角来决定的。

提花组织的成圈过程可分为单面和双面两种情况来加以说明。

(一)单面提花组织的编织

获得提花线圈的条件是在针钩里不垫入新纱线,且旧线圈不从针上脱掉。图 2 - 5 - 15 为在单面提花大圆机上编织提花组织的过程。图中 2 - 5 - 15(1)表示织针 1 和针 3 受提花选针机构的选择进入工作,从而进行正常的成圈运动,它们沿挺针三角上升,进行退圈,并垫上新纱线 a;针 2 没被选针机构选上,则退出工作,不能沿挺针三角上升,既不吃新纱线,旧线圈也还留在针钩内。图 2 - 5 - 15(2)表示针 1 和针 3 沿压针三角下降,完成成圈过程,新纱线编织成新线圈。而针 2 上的旧线圈仍挂在针钩内,由于牵拉力的作用而被拉长。一直到下一路针 2 参加成圈时才从针上脱下。此时新纱线 a 在拉长的提花线圈背后形成浮线。

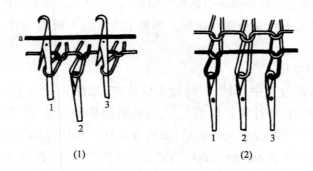

图2-5-15 单面大圆机上编织提花组织

（二）双面提花组织的编织

双面提花组织是在双面提花大圆机上编织而成的。

图2-5-16为一个双面提花组织的成圈过程。图2-5-16（1）表示下针2、6由选针机构选择在这一路参加成圈，上针1、3、5则在针盘三角的作用下，也在这一路参加成圈，它们先退圈，然后垫上新纱线b，而此时，下针4没被选上，它不参加工作，既不退圈，也不垫纱。

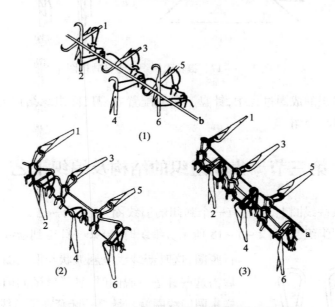

图2-5-16 双面大圆机上编织提花组织

图2-5-16（2）表示下针2、6和上针1、3、5完成成圈过程形成了新线圈。而针4对应的旧线圈背后则形成了浮线。

图2-5-16（3）表示织针在经过穿有纱线a的下一成圈系统时，下针4和上针1、3、5参加成圈，即吃上新纱线a形成线圈。而下针2、6在这一路则不参加成圈，即不退圈，不垫纱，在其背面也分别形成了浮线。

可以看到,在这相邻的两路中,下针由每路的提花机构控制轮流参加工作,编织成一个正面提花线圈横列;而上针则在每路中都参加编织成圈,由纱线 b 和 a 形成了两个反面线圈横列。这里形成的就是两色完全提花组织。如果上针 1 隔 1 成圈,则形成两色不完全提花组织。

(三)织针的走针轨迹

在提花组织的成圈过程中,织针有两种走针轨迹,如图 2-5-17 所示。图 2-5-17(1)中轨迹 1,表示织针在选针装置作用下,上升到退圈高度位置,旧线圈移至针舌之下,如图 2-5-17(2)所示。当纱线喂入针钩后,织针在压针三角的作用下下降,形成新的线圈。图 2-5-17(1)中轨迹 2 表示织针在选针装置作用下退出工作,在原位置上作适当的上升,如图 2-5-17(3)。然后,在压针三角作用下下降至成圈位置,这可使线圈趋于均匀。这样,织针轨迹 1 正常成圈,轨迹 2 形成提花线圈。

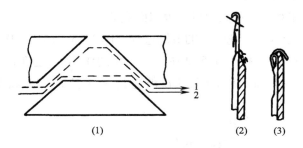

图 2-5-17　提花组织织针走针轨迹图

在双面提花组织的成圈过程中,针盘三角的配置要视反面组织结构的设计而定。相关内容将在第六章进行介绍。

第三节　集圈组织的结构及编织工艺

在针织物的某些线圈上,除套有一个封闭的旧线圈外,还有一个或几个未封闭的悬弧,这种组织称为集圈组织,如图 2-5-18 所示。编织时,当某些针得到新纱线后,并不立即进行脱圈,这时新纱线呈悬弧状与旧线圈一起留在针上,以后当这些针进行脱圈时,悬弧就随同旧线圈一起脱圈,这样集圈旧线圈就与悬弧一起套在了新线圈的沉降弧上。

集圈组织的结构单元是线圈和未封闭悬弧。

集圈组织可根据集圈针数的多少而分为单针集圈、双针集圈与三针集圈等。如果仅在一枚针上形成集圈,则称单针集圈,如图 2-5-19(1);如果同时在两枚相邻针上形成集圈,则称双针集圈,如图 2-5-19(2),其余依此类推。

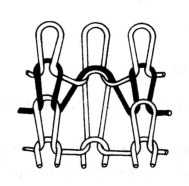

图 2-5-18　集圈组织的线圈结构

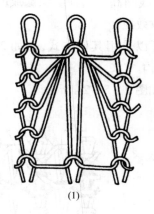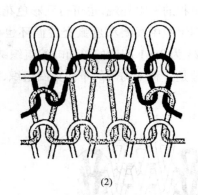

(1)   (2)

图 2 - 5 - 19   集圈组织线圈结构图

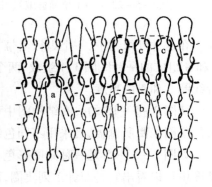

根据集圈组织中线圈不脱圈的次数,又可分为单列、双列及三列集圈等。图 2 - 5 - 20 中线圈 a 连续 3 次不脱圈,故称为三列集圈,而线圈 b 为双列集圈,线圈 c 为单列集圈。一般在一枚针上,最多可连续集圈四五次,否则,旧线圈张力过大,将会造成纱线断裂或针钩损坏。集圈组织可在单面组织基础上编织,也可在双面组织基础上编织。

图 2 - 5 - 20   集圈组织的线圈结构图

一、单面集圈组织

在织物中,利用集圈的排列及使用不同色彩的纱线,可使织物表面具有多种花色效应,如图案、闪光、网眼及凹凸效应等。例如图 2 - 5 - 21 表示单针单列集圈按菱形排列,在织物表面就形成菱形花纹。图中方格"□"表示平针线圈,符号"·"表示集圈。

图 2 - 5 - 22 是单面畦编组织,它是一种结构均匀的单面集圈组织,在生产中应用较广泛,国际上称为"拉考斯特"组织(Lacoste Stitch)。编织时,在相邻两路中,每枚针只成圈 1 次,每一个线圈横列由两根纱 a 和 b 形成。纱线 a 形成线圈 1 和悬弧 2,纱线 b 形成线圈 3 和

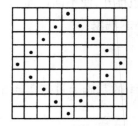

图 2 - 5 - 21   单针单列集圈形成的
菱形花纹意匠图

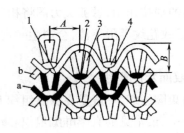

图 2 - 5 - 22   单面畦编组织

悬弧 4。横列中线圈 1 和 3 有垂直位移,相错半个线圈高。这种组织形成的织物,在织物反面具有类似蜂巢状的网眼外观,也可得到彩色花纹效应。

在单面集圈组织中线圈和悬弧交替循环也可以采用其他方式,例如 2 + 2、3 + 3、2 + 1 等。图 2 - 5 - 23 为 3 + 1 配置的单面畦编组织结构。

单面半畦编是一种不均匀的单面集圈组织,如图 2 - 5 - 24 所示。

图 2 - 5 - 23　3 + 1 单面畦编组织

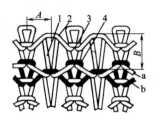

图 2 - 5 - 24　单面半畦编组织

在这种针织物中,一个纵行由带有一个悬弧 2 的集圈线圈 1 组成,另一纵行由两根纱线 a 和 b 组成的平针线圈 3、4 组成,两个纵行呈 1 隔 1 交替排列。一个集圈线圈 1 占有两个平针线圈 3 和 4 的高度。

从图 2 - 5 - 18 的线圈结构图中可看出,悬弧只显露在织物的反面,在织物正面将被拉长的集圈线圈所遮盖,当采用不同色纱进行编织时,就可得到各种色彩效应。

如图 2 - 5 - 25 是一种集圈彩色花纹组织的色彩效应图。图 2 - 5 - 25(1)为其意匠图,从图中可以看出它是双针单列集圈,用白、黑两种色纱编织。第 1′、3′、5′路穿白纱,第 2′、4′、6′路穿黑纱,1 隔 1 排列。最后形成的色彩花纹效应如图 2 - 5 - 25(2)所示。就纵行 1 和 2 来说,在平针编织的地方垫上白纱呈现白色,在第 2′、4′、6′横列黑纱编的是悬弧,白纱编的线圈被拉长,将黑色悬弧遮盖,故在纵行 1 和 2 都呈现白色。同理,3 和 4 纵行呈黑色效应,这就形成了黑白相间的纵条花纹。

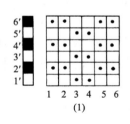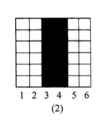

图 2 - 5 - 25　两色集圈组织形成的色彩效应

以这种方法形成的彩色效应织物,由于拉长集圈线圈的抽拉作用,悬弧又力图将相邻纵行向两边推开,使不同色泽的悬弧会从缝隙中显露出来,导致花纹界限不清,会产生一定程度的"露底"现象。

二、双面集圈组织

双面集圈组织,一般是在罗纹组织和双罗纹组织的基础上进行集圈编织形成的。双面集圈组织中,最常见的有半畦编组织和畦编组织。

罗纹型半畦编组织的编织图及线圈结构如图 2 - 5 - 26 所示。它由两个横列组成一个完全组织。第 1 横列织罗纹,第 2 横列针盘针集圈,针筒针正常编织,它的正面由平针线圈

1、2 交替组成,其反面由单列集圈线圈 3 和悬弧 4 组成。

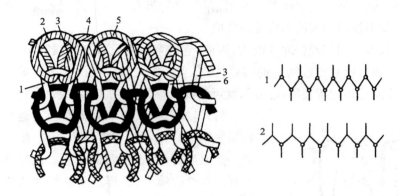

图 2 - 5 - 26　双面半畦编组织

由于线圈指数的差异,各线圈在编织过程中所受的作用力不同,所以线圈的形态结构不同。悬弧 4 由于与集圈线圈处在一起,所受张力较小,加上纱线弹性的作用,便力求伸直,并将纱线转移给与之相邻的线圈 2、5,使线圈 2、5 变大变圆。集圈线圈 3 被拉长,拉长所需的部分纱线从相邻的线圈 1、6 中转移过来,于是线圈 1、6 变小。因此,在织物的一面,线圈 1、6 等被变大变圆的线圈 2、5 等所遮盖,如图 2 - 5 - 26 所示。在织物的另一面,看到的主要是拉长的集圈线圈。针织物表面出现由圆形线圈 2、5 等组成的凸起横条。

另外,半畦编织物的宽度比同样规格的罗纹针织物大,而长度变短。这是因为悬弧 4 有弹性伸直力,将与之相邻的线圈 2、5 向两边推开且使线圈横列间距离变小;拉长的集圈线圈在下机后还有弹性收缩,也使纵向缩短。这些都是集圈结构点的显著特征。

罗纹型畦编组织不同于半畦编,在织物的两面,每个线圈上都有一个悬弧,如图 2 - 5 - 27 所示。图中纱线 1 在下针上编织成圈,在上针上编织悬弧,形成一个正面横列;纱线 2 在下针上编织悬弧,在上针上编织成圈,形成一个反面横列。使用两种色纱编织,就可以得到正反面呈两种不同颜色的针织物。由于未封闭悬弧数增多,所以将相邻线圈向两边推开的程度更为显著。织物两面都有相对应的反面线圈显现出来。畦编组织比同规格的半畦编组织还要宽些。

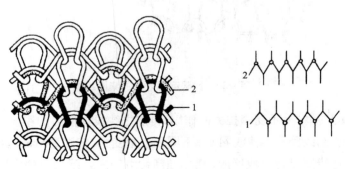

图 2 - 5 - 27　双面畦编组织

半畦编和畦编也可在双罗纹的基础上织得。从上述集圈组织的结构中看出,其结构单元集圈线圈、悬弧、普通线圈之间的结构形态不一样,具有不同的外观效应。如果将它们进行适当的组合就可使织物表面形成花纹效应。

由于集圈线圈的圈高较普通线圈大,因此,它的弯曲率就较普通线圈小,当光线照射到这些集圈线圈上时,就有比较明亮的感觉,尤其当采用光泽较强的人造丝等纱线进行编织时,在针织物表面适当配置集圈线圈后,就可得到具有闪光效应的花纹。

图2-5-28 "泡泡纱"效应集圈组织

另外,如果在织物中将集圈适当地交错散布于平针组织中,如图2-5-28所示,由于集圈线圈的伸长有一定限度,并处于张紧的状态。使集圈线圈表现出较强的弹性收缩力,这样被集圈线圈所包围的普通线圈部分,在周围的收缩作用下,有阴影线的平针组织部分就会凸出在织物表面,而形成"泡泡纱"效应。

利用集圈,特别是多列集圈还可以形成网眼起孔效应。如图2-5-29(2)所示,该组织四路完成一个循环。纱线1、2编织罗纹,纱线3、4在针盘针上编织集圈,在针筒针上正常成圈。在成圈过程中,由于各个线圈的线圈指数差异较大,线圈的受力不同,所以线圈a、b、c、d、e、f在形态上产生了明显差异。当纱线3、4编织集圈横列时,牵拉力使线圈b伸长,从而使两边的线圈a抽紧,同时,线圈c也稍有伸长,而线圈d也相应抽紧。当编织下一循环的罗纹横列时,正常线圈f与被拉长的线圈b变为旧

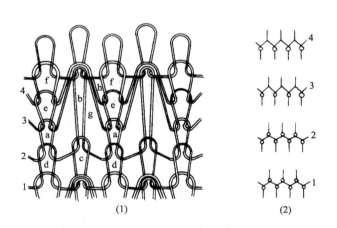

图2-5-29 网眼起孔效应的集圈组织

线圈,此时,悬弧g、h基本上不受牵拉力的作用,再加之纱线弹性力的影响,悬弧g、h力图伸直,分别将纱线转移给线圈e、f,使线圈e、f不同程度地变大,特别是与最短悬弧相连的线圈f变的最大,就使普通线圈纵行形成网眼轮廓。最后,由于未封闭悬弧的力图伸直,推开其相邻纵行,使针织物表面形成较明显的网眼起孔效应[图2-5-29(1)]。由于在集圈的后面

没有阻挡孔眼的浮线,所以网眼效应比较清晰、显著。如果适当增加集圈列数和集圈线圈的弯纱深度,则线圈结构变化就更为突出,网眼起孔效应将更加明显。此织物表面还有横棱效应,因为多列集圈处变厚,线圈变大,变圆,凸出在织物表面。

三、集圈组织的特性

1.宽度、长度 集圈组织的织物与平针织物、罗纹织物相比,宽度增大,长度缩短。

2.厚度 由于悬弧和集圈线圈重叠地挂在线圈上,故织物的厚度较平针组织、罗纹组织厚。

3.脱散性 集圈组织的脱散性较平针组织小,这是由于集圈组织中,与线圈串套的除了集圈线圈外,还有悬弧,即使断裂一个线圈也会由其他线圈支持,而且在逆编织方向脱散线圈时,会受到悬弧的挤压阻挡,不易脱掉。

4.延伸度 集圈组织的横向延伸度较小,这是因为悬弧较接近伸直状态,横向拉伸时,纱线转移较小。

5.强力 集圈组织中线圈大小不均,表面高低不平,故其强力较平针和罗纹组织为小,且易勾丝起毛。

四、集圈组织的编织工艺

在织物编织过程中,形成集圈线圈或悬弧的方法随织针结构和编织过程不同而不同。一般情况下,是借助于改变或取消正常成圈过程中的个别阶段来达到。

在舌针机上常采用不退圈或不脱圈的方法来编织集圈组织。

(一)不退圈法

如图2-5-30(1)所示,针1和针3上升到退圈高度,旧线圈退到针杆上,而针2退圈不足,旧线圈仍挂在针舌上,此时,垫上新纱线H。当针1、2、3下降成圈时,针1、针3上的旧线圈脱圈形成新成圈,而针2的旧线圈不脱掉,新纱线就没有串套成圈而形成悬弧,与拉长的旧线圈一起组成集圈单元,如图2-5-30(2)所示。

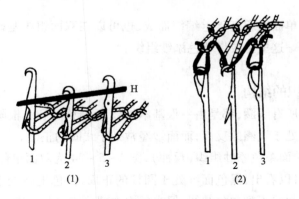

图2-5-30 不退圈法形成集圈组织

图 2 - 5 - 31 为不退圈法编织集圈时舌针的走针轨迹。此方法应用较为广泛,图 2 - 5 - 31(1)中针踵的轨迹 1 为编织正常线圈时的迹线,其最高点为挺针退圈最高点,此时旧线圈退到针杆上,如图 2 - 5 - 31(2)所示;轨迹线 2 为织针退圈不足,使旧线圈仍挂在针舌上,如图 2 - 5 -31(3)所示,此时旧线圈和新纱线同处于针口内,而形成集圈。

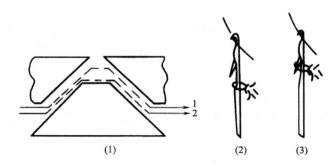

图 2 - 5 - 31   不退圈法编织集圈组织的走针轨迹

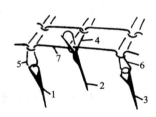

图 2 - 5 - 32   不脱圈法形成集圈组织

(二)不脱圈法

如图 2 - 5 - 32 所示。针 1 和针 3 上的旧线圈从针头上脱下,与新线圈 5、6 串套成圈,而针 2 在完成了脱圈前各阶段后,处于不完全下降的状态。旧线圈 4 在关闭针舌后就停止了运动,这样新纱线 7 便以悬弧状留在针 2 的针口内,没有与旧线圈串套,在下一成圈过程中,针 2 退圈而使新纱线退到针杆与旧线圈 4 在一起,以后,当脱圈时,这个新纱线悬弧便和旧线圈 4 一起脱圈到再次喂入的新纱线线圈上而形成集圈。

第四节   添纱组织的结构及编织工艺

针织物的全部线圈或一部分线圈,是由一根基本纱线和一根或几根附加纱线一起形成的组织称为添纱组织。

添纱组织可以在单面组织基础上编织而成,也可以在双面组织基础上编织而成。可分为单色与花色两大类。这里主要讲单色添纱组织。

一、单色添纱组织的结构

单色添纱组织的所有线圈,都是由一根基本纱线(称地纱)和一根附加纱线(称面纱)形成的。其中地纱经常处于线圈的反面,而面纱经常处于线圈的正面。

图 2 - 5 - 33 为单面单色添纱组织(反面),图 2 - 5 - 34 为双面单色添纱组织。

从图 2 - 5 - 33 可以看出,黑色面纱处于圈柱的正面,白色地纱处于圈柱的里面而被黑色面纱覆盖。即在正面看不到白色纱线,但在反面大部分为白色线圈,仅仅在线圈圈弧部分还不能完全被白色地纱遮盖,有杂色效应。

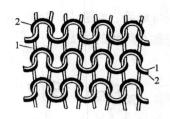
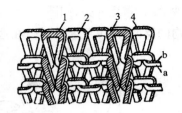

图2-5-33　单面单色添纱组织(反面)　　　图2-5-34　双面单色添纱组织

当使用不同颜色或不同性质的纱线作面纱和地纱时,可使织物的正、反面具有不同的色泽及性质。例如用棉纱作地纱,合纤纱作面纱编织,可获得单面"丝盖棉"织物。这种组织可利用两种原料的不同性能和色泽,提高织物的服用性能。

当利用这种组织将两纱线分别使用不同捻向的纱线编织单面纬编针织物时,可消除线圈歪斜现象。

图2-5-34是一种双面纬编单色添纱组织,它是以1+2罗纹组织为基础编织的,从图中可看到,第1、3正面纵行是纱线b显露在织物表面,第2、4反面纵行是纱线a显露在织物表面,这样,织物表面产生了两种色彩或性质不同的纵条纹。如果是1+1罗纹,由于反面纵行的地纱被正面纵行遮盖,织物正反两面看到的均是面纱线圈。

在单色添纱组织编织中,如想获得更好的覆盖,可使所添纱线(即面纱)的线密度比地纱的大。

二、单色添纱组织的编织工艺

单色添纱组织针织物利用地纱和附加添纱一起编织而成。垫纱过程应该保证使添纱显现在织物正面,而地纱显现在反面,这主要是靠地纱和添纱的垫纱角度有所不同和不同的垫纱张力来实现。图2-5-35为舌针顺序移动时地纱和添纱的编织过程。地纱的垫纱纵角和横角应比面纱大,而面纱的喂纱张力应比地纱大,这样,新喂入针口的面纱较地纱低而贴近针杆。

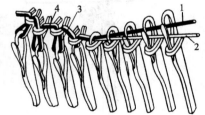

图2-5-35　单色添纱组织的编织
1,4—地纱　2,3—面纱

在成圈阶段,地纱1离针背较远,面纱2离针背较近。编织的结果,地纱1形成的线圈3配置在针织物的反面,而面纱2形成的线圈4配置在针织物的正面。两根纱线的垫放,可采用一只带两个孔眼的导纱器或采用两个导纱器来实现。

图2-5-36为图2-5-35的分解图。此时,地纱为白色2,面纱为黑色1,从图中可以看到:为保证面纱处于织物正面,地纱处于织物反面,在垫纱过程中,两根新纱线到达针钩内点时,一般要求白色地纱在上,黑色面纱在下,如图2-5-36(1)所示;黑色面纱靠近针背,白色地纱靠近针钩,如图2-5-36(2)所示;在弯纱成圈过程中,白色地纱靠近片喉,如图2-5-36(3)、图2-5-36(4)所示;在旧线圈退圈和脱圈阶段,白色地纱线圈也应始终排列

在黑色面纱上面,靠近针头,如图2-5-36(5)所示;最后它们进入织物时,白色地纱线圈就显露在织物的反面,而黑色面纱覆盖在地纱之上呈现在织物的正面。

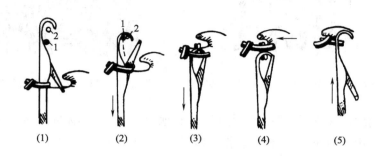

图2-5-36　舌针纬编机上形成单色添纱组织的过程

1—面纱　2—地纱

　　当然,在编织过程中,影响地、面纱线圈配置的因素较多,除了垫纱角度和喂纱张力之外,在工艺设计时,还应考虑纱线性质、线圈长度、牵拉力及沉降片和针的结构等。

　　图2-5-37为双面纬编机上编织添纱组织的情形。在双面舌针纬编机上编织时,如两种纱的配置方案不一样,将得到不同的添纱织物效应。例如有两种配置方案,如图2-5-38所示,当针按箭头方向运动时,纱线1靠近下针的针背,而纱线2靠近上针的针背,如图2-5-38(1)所示,因而由纱线2形成的线圈呈现在织物的反面,而纱线1的线圈呈现在织物的正面。当采用图2-5-38(2)的纱线配置时,织物的正、反面都呈现出纱线2形成的线圈。利用这个特征,即可达到不同的设计目的。

图2-5-37　双面舌针机上编织添纱组织

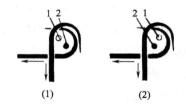

图2-5-38　不同的配纱情况

第五节　衬垫组织的结构及编织工艺

一、衬垫组织的结构与特性

　　衬垫组织是在编织地组织线圈的同时,将一根或几根附加的衬垫纱线按一定的衬垫比例夹带到组织结构中,而与地组织纱线发生一定程度的交织,如图2-5-39所示。在织物的某些线圈上形成不封闭的悬弧,在其余的线圈上呈浮线停留在织物的反面。图中纱线1为地纱,编织平针组织,作为衬垫组织的地组织;纱线2为衬垫纱,在地组织上按1:1的比例在第一纵行的线圈上形成悬弧,而在第二纵行的反面形成浮线。图2-5-39(1)、(2)分别为该衬垫组织的正反面。衬垫组织的结构单元是线圈和由衬垫纱形成的悬弧、浮线。衬垫组织的地组织可以是平针组织、添纱组织、单面集圈组织和变化平针组织等。

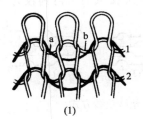 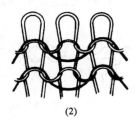

(1)　　　　　　　　　　(2)

图2-5-39　衬垫组织

衬垫组织广泛应用于绒布生产,在后整理过程中进行拉毛,使衬垫纱线拉成短绒状,增加织物的保暖性。有时也利用不同粗细的纱线或花色线作为衬垫纱来达到各种花色效应。

图2-5-39是以平针组织为地组织的衬垫组织。从图中可看到,衬垫纱与地纱沉降弧处有交叉点a、b显露在织物正面线圈纵行之间,使织物外观受损,但也可以利用这个特性,用来编织具有牛仔布效应的针织物,例如,地纱用蓝色涤纶丝,衬垫纱用白色棉纱,结果在蓝色地布的正面有规律地散布着小白点,织物外观别具风格,织物正面有涤纶织物的特性,反面覆盖着的棉纱穿着舒适,整个织物挺括、厚实、延伸度小、尺寸稳定。

以添纱组织作地组织的衬垫组织能有效避免衬垫纱显露在织物正面,而且衬垫纱能牢固地依附在地组织上,也避免了拉毛加工和服用过程中衬垫纱脱落的现象。这种组织就称为添纱衬垫组织,它的应用尤其广泛。如图2-5-40所示,它由面纱1、地纱2和衬垫纱3编织而成。面纱1和地纱2编织成添纱平针组织作为地组织,衬垫纱3周期地在织物的某些地纱线圈上形成悬弧,与地纱交叉,夹在面纱与地纱之间,所以,衬垫纱不易显露在织物的正面,从而改善了织物的外观。

添纱衬垫组织的地组织,是由面纱和地纱组成的,面纱主要处于织物正面,而在反面,地纱又为衬垫纱所覆盖。因此,添纱衬垫织物的外观决定于面纱的品质,其使用寿命取决于地纱的强度,即使面纱磨损断裂了,仍然有地纱锁住衬垫纱。

添纱衬垫织物的脱散性较小,仅沿逆编织方向脱散,有了破洞不易扩散。另外,由于衬垫纱突出在织物的反面,于是在衬垫纱与底布之间形成了静止的空气层,提高了织物的厚度和保暖性。同时,由于衬垫纱不夹在线圈圈柱之间,可使相邻线圈互相靠拢,从而提高了织物的密度。添纱衬垫织物的横向延伸度由于悬弧和浮线的存在变得较小,故

图2-5-40　添纱衬垫组织

而广泛作为保暖服装面料。

在衬垫组织中,衬垫纱垫放的比例有1:1、1:2或1:3等。第一个数字表示在针钩前垫纱形成一个不封闭的悬弧数,后面的数表示浮线所占的针距数。生产中应用较多的是1:2。

衬垫纱的垫纱方式一般有三种:直垫式、位移式和混合式,如图2-5-41所示。图中符号"·"表示织针,横向表示线圈横列,次序是自上而下;纵向表示线圈纵行,次序是自右向左。图2-5-41(1)为直垫式,图2-5-41(2)、(3)为位移式,图2-5-41(4)为混合式。生产中大量采用的是1:2位移式,这种垫纱方式经拉绒后可得到较为均匀的绒面。

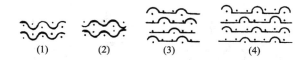

图2-5-41　衬垫纱垫纱方式

在编织时,如果改变衬垫纱线的衬垫比例、垫纱顺序和衬垫纱根数、粗细,可织得各种具有凹凸效应的结构花纹,还可以利用不同颜色的衬垫纱,形成彩色花纹,用作外衣面料。

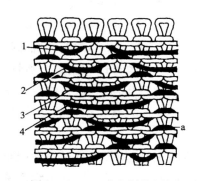

图2-5-42　花色衬垫组织

图2-5-42所示的织物中,由于衬垫纱a的衬垫比例不同,其浮线1、2、3、4的长度也就不一样,按一定规律排列,就形成了斜方形的凹凸花纹。如按其他规律排列,还可以形成另外一些凹凸形状,但必须指出的是浮线长度不应太长,否则,织物容易勾丝,坯布的延伸和衬垫纱的固结牢度也会降低。

结构花纹的凹凸程度取决于衬垫纱线的线密度、针织物的密度以及浮线的长度。如果采用蓬松的或卷曲的衬垫纱,花纹的凹凸效应可以加强。

二、衬垫组织的编织工艺

在舌针纬编机上编织添纱衬垫组织时,一定要将旧线圈同衬垫纱分离,以便在衬垫纱脱到面纱上时,防止旧线圈同衬垫纱一起脱到面纱上,为此必须采用具有两个片颚的沉降片,如图2-5-43所示。沉降片的上片颚1供衬垫纱脱到面纱上,上片喉2用作握持衬垫纱,将衬垫纱推向针背,而下片颚3供旧线圈脱圈在由面纱与地纱一起形成的线圈上。因此,旧线圈的沉降弧经常处于下片喉4中,利用上片颚将旧线圈与面纱线圈分隔在两个不同高度的水平上。

图2-5-44为舌针编织添纱衬垫组织的走针轨迹图。

编织时,每3个成圈系统形成一个线圈横列,织针A、导纱器B、沉降片C及衬垫纱D、面

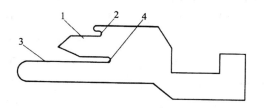

图2-5-43　双片喉沉降片

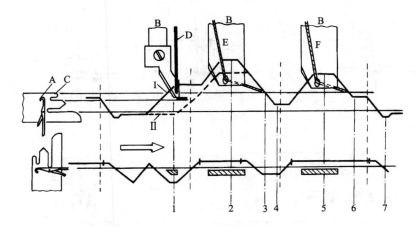

图2-5-44　编织添纱衬垫组织走针轨迹

纱(也称添纱)E和地纱F的配置如图2-5-44所示。图2-5-45(1)~(7)为与走针轨迹对应的成圈阶段图。

1. 垫入衬垫纱　当添纱比为1:2时,则织针1、4、7、…将上升,如图2-5-44实线织针轨迹Ⅰ中的1位置;其余织针不上升,如图中虚线织针轨迹Ⅱ。织针1、4、7、…上升的高度,如图2-5-45(1)所示。

2. 将衬垫纱纱段推至针后　衬垫纱D垫入后,沉降片向针筒中心运动,使衬垫纱弯曲,织针1、4、7、…继续上升,衬垫纱垫放在针杆上,如图2-5-45(2)所示;织针1、4、7、…上升高度如图2-5-44的2实线位置所示。此时其余织针上升如图2-5-44虚线位置。

3. 垫入面纱　两种高度的织针随针筒的回转,在三角的作用下,下降至图2-5-44中3位置,这时面纱E喂入,如图2-5-45(3)所示。

4. 面纱将衬垫纱束缚住并进行预弯纱　所有的织针继续下降至图2-5-44中4位置,织针1、4、7、…上的面纱E穿套在衬垫纱D上,如图2-5-45(4)所示;此时,衬垫纱在沉降片的上片颚上。

5. 垫入地纱　针筒继续回转,所有的织针上升至图2-5-44中5的位置,地纱F垫入,如图2-5-45(5)所示。

6. 地纱预弯纱　针筒继续回转,所有织针下降至图2-5-44中6位置,地纱搁在上片颚上。织针、沉降片与3种纱线的相对关系如图2-5-45(6)所示。

7. 旧线圈脱圈,面纱和地纱成圈　所有织针继续下降至图2-5-44中7位置时,即织针下降的最低位置,线圈形成,如图2-5-45(7)所示。在成圈过程中,沉降片按图2-5-45(1)~(7)中箭头所示方向运动。当织针再次从图2-5-45(7)位置上升,沉降片重新向左运动,这是成圈过程又回到图2-5-45(1)的位置,继续编织下一循环。

由此可以看到,地纱垫放在针杆上的位置总是高于面纱线圈,因此,成圈后,地纱将处于织物的反面,在织物正面不会产生露底现象。

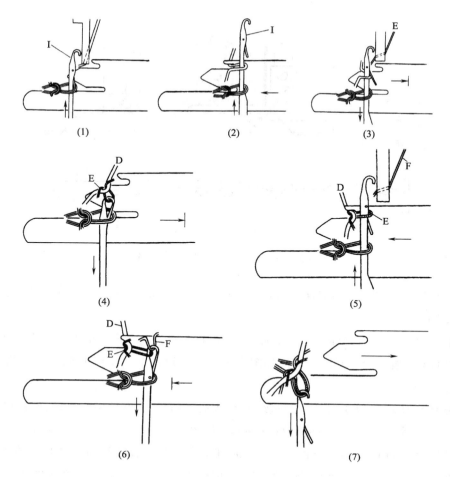

图2-5-45 编织添纱衬垫组织成圈阶段图

第六节 毛圈组织的结构及编织工艺

一、毛圈组织的结构与特性

毛圈组织是在基本组织或变化组织的地组织中编入一些附加纱线,这些附加纱线在织物的一面或两面形成带有拉长沉降弧的毛圈线圈,一般是由两根纱线编织而成。

毛圈组织可分为普通毛圈和花色毛圈两类,同时,在每一类中还有单面毛圈和双面毛圈之分。利用毛圈的大小、排列或颜色的不同,可在织物中形成素色毛圈、凹凸毛圈、彩色毛圈等效应或几种效应的结合。

图2-5-46是一种普通单面毛圈组织。在其表面上,均匀地分布着由黑色、麻色毛圈纱形成的毛圈,每个毛圈对应着地组织的一个线圈。图中白纱为地纱,黑色和麻色纱为毛圈纱,毛圈竖立在织物的反面。

图2-5-47是一种花色单面毛圈组织,按照花型要求,织物中只有一部分线圈形成毛圈,从图中可看出,在毛圈间夹着呈一定配置的不拉长的沉降弧,在织物上形成了具有凹凸

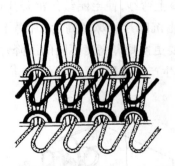

图2－5－46 单面毛圈组织

图2－5－47 单面花色毛圈组织

效应的花色毛圈。

图2－5－48是一种双面毛圈组织,毛圈在织物的两面形成。图中纱线1形成平针地组织,纱线2和纱线3形成带有拉长沉降弧的线圈与地纱线圈一起编织。纱线2的毛圈竖立在织物正面,为正面毛圈,而纱线3的毛圈竖立在织物反面,为反面毛圈。

也可以利用双面组织作为毛圈组织的地组织,通常采用较大完全组织的罗纹。这时正面线圈纵行与带有毛圈的反面线圈纵行互相交替排列,可得到花色毛圈效应。毛圈也可以配置在罗纹组织的两面,得到双面花色毛圈效应。

毛圈组织在使用中,由于毛圈松散在织物的一面或两面,容易受到意外的抽拉,使毛圈产生转移,这就破坏了织物的外观。因此,为了防止毛圈受意外抽拉而转移,可将织物编织得紧密些,增加毛圈转移时的阻力。另外,像割圈式毛圈组织,即天鹅

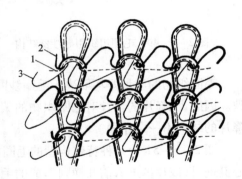

图2－5－48 双面毛圈组织

绒类组织,割开的毛圈虽不易从织物有毛茸的一面拉掉,但由于磨损作用,毛茸可能从织物背面拉出来,因此,必须适当增加织物密度,使毛圈紧紧地夹持在地布中,同时在织物背面还必须使毛圈纱线圈尽可能被地纱线圈所覆盖,使地纱显露在织物背面。

毛圈组织具有良好的保暖性与吸湿性,产品柔软、厚实,利用毛圈的变化还可得到很多花色效应,因此,在服装和装饰领域用途十分广泛。

二、毛圈组织的编织工艺

毛圈组织是由地纱和毛圈纱共同编织形成的,编织时,主要是让毛圈纱形成拉长的沉降弧而称为毛圈。

(一)普通毛圈组织的编织工艺

毛圈组织的线圈由地纱和毛圈纱构成。如图2－5－49所示,垫纱时通过导纱器的两个导纱孔,地纱1的垫入位置较低,毛圈纱2的垫入位置较高。在弯纱阶段,通过沉降片的运

动配合,使地纱1搁在片颚上弯纱,而毛圈纱2搁在片鼻上弯纱,使毛圈纱的沉降弧被拉长,形成了所需的毛圈,如图2-5-50所示。毛圈的长度由沉降片片鼻的高度(片鼻上沿至片颚线之间的垂直距离)决定。若要改变毛圈的高度,需要更换片鼻高度不同的沉降片。毛圈针织机一般都配备了一系列片鼻高度不同的沉降片,供生产时选用。

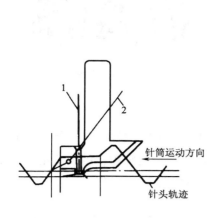

图2-5-49　毛圈组织用导纱器结构

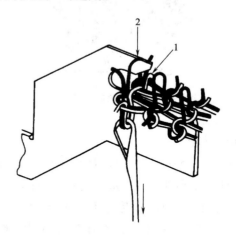

图2-5-50　毛圈的形成

毛圈织物的质量好坏取决于毛圈纱圈能否紧固在地组织中以及毛圈的高度是否均匀一致。因此,沉降片的设计对毛圈织物的编织有直接的影响。不同型号的毛圈针织机所用沉降片的结构不一定相同。

图2-5-51为某种特殊构型的毛圈沉降片,它具有长而宽的片鼻。当沉降片向针筒中心挺进时,该片鼻进入前几横列形成的毛圈中去,将它们抽紧,使毛圈更好地紧固在地组织中,毛圈的高度更加均匀一致。

下面介绍迈耶·西公司的双沉降片技术编织毛圈组织的成圈机件配置与编织过程。

1.成圈机件及其配置　图2-5-52显示了相配的沉降片三角段块1和双沉降片2、3,在沉降片圆环的槽中,两片沉降片相邻安插并受三角4的作用作径向运动。脱圈沉降片2的

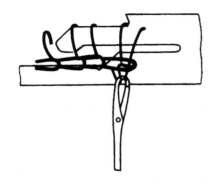

图2-5-51　特殊构型的毛圈沉降片

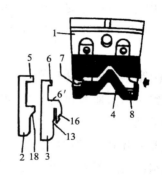

图2-5-52　双沉降片与沉降片三角

受控处为片踵5,握持毛圈沉降片3的受控处为片踵6和面6′。片踵6和5的高度不同,通过配置仅能作用于片踵5的较薄三角7和8,可以使脱圈沉降片2与握持毛圈沉降片3的运动有所不同。

图2－5－53表示导纱器9的构型和相对位置以及针与沉降片的运动轨迹。导纱孔10和11分别穿地纱和毛圈纱。虚线12表示握持毛圈沉降片3的弯纱搁持边沿13所在平面。曲线14是针头运动轨迹。曲线15表示在握持毛圈沉降片3上点16的轨迹。

曲线17表示脱圈沉降片2的边沿18与握持毛圈沉降片3的弯纱搁持边沿13的相交点19的轨迹。

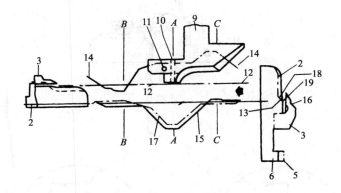

图2－5－53 织针与沉降片的运动轨迹

2. 编织过程 在图2－5－53中的C位置区域,两片沉降片反向运动,将毛圈抽紧,使之达到要求,如图2－5－54中(1)所示。脱圈沉降片2的斜边沿18和握持毛圈沉降片3的弯纱搁持边沿13(见图2－5－52)形成了一个漏斗状的凹口。在整个编织过程,地纱被握持在这一凹口中,推向针杆,保证了可靠的添纱关系。

在图2－5－53中的A位置,地纱20通过导纱孔10垫入,稍后毛圈纱21由导纱孔11垫入,如图2－5－54中(2)所示。

两片沉降片朝针筒中心运动直到弯纱结束位置B(见图2－5－53),此刻毛圈纱21在点16上弯纱,地纱17在搁持边沿13上的交点19处弯纱,如图2－5－54(3)中所示。

图2－5－54中(4)和(5)是放大的两个弯纱位置B_1和B_2,显示了通过调整脱圈沉降片2向中心的运动,来实现地纱线圈17成圈的不同。沉降片2的斜边沿18推动被织针1钩住的地纱线圈17,使它倾斜偏向针后。由于毛圈被毛圈沉降片牢固握持,添纱效应得到优化。调整脱圈沉降片2向中心的动程,可使地纱与毛圈纱之间的距离变大[图2－5－54中(4)的HL]或变小[图中2－5－54中(5)的HK],利用这一方法可改变毛圈的高度。

在下一次垫纱之前,织针1上升再次退圈,如图2－5－53中的C位置。与此同时,握持毛圈沉降片3向针筒中心挺进,其片鼻伸入前几个毛圈中去,将它们抽紧,使毛圈高度更加均匀,如图中2－5－54(1)所示。此时脱圈沉降片2略向外退,放松地纱线圈。

普通毛圈机编织的织物,地纱线圈显露在正面并将毛圈纱线圈覆盖,这可防止在穿着和

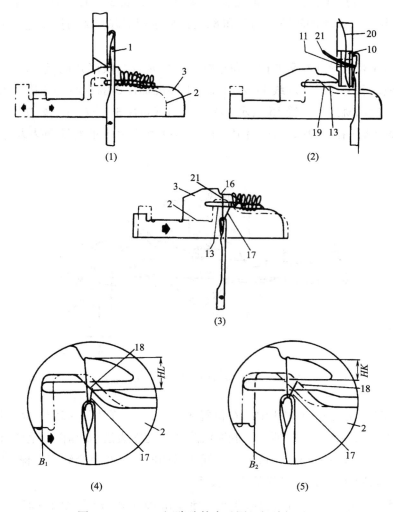

图2－5－54　双沉降片技术毛圈组织编织过程

使用过程中毛圈纱被从正面抽出,尤其适合于要对毛圈进行剪毛处理的天鹅绒织物。对于这种情况,要求在编织过程中地纱垫得靠近针背,而毛圈纱应垫得离开针背。如果要编织毛圈纱显露于织物正面,从而能对毛圈纱进行起绒处理的双面绒织物(俗称反包毛圈),则要求两根纱在针钩中的位置交换一下,并通过采用特殊设计的织针和沉降片来实现,如图2－5－55所示。毛圈纱1和地纱2垫入针钩后,沉降片向针筒中心挺进,利用片鼻上的台阶3将毛圈纱推向针背,随着织针的下降,毛圈纱在针钩中占据比地纱更靠近针背的位置。在脱圈后,毛圈纱线圈显露在织物正面,将地纱线圈覆盖住,而织物反面仍是拉长沉降弧的毛圈。

(二)提花毛圈组织的编织工艺

　　编织提花毛圈的方法有多种,下面介绍的是迈耶·西公司的双沉降片和预弯纱技术的编织方法。其基本原理是地纱和各色毛圈纱先分别单独预弯纱,最后一起穿过旧线圈,形成新线圈。

1. 成圈机件及其配置　图2－5－56所示为编织提花组织的编织沉降片及其配置。毛圈沉降片9和握持沉降片4相邻插在沉降片环24的同一槽中。两条沉降片三角轨道分别作用于凹口26和27,控制握持沉降片4和毛圈沉降片9的运动。

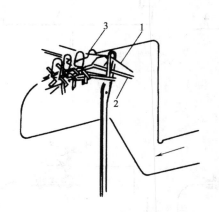

图2－5－55　反包毛圈的形成

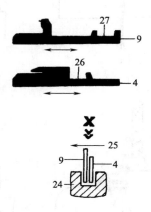

图2－5－56　双沉降片配置

2. 编织过程　提花毛圈的编织过程如图2－5－57所示。

(1)起始位置。此时针织1的针头大约与握持沉降片4的片颚6相平齐,见图2－5－57(1)。

(2)垫入地纱。织针上升至退圈最高点,地纱3垫入针钩,握持沉降片4略向中心移动以握持住旧线圈。而沉降片9向外退为导纱器5让出空间,见图2－5－57(2)。

(3)地纱预弯纱。织针结束了下降,旧线圈2将针舌关闭,但不脱圈,这相当于集圈位置。在织针下降过程中,地纱搁在沉降片的片鼻边沿7上预弯纱,使线圈达到后来地组织中所需的长度。与此同时,毛圈沉降片9向中心运动,用片鼻握持住预弯纱的纱线3,见图2－5－57(3)。

(4)对被选中的针垫入第1色毛圈纱。在随后的毛圈纱编织系统 H1 中,电子选针器根据花型进行单针选针,选中的针上升被垫入第1色毛圈纱8[图2－5－57(4)]。此时地纱3夹在握持沉降片边沿7与毛圈沉降片片鼻12之间,而旧线圈被片喉14握持。未被选中的织针不上升,不垫入毛圈纱[图2－5－57(5)]。

(5)第1色毛圈纱预弯纱。如图2－5－57(6)所示,织针下降钩住毛圈纱8,使其搁在毛圈沉降片9的边沿11上预弯纱,形成毛圈。预弯纱的地纱3在张力作用下被握持在毛圈沉降片片鼻12之下。弯纱结束时,毛圈沉降片略向外退,使圈纱搁在片鼻12的边沿10上,织针再次处于"集圈"位置,见图2－5－57(7)。

(6)对被选中的织针垫入第2色毛圈纱。在毛圈纱编织系统 H2 中,再次进行电子选针,选中的织针上升退圈,并被垫入第2色毛圈纱13,毛圈沉降片略向中心移动,将第1色毛圈纱推向针背[图2－5－57(8)]。未选中的织针不上升,预弯纱的地纱3搁持在握持沉降片边沿7上。第1色毛圈纱8搁持在片鼻12的边沿10上[图2－5－57(9)]。

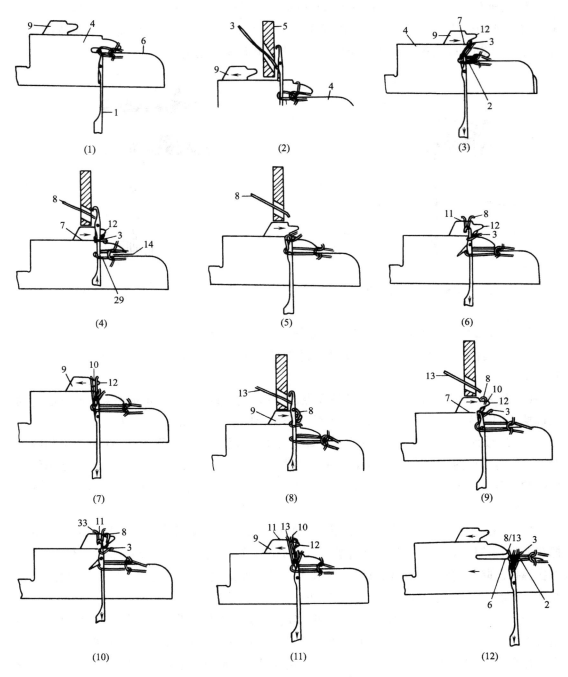

图 2 - 5 - 57　提花毛圈组织的编织过程

（7）第 2 色毛圈纱弯纱。织针下降,第 2 色毛圈纱 13 搁持在毛圈沉降片边沿 11 上预弯纱形成毛圈[图 2 - 5 - 57(10)]。随着针的下降,毛圈沉降片 9 略向外退,使毛圈纱从边沿 11 移至片鼻 12 的边沿 10 上[图 2 - 5 - 57(11)]。

（8）旧线圈脱在预弯纱的地纱和毛圈纱上形成新线圈。在下一编织系统的 G1. X 区域,两只沉降片向外运动,放松预弯纱的地纱3和毛圈纱8及13。织针下降,钩住纱线穿过位于握持沉降片边沿6上的旧线圈2,形成封闭的新线圈,见图2-5-57(12)。

(三)毛圈组织编织工艺参数分析

为了保证成圈后地纱形成的线圈圈干处于织物没有毛圈的一面,毛圈纱的圈干处于另一面,要求整个成圈过程中,始终保持毛圈纱在上且靠近针钩,地纱在下且靠近针背,同时为了提高毛圈质量,机器上除采用特殊沉降片与织针外,还需要考虑以下因素:

1. 送纱比与纱线张力 送纱比是指在编织过程中毛圈纱与地纱的用纱长度之比。送纱比改变会直接影响到地纱与毛圈纱的张力配合,影响坯布质量。实验证明,如地纱张力小,毛圈纱张力大,且差异越大,则毛圈整齐度越差,露底越严重。地纱张力略为大于毛圈纱张力时,由于地纱在接触点处对毛圈纱的夹持作用较强,毛圈线圈不易变形、抽拉以及因回退造成地纱线圈的针编弧小于毛圈线圈的针编弧,不易产生露底现象。如地纱张力比毛圈纱张力大很多时,毛圈直立程度也不好,毛圈不整齐。

2. 沉降片三角进出位置 沉降片三角的进出位置影响纱线张力,从而影响布面光洁度。仔细调整沉降片三角的进出位置能改善织物底布外观,使之达到质量要求。同时当改变毛圈长度而采用另一种高度的沉降片时,沉降片三角的进出位置一般也要作些调整,否则影响编织的顺利进行。

3. 牵拉力的影响 新型毛圈机上主要靠沉降片握持线圈,并将线圈推离筒口,牵拉机构仅起辅助作用。但牵拉力的大小对坯布的外观质量仍有较大影响,在保证坯布正常卷取的情况下,牵拉力小些为好。牵拉力过大,会出现严重露底、毛圈紊乱现象。这是由于牵拉力过大会使已形成的线圈打扭、变形,有些沉降片鼻就不能第二次穿进旧毛圈中去。这样,整个毛圈受到的整理不一,受力不匀,会产生相互转移。

4. 导纱器的安装位置 导纱器的安装位置将影响导纱纵横角大小和垫纱纱段的长短,从而影响垫纱的稳定性。

第七节　长毛绒组织的结构及编织工艺

一、长毛绒组织的结构和特性

长毛绒组织在编织过程中,将纤维束或毛绒纱同地纱一起喂入进行编织成圈,同时使纤维束或毛绒纱的头端显露在织物的表面形成绒毛状,如图2-5-58所示。纬编长毛绒组织有毛圈割绒式和纤维束喂入式两种。一般都是在平针组织的基础上形成的。从组织结构上看,它同毛圈组织相似,它们都是由地组织做骨架,将两种纱——地纱与毛圈纱(毛绒纱或纤维束)一起喂入针口编织成圈。所不同的是长毛绒组织中没有拉长的沉降弧,而是将毛绒纱线圈的沉降弧剪割或将编入的纤维束拉成竖立的毛绒。

图2-5-58　长毛绒组织的结构

长毛绒组织应用十分广泛,它可以利用各种不同性质的合成纤维进行编织,由于喂入纤维的长短与粗细有差异,就使纤维留在织物表面长度不一,因此可以做成毛干和绒毛两层,毛干留在织物表面,绒毛处于毛干层的下面紧贴针织物,这种毛层结构更接近于天然毛皮,因此又有"人造毛皮"之称。一般可用较长、较粗的纤维做毛干,以较短、较细的纤维做成绒毛,两种纤维以一定比例混合制成毛条,直接喂入毛皮机的喂毛梳理机构参与编织。由于毛绒也编织成圈,所以毛绒不易从织物表面有毛绒的一面脱落,底布的密度越大,毛绒的牢度越好。但毛绒可以从底布表面脱落,故要采取措施,加强绒毛的牢度。

长毛绒织物手感柔软,保暖性好,弹性、延伸性好,耐磨性好,可仿制各类天然毛皮,单位面积重量比天然毛皮轻,特别是采用腈纶纤维束制成的人造毛皮,其重量比天然毛皮轻一半左右。

二、长毛绒组织的编织工艺

编织毛圈割绒式长毛绒组织时,先编织毛圈组织,再通过剪割、拉绒等过程使织物表面形成毛绒。其绒毛长度较短,但均匀整齐,毛圈割绒式针织机结构简单,易于操作,主要生产中低档长毛绒制品,应用十分广泛。

纤维束喂入式长毛绒组织的编织如图2-5-59所示。图2-5-59(1)是毛皮机的喂毛梳理机构。机器上每个成圈系统旁都装有一套喂毛梳理机构。毛条1通过断条自停装置、导条器,被一对罗拉2和罗拉3所握持,进入刺辊A,刺辊A的表面覆盖着30条呈螺旋线配置的金属针布,它的线速度略大于罗拉表面线速度。这样纤维从罗拉转移到针布时,由于针布的抓取,可对纤维条进行一定的分梳、牵伸,将毛条梳长、拉细,然后呈游离状的纤维束分布并覆盖在金属针布表面。

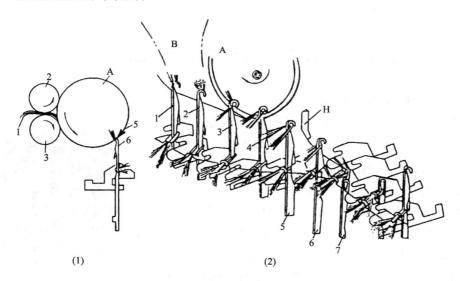

(1)   (2)

图2-5-59 长毛绒组织的编织工艺

当针随针筒回转而进入刺辊梳理区时,针上升到一定高度,针上的旧线圈在沉降片帮助下退到针舌下的针杆上,而针钩伸入金属针布的齿隙间[图2-5-59(2)中针1、2、3],并沿金属针布齿隙的螺旋线继续水平横移,刺辊相对针钩向上回转,于是针钩抓取刺辊上的纤维。在刺辊的旁边,针头的后上方装有一只吸风管B,利用气流吸力将未被钩住而附着在纤维束上的散乱纤维(浮毛、短绒)吸走,并将纤维束吸向针钩,使纤维束的两个头端靠后,成"V"字形紧贴针钩,以利编织。

当针进入垫纱成圈区域时,针逐渐下降[图2-5-59(2)中针5、6、7],从导纱器H中喂入地纱,为使地纱始终处于地布的表面(地组织线圈的正面),要求地纱处于毛绒纤维束之下,两者一起编织成圈,纤维束的两个头端露在织物组织的反面(地组织线圈的反面),形成毛绒。这样,由地纱和纤维束共同编织就形成了长毛绒织物。

如果通过电子或机械选针机构,对经过每一纤维束梳入区的织针选针,使选中的织针进行需要的编织动作,就可编织提花或带结构花型的长毛绒织物。

第八节 衬经衬纬组织的结构及编织工艺

一、衬经衬纬组织的结构与特性

衬经衬纬组织是在纬编基本组织基础上,衬入不参加成圈的纬纱和经纱而形成的。

图2-5-60为单面纬平针衬经衬纬组织。从图中可看出,它由3组纱线织成,第1组纱线A形成纬平针线圈;第2组纱线B形成经纱;第3组纱线C形成纬纱。从织物正面看经纱B是衬在沉降弧的上面和纬纱C的下面,纬纱C是衬在圈柱的下面和经纱B的上面。

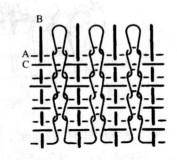

图2-5-60 单面纬平针衬经
衬纬组织

这种针织物具有机织物的外观与特性。纵横向延伸性较小,经纬向的尺寸稳定性都很好,但由于这种织物的经纬纱交织得比较松,容易从织物中抽出来,特别是在稀疏织物中更为显著。为了防止这一缺陷,一般采用较粗的经纬纱,以增加摩擦。

这种织物手感较柔软,穿着比较舒适,透气性好,适合于做各种外衣产品以及工业用的各种涂塑管道的骨架等。

二、衬经衬纬组织的编织工艺

图2-5-61为一种衬经衬纬针织机的编织机构简图。因为经纱是垫在相邻线圈圈柱之间,而被纬纱和线圈的沉降弧所夹持,因此,上机时经纱必须排列在针与针之间,并与织针平面形成一个角度α,以保证地纱导纱器能在织针与经纱之间绕针筒回转。而纬纱必须垫在针背之后和经纱之上,这样纬纱就被线圈圈柱与经纱所夹持。

分经盘1的直径比针筒7的直径大,四周有凹槽,经纱2通过这些凹槽而受到控制,从而均匀地排列于织针之间,并与针保持一个角度 α,α 角在机器编织过程中是固定不变的,因此,这种衬经又称定位衬经,定位衬经的机器结构简单,可以应用于高机号机器。

针筒 7 是固定不转的,针在回转三角的作用下,作升降运动,成圈导纱器 3 位于经纱 2 形成的锥面之内、针钩之前,随三角座一起回转,成圈纱 4 垫于针上的喂纱纵角为 φ,处于经纱锥面之内。

衬纬纱导纱器 5 位于经纱锥面之外,也随三角座一起回转,将衬纬纱 6 垫于针背之后,其喂纱横角为 β。

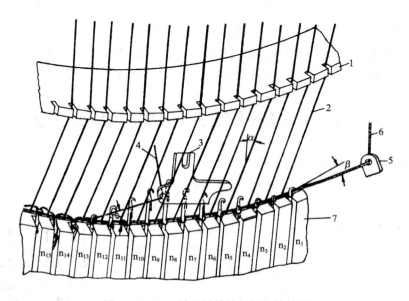

图 2 – 5 – 61　衬经衬纬针织机机构简图

当三角座回转时,针逐渐上升进行退圈,这样,衬纬纱就依次落在上升织针的针背之后,针处于起针平面时(图 2 – 5 – 61 中针 n_4、n_5)这时针舌处于开启状态,针舌仍被旧线圈控制住,针 n_6、n_7、n_8 为挺针阶段,旧线圈逐步移到针杆上,完成退圈,此后,针在压针三角作用下下降,依次完成垫纱(针 n_9、n_{10})、闭口(针 n_{11})、套圈(针 n_{12})、脱圈(针 n_{13})、弯纱与成圈(针 n_{13}、n_{14})等过程。由于衬纬纱 6 垫在针背后,不能成圈,而被夹持在成圈线圈的圈柱之下及经纱之上。而经纱分布在针与针之间,因而被夹在针与针之间的沉降弧之上及纬纱之下,形成衬经衬纬针织物。

第九节　菠萝组织的结构及编织工艺

一、菠萝组织的结构与特性

将某些线圈的沉降弧与相邻线圈的针编弧挂在一起,使有些新线圈既与旧线圈的针编弧串套,还与沉降弧发生串套,这种组织叫做菠萝组织,如图 2 – 5 – 62 所示。

菠萝组织可以在单面组织基础上形成,也可以在双面组织的基础上形成。

在编织菠萝组织的成圈过程中,必须将旧线圈上的沉降弧套到针上,使旧线圈的沉降弧连同针编弧一起脱圈在新线圈上。

图 2 - 5 - 62 是以平针组织为基础形成的一种菠萝组织。图中表示了沉降弧转移的三种不同结构。图中沉降弧 1 套在右边一枚针上,因此,一只平针线圈穿过沉降弧 1 和旧线圈 7 的针编弧,沉降弧 1 被拉长,从而使相邻线圈 6、7 缩小。而

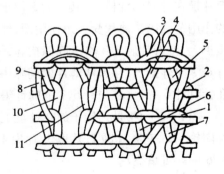

图 2 - 5 - 62　菠萝组织的结构

沉降弧 3 套在相邻两枚针上,沉降弧 3 的长度比沉降弧 1 更长,使线圈 4、5 比线圈 6、7 更小。沉降弧 8 拉长到两个横列高度,并和下一横列的沉降弧 9 一起套到两枚针上,因此线圈 10 和 11 就变得更小,使织物形成像菠萝状的凹凸外观,并产生孔眼,增加了织物的透气性。

菠萝组织织物的强力较低,因为菠萝组织的线圈在成圈时,沉降弧是拉紧的,当织物受到拉伸时,各线圈受力不均匀,张力集中在张紧的线圈上,纱线容易断裂,使织物表面产生破洞。

二、菠萝组织的编织工艺

编织菠萝组织时,将旧成圈的沉降弧转移到相邻的针上是借助专门的钩子或薄片进行的。钩子或薄片有两种,左钩用来将沉降弧转移到左面针上,右钩用来将沉降弧转移到右面针上,双钩用来将沉降弧转移到相邻的两枚针上。

钩子或薄片可放在针盘上,也可放在针筒上。

图 2 - 5 - 63 是把薄片放在针筒上进行编织的情况。薄片由两片向两边弯曲的弹簧钢片 1、2 组成。每一钢片上有片肩(或称切口)3 和 4,片肩 3 和 4 之间的距离等于两个针距。

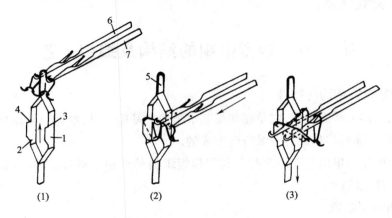

(1)　　　　　　　(2)　　　　　　　(3)

图 2 - 5 - 63　把薄片放在针筒上进行菠萝组织的编织

薄片插在针筒的针槽中,其片尖5位于两枚针盘针6、7之间,以便让沉降弧正好处于片尖5的作用范围内。薄片受三角作用而升降。当针盘针6、7编好线圈后,薄片升高,将沉降弧逐步扩大,接着片肩3、4将沉降弧抬起,使之超过针6、7,如图2-5-63(2)所示。此时,针盘针6、7向外挺出,穿入两薄片的间隙中。然后薄片下降,如图2-5-63(3)所示。沉降弧挂在针盘针6、7上,并与针6、7上的针编弧一起脱圈和成圈。

图2-5-64是把钩子放在针盘上进行编织的情形。图2-5-64(1)为针盘上使用的移圈钩子2,它有片踵1、片肩3、片尖4和弯弧5。图2-5-64(2)中表示了钩子与针筒上织针6的配置情况。

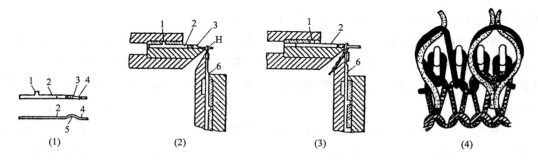

(1)　　　　　　(2)　　　　　　(3)　　　　　　(4)

图2-5-64　把钩子放在针盘上进行菠萝组织的编织

菠萝组织的编织过程是按下列程序进行的:

（1）选择用作移圈的钩子,使钩子的片尖伸到针筒针的握持平面线上,如图2-5-64(2)所示。

（2）编织针织物的线圈横列。

（3）抓住沉降弧H并把它引向针钩配置平面线,如图2-5-64(3)所示。

（4）使沉降弧H套到针上,如图2-5-64(4)所示。

（5）把钩子撤到不工作的位置。

（6）使针移到起始的位置。

第十节　纱罗组织的结构及编织工艺

一、纱罗组织的结构与特性

纱罗组织又称为移圈组织,它是在纬编基本组织的基础上,按照花纹要求将某些线圈进行移圈,即从某一纵行转移到另一纵行而形成的。

纱罗组织可分为单面和双面两类。利用地组织的种类和移圈方式的不同,即可在针织物表面形成各种花纹图案。

（一）单面纱罗组织

图2-5-65为一种单面纱罗组织。从图中可看出,移圈方式可按照花纹要求进行,可

以在不同针上以不同方向进行移圈,形成具有一定花纹效应的孔眼。

第Ⅰ横列,不进行移圈。

第Ⅱ横列,线圈按一个方向间隔地移到相邻的针上,图中针2、4、6、8上的线圈移到针3、5、7、9上,这样在针织物表面,纵行2、4、6、8暂时中断,形成间隔排列的孔眼。

第Ⅲ横列,不进行移圈。

第Ⅳ横列,针5上的线圈移到针6上,针5处形成孔眼。

第Ⅴ横列,针4和针6上的线圈分别移到针3和针7上,针4和针6处形成孔眼。

第Ⅵ横列,线圈分别从针3和针7上取下并以不同方向移到针8和针2上,针3和针7处形成孔眼。

第Ⅶ横列,不进行移圈。

以后横列的移圈与Ⅳ～Ⅵ横列对称进行,针织物就可形成菱形状孔眼效应。

图2-5-66为单面绞花移圈组织。移圈是在部分针上相互进行的,移圈处的线圈纵行并不中断,这样在织物表面形成扭曲状的花纹纵行。

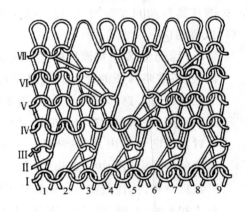

图2-5-65　单面纱罗组织

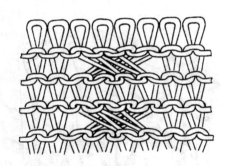

图2-5-66　单面绞花移圈组织

(二)双面纱罗组织

双面纱罗组织是在双面组织基础上,将某些线圈进行移圈而形成的 。它可以将针织物一面的线圈移到同一面的相邻线圈上,即将一只针床上的线圈移到同一针床的相邻针上。也可使两个针床上的线圈同时分别移到同一针床的相邻针上,或者两个针床上织针相互进行移圈,即将一个针床上的线圈移到另一个针床与之相邻的针上 。这样就可得到许多花色品种 。

图2-5-67所示的织物是在同一针床上进行移圈的。第Ⅰ横列不进行移圈;第Ⅱ横列同一面两只相邻线圈以不同方向移到相邻的针上,图中针5

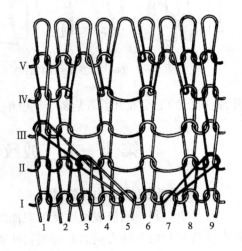

图2-5-67　罗纹纱罗组织

和针7上的线圈移到针3和针9上;第Ⅲ横列再将针3上的线圈移到针1上,在以后若干横列中,如果使移去线圈的针3、5、7不参加编织,而后再重新参加工作,则在双面针织物的底面上可以看到一块单面平针组织区域,这样在针织物表面就形成凹纹效应,而在两个线圈合并的地方,产生凸起棱线,使织物的凹纹更明显。

纱罗组织的线圈结构,除在移圈处的线圈圈干有倾斜和两线圈合并处针编弧有重叠外,一般与它的基础组织并无大的差异,因此,纱罗组织的性质与它的基础组织相近。

纱罗组织除了可形成孔眼效应、纵行扭曲花纹、凹凸花纹等以外,其移圈原理还可以用来编织成形针织物。

二、纱罗组织的编织工艺

纱罗组织可以在横机上和圆纬机上进行编织。这里主要讲述在圆纬机上纱罗组织的编织。

在圆纬机上进行移圈编织,一般是将针筒上的线圈移到针盘上,如图2-5-68所示,在针筒的针槽中,插有带扩圈片的舌针1、2、3等,扩圈片是弯曲的弹簧钢片,其一端固装在针杆上,另一端紧贴针杆的凹槽a,扩圈片上有片肩(或称切口)。

机器上有专供移圈用的三角座和选针机构,将需要移圈的针上升到高于退圈时所处的位置。这时扩圈片穿入线圈中,将线圈扩展,并搁在片肩上,如针1所示。接着针盘针向外伸出,穿过针杆与扩圈片所组成的空隙,如图中针2和7所示。然后针盘针后移,钩住线圈b。针筒针下降,如针3和8所示,随着针筒针下降,线圈b从针筒针的针杆与扩圈片之间缝槽a处滑出,如针4。当针筒针继续下降时,线圈b从针头上脱下,如针5、6所示,并转移到针盘针上,如针11。

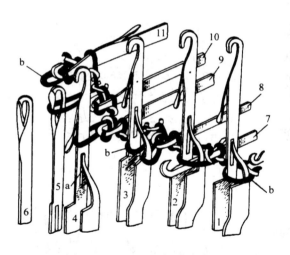

图2-5-68 纱罗组织的编织

当针到达下一成圈系统前,针筒针上升,此时借助毛刷或针舌开启器,将关闭的针舌打开,为编织做好准备。

第十一节 波纹组织的结构及编织工艺

一、波纹组织的结构与特性

凡是由倾斜线圈形成波纹状的双面纬编组织称为波纹组织。该组织的结构单元是正常的直立线圈和向不同方向倾斜的倾斜线圈,如图2-5-69所示,倾斜线圈的排列方式不同,便可得到曲折、方格、条纹及其他各种花纹。

用于波纹组织的基本组织是各种罗纹组织、集圈组织和其他一些双面组织。所采用的基础组织不同,波纹组织的结构和花纹也不同。

图2-5-69是在2+2罗纹组织基础上形成的波纹组织。编织这种织物时,针按2+2罗纹配置,每编织两个横列之后,使一只针床横移3个针距。这样,在原来是正面线圈的纵行上编织的是反面线圈,而在反面线圈的纵行编织正面线圈。然后又反向移过3个针距,这样可得到倾斜状较宽的波纹。为了使一个针床相对另一个针床横移3个针距,在

图2-5-69 波纹组织

编织倾斜线圈1和2时应增大弯纱深度,使线圈1和2的长度比直立线圈3的长度大些。

波纹组织的性质与它的基础组织基本相同,差别主要在于线圈的倾斜。因此所形成的针织物比基础组织稍宽,而长度较短。

在编织波纹组织时,按花纹需要关闭一些针,使这些针退出工作位置,不仅可以增加各种花色效应,而且可以减轻针织物的重量,减少原料的消耗。

二、波纹组织的编织工艺

波纹组织一般是在横机上按照花纹要求移动针床来形成的。

图2-5-70为罗纹波纹组织的编织过程。图2-5-70(1)表示两只针床的针得到a纱线后,编织1+1罗纹时的织针相对排列位置,接着前针床向左移过一个针距,如图2-5-70(2)所示。这时,原来在最左边位置的针1,现在处于针2和针4之间。在移动针床后,在新的位置垫上纱线b,形成另一个新的线圈横列。这时,在针1、3、5上的黑色旧线圈就同针2、4、6上的黑色旧线圈呈交叉排列,形成波纹状倾斜线圈,织物结构如图2-5-71所示。

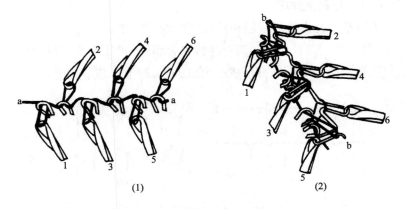

(1) (2)

图2-5-70 波纹组织的编织

但是在实际上,这样编出来的织物由于纱线弹性力的作用,线圈将向针床移动的相反方向扭转,使线圈曲折效应消失,在织物表面并无曲折效应存在。正、反面线圈纵行将相背排列,而

不像普通罗纹那样正反面线圈交错排列。为了使线圈纵行呈曲折排列,对于这种1+1罗纹组织,每一横列编织后,一只针床必须向左或向右移过两个针距。在这种情况下,线圈的倾斜度就较大,很难回复到原来的位置,在织物表面就可得到曲折线圈纵行,如图2-5-72所示。

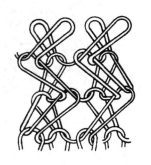
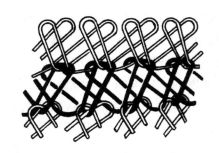

图2-5-71　1+1波纹组织　　　　图2-5-72　针床移两个针距的波纹组织

第十二节　复合组织的结构及编织工艺

凡是两种或两种以上的纬编组织复合而成的组织称为复合组织。它可以由不同的基本组织复合而成;可以由不同的变化组织复合而成;也可以由基本组织、变化组织与花色组织复合而成。

可以根据各种纬编组织的特性,通过各种组织横列的结合或各种组织结构单元的结合,复合成满足需要的各种复合组织。

一、单面复合组织

单面复合组织是在平针组织基础上,通过成圈、集圈、浮线等不同的结构单元组合而成的。与平针组织相比,它具有很多优点,能明显改善织物的脱散性,增加尺寸稳定性,减少织物卷边,并且能形成各种花色效应。

图2-5-73(1)是一种由成圈线圈和浮线复合而成的单面复合组织。该组织由两路编织一个完全组织,每一路均两针成圈和两针浮线交替编织,相邻两路每枚织针进行成圈和浮线交替编织,这样,连续两针成圈纵行形成凸出纵条纹,产生灯芯条效应。

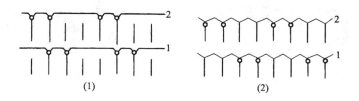

图2-5-73　由两路编织的单面复合组织

图2-5-73(2)是一种由成圈线圈和集圈复合而成的单面复合组织。该组织由两路编织一个完全组织,每一路均为两针成圈和两针集圈交替编织,相邻两路每枚织针进行成圈和

集圈交替编织,这样连续两针成圈纵行形成凸出纵条纹,产生灯芯条效应,其条纹外观比图 2－5－73(1)明显。

图 2－5－74(1)也是一种由成圈和浮线复合而成的单面复合组织。该组织由四路编织一个完全组织,每一路均为两针成圈和两针浮线交替编织,而各路之间的编织状态为依次向右交错一针进行编织。由于线圈指数的不同,紧邻两成圈线圈,左侧成圈针上的线圈变大凸出在织物表面,而浮线又处于织物的反面,这样,连续两针成圈纵行形成凸出斜纹,产生斜纹效应。

图 2－5－74(2)是一种由成圈和集圈复合而成的单面复合组织。该组织由四路编织一个完全组织,第 2 路重复第 1 路的编织,第 4 路重复第 3 路的编织。成圈单元和集圈单元 1 隔 1 复合在组织结构中,由于线圈指数的差异,第 2、4 路的成圈线圈要比第 1、3 路成圈线圈大些,突出在织物表面,在织物表面就成跳棋形式点纹,同时由于线圈的歪斜,在织物表面也会得到一种斜纹效应。织物反面,由于集圈悬弧的特性可得到一种菱形网眼,因此,这种组织也常以其反面作为效应面使用。

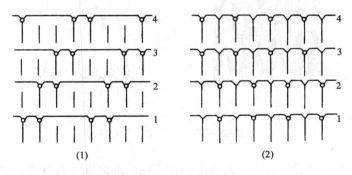

(1)   (2)

图 2－5－74 由四路编织的单面复合组织

由成圈、集圈和浮线三种结构单元复合而成的单面复合组织,如图 2－5－75 所示。它是由四路编织完成一个完全组织,在每一路编织中,织针呈现 2 针成圈、1 针集圈、1 针浮线的循环排列,而各路之间依次向左交错 1 针进行编织。由于线圈指数的不同,紧邻两成圈线圈,左侧成圈针上的线圈变大凸出在织物表面,右侧成圈线圈凹陷在织物表面,而悬弧和浮线又处于织物的反面,因此,在织物正面就得到较为明显的斜纹效应。另外,由于浮线和悬弧的存在,使织物纵、横向延伸性均变小,织物结构稳定性得到较大提高,织物显得紧密、挺括。

图 2－5－75 单面成圈、集圈和
浮线复合组织

二、双面复合组织

根据织针的配置情况,双面复合组织可分为罗纹式复合组织和双罗纹式复合组织。罗纹式复合组织编织时,上下针槽相错,双罗纹式复合组织编织时,上下针槽相对。

（一）罗纹式复合组织

由罗纹组织与其他组织复合而成的组织称为罗纹式复合组织。

1. 罗纹空气层组织 罗纹空气层组织又称米拉诺罗纹组织，它是由罗纹组织和平针组织复合而成的，如图 2 – 5 – 76 所示。这种组织是由三路编织成一个完全组织循环，第 1 路编织 1 + 1 罗纹组织；第 2 路，上针退出工作，下针全部参加工作编织一个正面平针组织横列；第 3 路，下针退出工作，上针全部参加工作编织一个反面平针组织横列。这样三路一循环，在织物上形成两个线圈横列。其线圈结构图和编织图如图 2 – 5 – 76（1）、（2）所示。

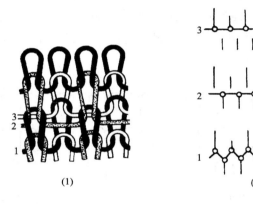

(1)　　　　　　　　(2)

图 2 – 5 – 76　　罗纹空气组织

从图 2 – 5 – 76 中可看出，正、反面两个平针组织横列之间没有联系，在织物上形成双层袋形编织，即空气层结构，并且有突出在织物表面的倾向而带有横棱效应。而平针组织的沉降弧以浮线形式跨过一个纵行，以浮线形式出现的沉降弧受到相邻两线圈弯纱成圈时的抽拉作用，力图收缩回复，这样就使相邻的平针线圈相互靠拢；1 + 1 罗纹组织也有使同一面的相邻线圈相互靠拢的特性，因此，这种组织的反面线圈不会显露在针织物表面，正反面的外观相同。另外，从编织图分析可知，第 2 路平针线圈的线圈指数比第 3 路的平针线圈指数要大，因此，第 2 路在正面形成的平针线圈的长度大于第 3 路形成的反面平针线圈。这样，在织物正面形成的外观效应就更为明显。

在罗纹空气层组织中，由于平针线圈浮线状沉降弧的存在，就使得针织物的横向延伸性比较小，尺寸稳定性提高。同时，这种织物比同机号同种线密度纱的罗纹织物厚实、挺括，还有空气层横棱效应，保暖性好，因此得到广泛应用。

2. 罗纹型"丝盖棉"组织 罗纹型"丝盖棉"组织是指织物的正反面两层分别由两个针床编织，而且在一个编织系统上的纱线编织的线圈只显露在织物的一面，因此这种织物组织的两层至少有两根纱线分别在两个成圈系统上进行编织。由于双层组织正反面两层可分别由两种原料构成，可很好地发挥两种原料各自的特点，因而用途较广。

图 2 – 5 – 77（1）是一种罗纹型"丝盖棉"组织。该组织由两路编织一个完全组织，

第 1 路下针全部参加工作编织一个正面平针组织横列；第 2 路上针全部参加成圈，下针全部集圈编织一个反面线圈横列。如果两路分别配置不同的原料，则两种原料就分别出现在织物的两面。

图 2 – 5 – 77（2）是另一种罗纹型"丝盖棉"组织。该组织由四路编织一个完全组织，第 1、3 路下针全部参加工作编织成圈，上针低、高踵针轮流集圈；第 2、4 路上针全部参加成圈编织反面线圈

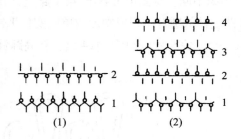

图 2 – 5 – 77　罗纹型"丝盖棉"组织

横列。这样，第 1、3 路的线圈和第 2、4 路的线圈就始终分别出现在织物的两面。如果两路分别配置不同的原料，则织物的两面就具有不同的特征。

3. 点纹组织　点纹组织是由不完全罗纹组织与变化平针组织复合而成，一个完全组织由四路编织而成，其中两路仅在上针编织单面变化平针组织，另外两路编织双面不完全罗纹组织。每枚针在一个完全组织中成圈两次，形成两个横列。如图 2 – 5 – 78 和图 2 – 5 – 79 所示。由于成圈顺序不同，因而产生了在组织结构上不同的瑞士式点纹组织和法式点纹组织。

图 2 – 5 – 78 是瑞士式点纹组织的线圈结构图和编织图。从图中可看出，第 1 路上针低踵针与全部下针编织成圈形成不完全罗纹组织，第 2 路上针低踵针编织成圈形成单面变化平针组织，第 3 路上针高踵针与全部下针编织成圈形成又一个不完全罗纹组织，第 4 路上针高踵针编织成圈再形成单面变化平针组织。

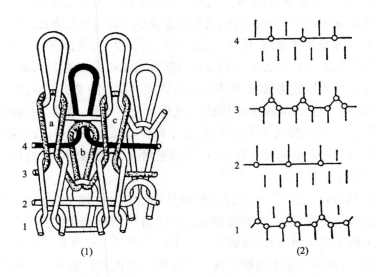

图 2 – 5 – 78　瑞士式点纹组织

图 2 – 5 – 79 是法式点纹组织的线圈结构图和编织图。在各路的成圈顺序上与瑞士式点

纹组织不同。从图中可看出,第1路上针高踵针与全部下针编织成圈形成不完全罗纹组织;第2路上针低踵针编织成圈形成单面变化平针组织;第3路上针低踵针与全部下针编织成圈形成又一个不完全罗纹组织;第4路上针高踵针编织成圈形成再一个单面变化平针组织。

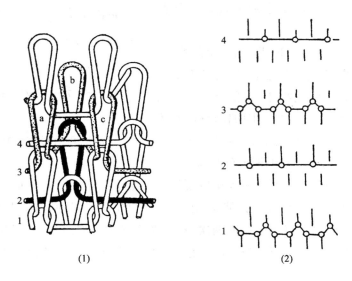

(1)   (2)

图 2-5-79 法式点纹组织

　　从上面的图中可以看到,瑞士式点纹组织中,上针平针线圈的线圈指数都为2,而上针罗纹线圈(即图中b线圈)的线圈指数都为0,因此,就反面线圈来讲,平针线圈被拉长抽紧,罗纹线圈较为松弛,拉长抽紧的平针线圈主要靠沉降弧的转移而获得多余线段,故而使得线圈纵行间紧密靠拢。就正面来讲,由于a、c线圈的线圈指数为1,b线圈的线圈指数为0,那么a、c线圈也会被拉长抽紧,由于联动动作,就使得正面线圈纵行相互靠拢,所以使得瑞士式点纹组织结构紧密,尺寸稳定性增加,横密大,纵密小,延伸度小,表面平整。在法式点纹组织中,反面平针线圈的线圈指数都为0,罗纹反面线圈的线圈指数都为2,因此,在反面,罗纹线圈被拉长抽紧,平针线圈则较为松弛,而罗纹反面线圈的拉长抽紧主要靠其罗纹正面线圈的转移来获得多余线段,就使a、c线圈变形缩小,使得从正面线圈a到反面线圈b的沉降弧弯曲得比瑞士式更厉害,且弯曲的方向也不同,由于该沉降弧力图伸展,故线圈b的沉降弧将线圈a与c向两边推开,而横列相互靠拢,这样纵密增大,横密变小,使织物纹路清晰,幅宽增大,表面显得不平整。

　　从结构点来分析两种点纹组织所能获得的外观效应。在瑞士式点纹和法式点纹组织中,有的正面线圈与反面线圈相连,如线圈a、c和线圈b相连,此处线圈b的沉降弧因变形恢复,将线圈a、c的下端向两边推开;而另一些正面线圈是以浮线形式连接的,浮线的弹性恢复力促使与之相连的两个正面线圈靠拢。于是使一些正面线圈如a、c线圈的上端靠拢,下端分开,而另一些线圈上端分开,下端靠拢,在布面上形成了小网眼效应,呈现出图2-5-80所示形状。又因为正面线圈如线圈a、c受力不均匀,方向不一致,使得圈干产生了偏转,与反面线圈如b线圈连接的部分凹下,而与正面线圈连接的部分凸出,于是在织物上就形成了点纹,它们的分布呈斜纹状。法式点纹织物的斜纹线比较明显。

4. 提花集圈组织 提花集圈组织是由提花组织和集圈组织复合而成的。如图2-5-81所示。该组织4路系统形成一完全组织横列,第1路下针1和4编织画剖面线的线圈,上针不工作;第2路下针2编织白色线圈,上针不工作;第3路下针3编织画点的线圈,上针不工作;第4路全部下针编织集圈,全部上针成圈,由此,正面形成一个横列线圈,反面形成一个横列线圈。集圈悬弧就将正面提花线圈与反面线圈连在一起形成织物,产生集圈悬弧的第4路纱线不会显露在织物正面,也就不会影响正面的提花效应。并且,正反面可用不同类型的原料编织,如正面用涤纶编织,反面用

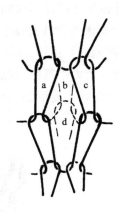

图2-5-80 线圈变形示意图

棉纱编织。这样,正面花色效应明显,表面耐磨、挺括;反面柔软、吸湿性强,穿着舒适。又由于有集圈存在,织物不易脱散,因此由提花集圈组织织物做成的针织外衣具有很多优点。

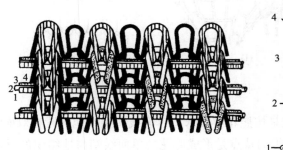 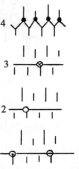

图2-5-81 提花集圈组织

5. 罗纹网眼组织 罗纹网眼组织是在罗纹组织的基础上编织集圈和浮线形成的复合组织,如图2-5-82所示。它的最大特点是形成具有凹凸状的菱形网眼效应。一个完全组织由六路编织而成。第1、4路编织罗纹,第2路和第3路针筒针成圈,针盘高踵针集圈,第5路和第6路针筒针成圈,针盘低踵针集圈。其结果在针织物表面形成交替排列的网眼结构,在针织物反面则形成由拉长集圈线圈组成的线圈纵行。

从图中可看到,产生菱形凹凸网眼效应的主要原因有下列三方面:

(1)罗纹组织的反面线圈 a_1,由于它的线圈指数为2而被拉长,线圈 a_1 的纱线是从线圈 a_2 和 a_3 转移过来的,因此线圈 a_2 和 a_3 被抽紧而变小,线圈间纱线转移的程度将随浮线编织次数的增加而加大,同时,与浮线相连相邻的线圈还受到浮线的弹性恢复力作用而相互靠拢。

(2)集圈的次数越多,其悬弧 b 也就越多,悬弧力图伸直从而将相邻线圈向两侧推开,同

时,与悬弧相连的相邻线圈还要变大、变圆。

(3)集圈与浮线是在上针的高、低踵针上交替进行的,所以被拉长与抽紧的线圈也是相互交替排列的。这样,针织物正面纵行呈歪斜曲折状,线圈也有大小不同,有的地方线圈挤得紧,有的地方很稀松,在织物表面就形成菱形凹凸网眼。

由于织物上菱形凹凸网眼的存在,从而可以增加针织物的透气性,这种织物的纵横向延伸性都较小。

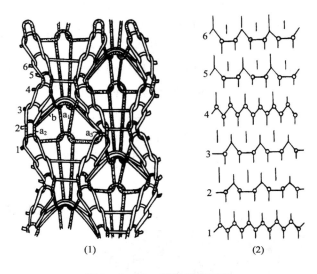

图2-5-82 罗纹网眼组织

6.胖花组织 胖花组织是按照花纹要求将单面线圈架空地配置在双面纬编地组织中的一种双面纬编组织。这种组织的特点是形成胖花的单面线圈与地组织的反面线圈之间没有联系,因而,单面胖花线圈就呈架空状凸出在针织物的表面,形成凹凸花纹效应。

胖花组织一般分为单胖组织和双胖组织两种。

(1)单胖组织。单胖组织是针筒针在织物一横列中仅有一次单面编织。根据色纱数多少又可分为素色、两色、三色等单胖组织。

图2-5-83(1)是一种两色单胖组织的线圈结构图,图2-5-83(2)是它的意匠图和编织图。从图中可看出,一个完全组织由4个横列所组成,由8路进纱编织而成。1、3、5、7路编织双面组织的白色线圈,上针都是1隔1编织;2、4、6、8路编织单面组织的画点线圈,单面画点线圈与反面线圈没有联系,呈架空状。这样正面每两路编织一个横列,反面每四路编织一个横列,正、反面线圈高度之比为1:2,反面线圈被拉长。织物下机后,被拉长的反面线圈力图收缩,因而架空状的画点线圈就凸出在针织物表面,形成胖花效应。而它的反面,基本上由白色地组织纱覆盖。

单胖组织在一个线圈横列中只进行一次单面编织,所以针织物正面花纹还不够突出,为此,在实际生产中经常采用双胖组织。

(2)双胖组织。双胖组织是在一横列中连续重复两次单面编织。根据色纱数的多少可

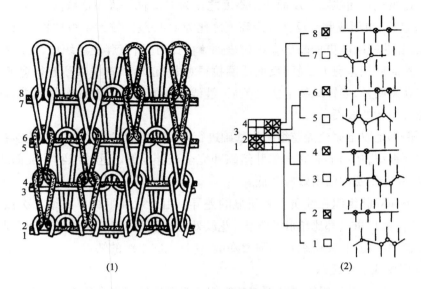

(1)　　　　　　　　(2)

图 2 - 5 - 83　两色不完全单胖组织

分为素色、两色以及三色双胖组织等。

　　图 2 - 5 - 84(1)为两色双胖组织的线圈结构图,图 2 - 5 - 84(2)为意匠图和编织图。从图中可看出,一个完全组织由 4 个横列所组成,3 路编织一横列,由 12 路进纱编织。1、4、7、10 路编织双面地组织白色线圈。针筒针按意匠图要求进行编织,针盘针按高、低踵针间隔参加编织;2、5、8、11 路编织单面组织画点线圈;3、6、9、12 路重复 2、5、8、11 路的编织。这样,正面每三路编织一个横列,反面每六路编织一个横列。其正、反面线圈高度之比与单胖

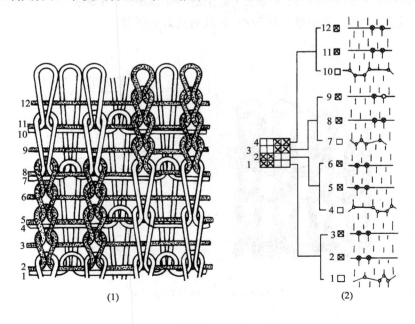

(1)　　　　　　　　(2)

图 2 - 5 - 84　两色不完全双胖组织

组织不同。地组织正面线圈与反面线圈高度之比为1:2,同一面单面线圈与地组织线圈高度之比为1:2;这样,单面成圈与反面线圈高度之比为1:4,差异较大。被拉长的反面线圈下机后力图收缩,胖花线圈就更加凸出在织物表面。由此可见,在胖花组织中,地组织线圈与胖花成圈的线圈高度相差愈大,说明反面线圈拉得愈紧,正面胖花线圈凸起得愈多,结果凹凸花纹的效应就愈明显,当针织物下机松弛后,纱线变形的恢复促使针织物收缩,这样胖花线圈便凸出在针织物的表面。

以上两例都是以不完全提花组织为基础进行单面编织,也可按要求,以完全提花组织为基础进行单面编织,从而形成完全单胖组织和完全双胖组织。这时织物正反面线圈高度之比相应减小,胖花线圈的凸出效应降低。

单胖组织和双胖组织在性质上有明显的差异。由于双胖组织单面编织次数增多,所以它的厚度、单位面积重量都比单胖组织大,花纹效应更明显,但容易勾丝和起毛起球,此外,由于线圈结构的不均匀,使得织物的强力降低,这是双胖组织的缺点。

(二)双罗纹式复合组织

由双罗纹组织与其他组织复合而成的组织称为双罗纹式复合组织。这种组织的特点是脱散性与延伸性都较小,组织结构紧密。

1.双罗纹空气层组织　双罗纹空气层组织是由双罗纹组织和单面组织复合而成的。由于编织方法不同,可以得到各种不同结构的双罗纹空气层组织。

图2-5-85是双罗纹空气层中蓬托地罗马组织的线圈结构图和编织图。它是双罗纹空气层组织的一种。这种组织的一个完全组织由4路进纱编织而成,第1路和第2路编织一横列双罗纹组织;第3路在全部上针进行单面平针编织;第4路在全部下针进行单面平针编织。这种组织的特点是分别在全部上下针上进行单面编织,在织物中形成筒状的空气层,这种织物比较紧密厚实,横向延伸性较小,并具有良好的弹性。

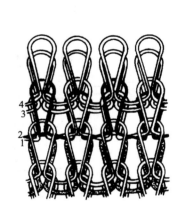

图2-5-85　蓬托地罗马组织

此外,由于双罗纹编织和单面编织形成的线圈结构不同,就织物正面来看,双罗纹线圈比单面线圈大,而且双罗纹线圈的沉降弧是连接正反面线圈的,故有促使单面线圈的针编弧向织物表面凹陷的趋势;但针盘针和针筒针编织的单面线圈的沉降弧是分开的,正反面线圈之间没有联结,故在此处凸起,所以在针织物表面出现凹凸横棱效应。

图2－5－86是另一种双罗纹空气层组织的线圈结构图和编织图。第1路和第6路编织一横列双罗纹组织;第2、4路下针编织单面变化平针组织,形成一单面正面横列;第3路和第5路上针编织单面变化平针组织,形成一单面反面横列。正反面单面横列没有联系,形成空气层。

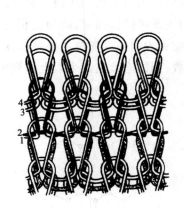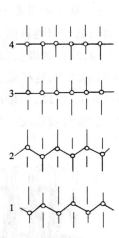

图2－5－86 另一种双罗纹空气层组织

以上两种空气层组织由于编织方法不同,在组织结构上存在一定的区别:图2－5－85形成一横列空气层需要2路进纱;而图2－5－87需要4路进纱。前者形成空气层线圈的平针线圈以沉降弧相连,空气层组织易脱散;而后者以变化平针组织的浮线相连,正、反面单面横列都分别由两根纱线形成,不易脱散。后一种空气层组织两相邻线圈纵行相互错过半个圈高,因此双罗纹组织的线圈与空气层单面组织的线圈就相互错开连接,所以针织物表面平整。前一种比后一种弹性好;后一种比前一种厚实,延伸性也比前一种小。

2. 双罗纹型"丝盖棉"组织 双罗纹型"丝盖棉"组织是在双罗纹组织基础上形成的。图2－5－87是一种双罗纹型双层组织。该组织由四路编织一个完全组织,第1路下针高踵针参加工作编织成圈,上针高踵针集圈;第2路只上针低踵针参加工作编织成圈,第3路下针低踵针参加工作编织成圈,上针低踵针集圈,第4路只上针高踵针编织成圈。这样,第1、3路的线圈和第

图2－5－87 双罗纹型"丝盖棉"织物

2、4路的线圈就始终分别出现在织物的两面。如果两路分别配置不同的原料,则织物的两

面就具有不同的特征。

3. 双罗纹横棱组织 双罗纹横棱组织是由双罗纹组织与集圈组织复合而成。这种组织的最大特点是在针织物表面形成横棱效应。横棱的大小与集圈的次数有关。集圈次数愈多横棱也愈大。

图2-5-88是狭条双罗纹横棱组织的线圈结构图和编织图。狭条横棱组织由4路进纱编织一个完全组织。第1路下针低踵针成圈,上针低踵针集圈;第2路下针高踵针成圈,上针高踵针集圈;第3、4路编织一横列双罗纹组织。集圈集中在一个横列中,连续在上针高、低踵针编织形成。从图中可看出,在第1、2路,由于集圈悬弧的转移,使与悬弧相连的正面线圈变大变圆而凸出在织物表面,形成横棱效应。又由于第3、4路双罗纹组织的正、反面线圈的线圈指数不同,反面线圈指数较大使反面线圈被拉长抽紧,而与之相连的双罗纹正面线圈变小,凹陷在织物之内,这样就使得横棱效应更为明显。横棱主要是由变大变圆的集圈线圈在织物正面形成的,所以,如果增加集圈次数,例如连续在两个以上横列的上针高、低踵针集圈,横棱就变宽,横棱效应就更加明显。

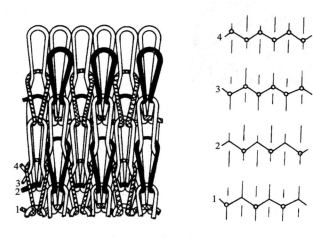

图2-5-88 双罗纹横棱组织

为了提高组织的横棱效应,也可以用不同线密度的纱线进行编织或变化各路吃纱比例来达到目的。具体来说,如果第1、2路使用的原料较粗和增大第1、2路的线圈长度,这样所获得的横棱效应就更显著。

思考与练习题

1. 针织物组织结构的表示方法有哪些?

2. 结构均匀与不均匀提花组织有何区别?完全与不完全提花组织有何区别,提花组织如何编织?

3. 什么是线圈指数,它的大小关系到什么?

4. 连续集圈次数的多少将影响到什么? 集圈组织如何编织?

5. 添纱组织有哪几种,结构各有何特点? 影响地纱和添纱线圈的正确配置的因素有哪些?

6. 衬垫组织中衬垫纱的衬垫方式有哪些? 添纱衬垫组织如何编织?

7. 毛圈组织有哪些种类,结构各有何特点? 常用的毛圈沉降片有哪些构型,它们在编织过程中起到了哪些作用? 如何改变毛圈长度?

8. 长毛绒组织有几种,其结构和编织方法有何区别?

9. 衬经衬纬组织的纬纱对织物性能有何影响,衬经衬纬组织如何编织?

10. 纱罗组织与菠萝组织在结构和编织方法方面有何不同? 移圈用机件与普通成圈机件有何不同?

11. 瑞士式与法式点纹组织有何区别? 画出与这两种点纹组织编织图相对应的三角排列图。

12. 胖花组织与提花集圈组织有哪些相同和不同之处。

13. 双罗纹型复合组织与罗纹型复合组织在结构和性能方面有什么不同?

14. 纬编花色组织中,哪些组织可以形成下列花色效应:

(1)色彩图案。(2)横条纹。(3)纵条纹。(4)孔眼。(5)凹凸。(6)毛绒表面。(7)丝盖棉。

第六章　提花圆机的选针机构及花型设计

本章知识点

1. 直接式、间接式和电子选针装置的特点。
2. 分针三角的选针原理与适用对象。
3. 多针道变换三角式选针机构的选针原理、花型设计与工艺设计方法。
4. 提花轮式选针机构的选针原理和工艺设计方法，矩形花型的形成与设计方法。
5. 插片式选针机构有哪几种常见类型，它们的选针原理和工艺设计方法。
6. 滚筒式选针机构的选针原理和工艺设计方法。
7. 电子选针机构的选针原理与工艺设计方法。
8. 双面提花织物的反面组织设计与上三角排列。

第一节　选针机构的分类及工艺要求

一、选针机构的分类

针织机上要能形成各式各样的花纹，靠的是各种类型的选针机构。选针机构一般可分为三类：直接式选针（片）、间接式选针（片）和电子选针（片）。

直接式选针（片）是通过选针机件（如三角、提花轮的钢米等）直接作用于针踵或沉降片的片踵而进行选针，有分针三角、多针道变换三角和提花轮选针等几种形式。

间接式选针（片）机构的特点是选针（片）过程中，选针元件与工作机件之间有传递信息的中间机件，例如在插片式提花圆机的选针（片）机构上，选针刀通过提花片、挺针片带动针运动。属于这种类型的装置有插片式、滚筒式选针装置。

电子选针（片）是通过电磁式或压电式选针装置来进行选针或选片，花纹信息储存在计算机的存储器中，并配有计算机辅助花型准备系统。它具有变换花型快，花型的大小不受限制等优点，在针织机上已得到越来越多的应用。

上述选针与选片装置除了可用于圆纬机外，有些还可用于其他纬编机，如横机和圆袜机等。

二、对选针机构的工艺要求

提花圆机要能准确地选针提花和有效地进行编织生产，其选针机构必须满足一定的工艺要求。

(1)选针机构的结构应简单紧凑。选针机构的结构既影响编织精度,又影响成圈系统所占的空间位置,因此,要求选针机构结构应尽可能简单紧凑,所占空间位置小,以便尽可能多地安排成圈路数,满足花型大小设计的需要。同时,在选针提花过程中,选针机构的结构越复杂,所产生的转换越多,编织速度也越低,故要求选针时,选针机构变换的环节、次数尽可能减少或没有变换。

(2)上机操作方便,变换花型容易,以节省改换花型所需时间。

(3)选针机件规格统一,制造加工精度高,以便选针准确。

(4)改换花型时应尽可能减少选针元件的消耗。

第二节　多针道变换三角式选针机构

使用舌针的圆型纬编针织机上,由三角组成针道,以控制舌针的编织成圈动作。为使织物花纹设计范围扩大,在舌针上,针踵在针杆上的位置有不同级别,与针踵级别相同高度上配置有相应的三角针道。这种使用多级针踵的舌针和多针道控制方式的圆纬机称为多针道针织机。

一、多针道变换三角式选针机构的结构

多针道变换三角针织机是利用三角的变换(成圈、集圈和不编织)和配置不同以及不同踵位织针的排列来进行选针。在实际生产中应用较多的是单面四针道变换三角圆纬机和双面2+4针道(即上针二针道,下针四针道)变换三角圆纬机。一种典型的四针道变换三角式选针机构的结构如图2-6-1所示。

图2-6-1所示为织针1、针筒2、沉降片3、导纱器4、沉降片三角5、沉降片三角座6、沉降片圆环7、针筒三角座8、四挡三角9和线圈长度调节盘10。

针筒上插有4种踵位的针(图2-6-2),它们的高度与各挡三角针道的高度相对应,分别受相应的走针道三角的作用。

图2-6-3是该机的针筒三角座,每一路成圈系统有四挡退圈三角和四挡压针三角,分别构成四条走针针道。各挡三角是可以独立地变换的,图2-6-3中使用了集圈三角1、浮线三角2和成圈三角3。当针筒上的全部针经过此路三角时就分成三种情况:C型针成圈,A、D型针集圈,B型针不工作,为浮线。四挡压针三角的上、下位置由三角座

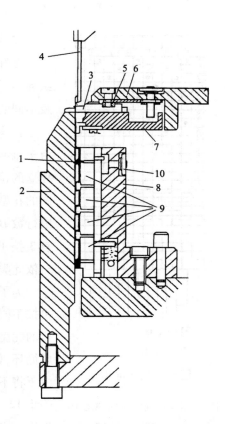

图2-6-1　四针道变换三角式选针机构

背面的调节盘统一控制调节,以使各枚针的弯纱深度一致。顺时针方向旋转调节盘,线圈长度增加;反之,线圈长度减小。

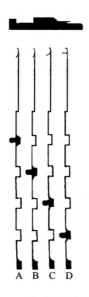

图2-6-2 四挡踵位的织针和沉降片

A—A(a)踵针 B—B(b)踵针 C—C(c)踵针 D—D(d)踵针

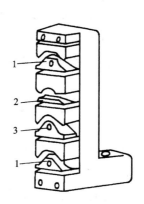

图2-6-3 针筒三角座

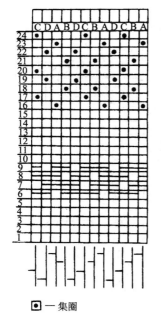

■—集圈

□—成圈

⊟—浮线(不编织)

图2-6-4 扩大完全组织中
花型纵行数

二、多针道变换三角选针机构的花型形成原理

多针道变换三角针织机可织平针组织、集圈组织、添纱组织和小花型提花组织等。花纹主要靠针和三角的各种变换以及不同的排列组合来形成。

1. 完全组织中不同花型的纵行数 B_0 与最大花宽 B_{max}
由于每一线圈纵行是由一枚针编织的,各枚针的运动是相互独立的,不同踵位针的运动规律可以不一样,所以能够形成不同的花型纵行。因此,在这种机器上,完全组织中不同花型的纵行数 B_0 等于针踵的挡数。如在三针道变换三角针织机上,有3挡不同高度的针踵,完全组织中不同花型的纵行数即为3,依此类推。

为了扩大完全组织中花型的纵行数,可将不同踵位的针再按不同顺序交替重复排列,在一个完全组织中有一部分纵行的花型是重复的,但就整个组织来说,各纵行的花型分布不成循环,如图2-6-4所示。图中不同花型纵行数 B_0 为4,但由于将不同踵位的针交替重复排列,就使完全组织的纵行数 B 等于12。又由于不同踵位的针可以任意交替重复排列,因此理论上完全组织的最大宽度 B_{max} 可以扩大到针筒上全部针数

N。一般在设计完全组织宽度时,应使完全组织宽度等于针筒总针数 N 的约数。

但实际生产中采用这种办法来扩大花纹纵行数比较麻烦,因为上机排针时需要针踵有规律地重复,上千枚织针在排列时才不容易弄错。花型设计时常常根据花型是否对称,而将针踵设计成图 2-6-5 所示的排列。不对称花型,织针排列如图 2-6-5(1)、(2)所示;对称花型,织针排列如图 2-6-5(3)、(4)、(5)所示;对无规则花型,不同踵位的织针排列可以任意设计,如图 2-6-5(6)所示。有时为了简化图示,也用意匠格中竖道表示织针排列,如图 2-6-5(7)所示,或用图2-6-4 上方的字母符号来表示。

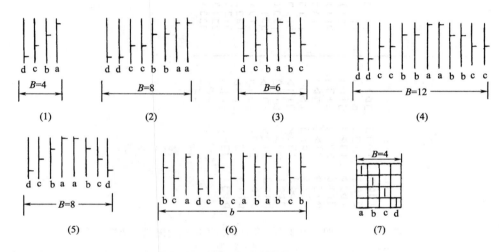

图 2-6-5　花型设计中不同踵位织针的排列

2. 完全组织中不同花型的横列数 H_0 和最大花高 $H_{\max}$　一路三角对应着织物上的一个线圈横列,各路成圈系统中,相同的三角排列,意味着相同的花型横列,不同的三角种类及其排列方式则意味着不同的花型横列。因此,完全组织中不同花型的横列数 H_0 与变换三角的种数及其排列组合的方法有关。

在四针道变换三角圆纬机上,用三种三角组成四针道有图 2-6-6 所示的各种选择。

(1)只选用一种三角组成四针道,有三种选择,可用公式 $H_{01} = C_3^1 = 3$ 表示,其中全为不编织的选择,无实际意义。

(2)只选用其中两种三角组成四针道有 H_{02} 种选择方法。

在三种三角中选择两种三角有三种选取可能,即成圈与不工作两种三角;成圈与集圈两种三角;集圈与不工作两种三角。

如果使用成圈与不工作两种三角组成四针道,则有 $C_4^1 + C_4^2 + C_4^3 = 4 + 6 + 4 = 14$ 种组合方法,式中 C_4^1、C_4^2、C_4^3 分别表示选用一个、两个、三个成圈三角组成四针道的组合方法。

这种任意选用两种三角组成四针道,共计有 $H_{02} = 3 \times (C_4^1 + C_4^2 + C_4^3) = 3 \times 14 = 42$ 种选择方法。

(3)必须选用三种三角组成四针道有 H_{03} 种选择方法。

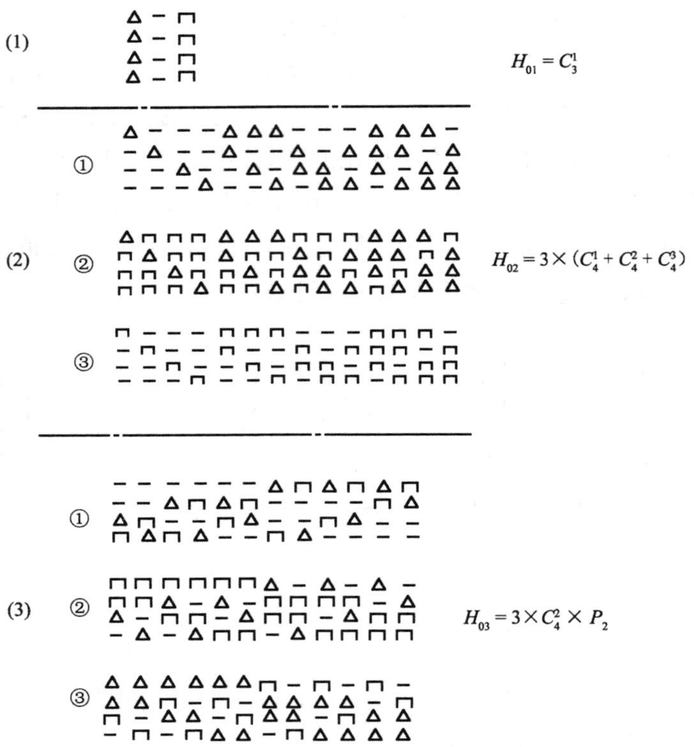

图 2 – 6 – 6　四针道变换三角针织机不同三角配置可能性

(1)　$H_{01} = C_3^1$

(2)　$H_{02} = 3 \times (C_4^1 + C_4^2 + C_4^3)$

(3)　$H_{03} = 3 \times C_4^2 \times P_2$

$$H_{03} = C_3^1 \times C_4^2 \times P_2 = 3 \times 6 \times 2 = 3 \times 12 = 36$$

它的组合方式相当于将 1、2、3 三个数字排列成各种 4 位数,其中有一个数字可以重复。式中 C_3^1 表示从三个数字中选出一个数字进行重复的选法;C_4^2 表示用这个数字进行重复,占据四个位置中的两个位置,有多少种占据方法;P_2 表示其余两个数字对剩下的两个位置的排列方法。

综上所述,四针道变换三角圆纬机上不同花型的横列数 H_0:

$$H_0 = H_{01} + H_{02} + H_{03} = 3 + 42 + 36 = 81$$

它相当于 $H_0 = 3 \times 3 \times 3 \times 3 = 3^4 = 81$

这一计算方法可以推广到多针道变换三角选针的针织机上,即:

$$H_0 = 3^n$$

式中:n——选针踵位数,即针道数。

例如对于三针道针织机,$H_0 = 3^3 = 27$。

以上仅仅是所有的排列可能,还应扣除完全组织中无实际意义的排列,如一个成圈系统中各挡三角均为不编织三角。所以对于四针道机而言,一个完全组织中不同花型的横列数 H_0 应为:

$$H_0 = 3^4 - 1 = 80$$

对于三针道机而言，$H_0 = 3^3 - 1 = 26$。

如果使有些花型横列重复出现而不成循环，则完全组织的花高可比上述计算数 H_0 大，但最大花高不能超过机器上成圈系统数 M，即 $H_{max} \leqslant M$。

总的来说，这种多针道变换三角针织机上完全组织中不同花型的纵行数和横列数还是比较小的，特别是花宽太小，主要靠不同花型纵行的重复来扩大花宽，使设计受到较大局限。目前，多针道针织机通过加大针筒直径，从而增加进线路数，使织物的花型变化范围更大一些。

多针道针织机的机号范围很广，原料适应性强，既可生产轻薄型织物，也可生产较厚的针织面料。同时，在一机多用方面得到很大发展，通过少数配件的变换，可以增加四色调线、三线衬纬、毛圈等功能。

三、设计实例

例一　某台单面四针道圆纬机，已知总针数 $N = 2640$，进线路数 $F = 112$，要求为该机设计一种仿乔其纱织物进行编织。

1. 决定完全组织的宽度 B　已知不同花型的纵行数 $B_0 = 4$，允许有些纵行的花型重复，现取花宽 $B = 12$，12 能被总针数 N 整除。

2. 决定完全组织的高度 H　因为设计的是仿乔其纱织物，只需采用成圈和集圈两种三角来组成 4 针道。从前面分析已知，用成圈和集圈三角组成 4 针道共有 14 种不同组合方法。但考虑该花型组织中集圈线圈不应太多，同时该机为积极送纱方式，各路进线均匀一致等因素，现选择每路成圈系统上用 3 只成圈三角，1 只集圈三角的 4 种组合方法，即共有 4 种不同花型的横列。现选花高 $H = 28$，即用这 4 个横列不自成循环地重复排列。

3. 设计花型意匠图　根据选定的花宽和花高，在方格纸上画出花型意匠图。在设计意匠图时，可先分别画出这些不同花型的横列或纵行，然后考虑组织结构的特点，将这些横列或纵行组合起来，设计出花型；也可以先构思一种花型，然后分析在所给定的机器上编织这种花型的可能性，并进行修正。

图 2-6-7 是根据选定的花宽和花高而设计的意匠图，从图中可以看出不同花型纵行数为 4，每个纵行重复了 3 次。设计时应注意每个纵行上成圈与集圈次数的均衡，也不要使集圈在布面上连成明显的线条，集圈线圈应分散排列，以使布面效果更好。

4. 编排上机工艺图　上机图包括不同踵位的针的排列及各路三角的排列。针的排列见图 2-6-7 上方。三角排列

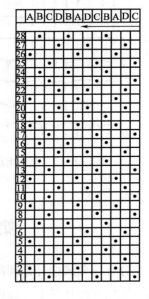

图 2-6-7　花纹意匠图
□—成圈　⦿—集圈

133

见图 2 - 6 - 8,它是根据针的排列和意匠图而做出的。

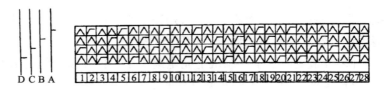

图 2 - 6 - 8　三角排列图

例二　单面四针道圆机,已知总针数 $N = 2280$,进线路数 $F = 96$,要求在该机上编织一种复合组织织物。

1.决定完全组织宽度 B　取花宽 $B = B_0 = 4$,4 能被总针数 $N = 2280$ 整除。

2.决定完全组织的高度 H　选定花高 $H = 8$,$F = 96$,能将 8 整除,针筒一转编织 12 个花高。

3.设计花型　根据选定的花高、花宽及设计意图画出花型的编织图,如图 2 - 6 - 9 所示。

4.画出上机工艺图　上机工艺图包括织针排列图、编织图和相应的三角排列图。分别见图 2 - 6 - 9 和图 2 - 6 - 10。

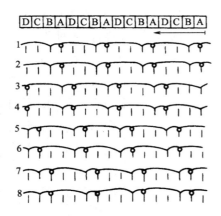

图 2 - 6 - 9　复合组织的编织图

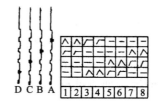

图 2 - 6 - 10　复合组织的三角排列图

第三节　分针三角式选针机构

分针三角式选针是利用不等厚度的三角作用于不同长度针踵的织针来进行选针。主要用于横机和圆袜机上。如图 2 - 6 - 11(1)所示,舌针分为短踵针 1、中踵针 2 和长踵针 3 三种。起针三角不是等厚度的,而是呈三段厚薄不同的阶梯形状,如图 2 - 6 - 11(2)所示。区段 4 最厚,且位于起针三角的下部。它可以作用到长踵、中踵和短踵三种针,使三种针处于不退圈(即不编织)高度。随着针筒的回转,中踵针 2 和长踵针 3 走上位于起针三角中部的中等厚度的区段 5,而短踵针 1 则只能从区段 5 的内表面水平经过不再上升,故仍处于不退圈位置。当中踵和长踵针到达区段 5 结束点(即集圈高度),长踵针 3 继续沿着位于起针三角上部的最薄区段 6 上升,直至到达退圈高度。而中踵针 2 只能从区段 6 的内表面水平经过不再上升,故仍保持在集圈高度。短踵针 1 继续水平运动,保持在不退圈高度。这样三种针被分成了三条不同的走针轨迹,如图 2-6-11(1)所示,短踵针 1、中踵针 2 和长踵针 3 分别处于不退圈、集圈和退圈高度。经压针垫纱后,最终使针 1、2 和 3 分别完成了不编织、集圈和成圈。

以上所述的不等厚度的三角,在实际针织机上也可以通过一种厚度的三角,但是向针筒中心径向挺进的距离不同(又称进出活动三角)来分针选针。若该三角向针筒中心挺足(进二级)时,则其相当于最厚的三角,可以作用到长踵针、中踵针和短踵针;若该三角向针筒中心挺进一半(进一级)时,则其相当于中等厚度的三角,可以作用到长踵针和中踵针,而短踵针只能从其内表面水平经过;若该三角不向针筒中心挺进时,则其相当于最薄的三角,仅作用到长踵针,而中踵针和短踵针只能从其内表面水平经过。

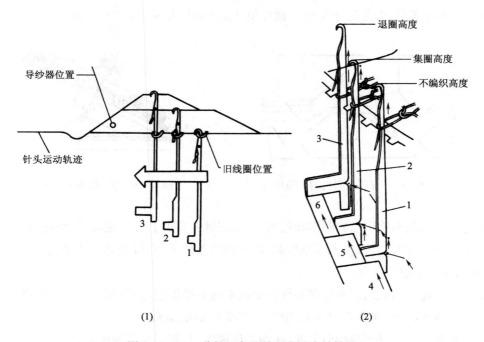

(1)   (2)

图 2-6-11 分针三角选针原理及走针轨迹

分针三角式选针的选针灵活性有局限:如某一成圈系统的起针三角设计成选择短踵针成圈,那么经过该三角的所有中踵针和长踵针也只能被选择为成圈,不能进行集圈或不编织。此外,对于长踵和中踵针来说,三角与针踵之间的作用点离开针筒较远,使三角作用在针踵上的力较大。在实际生产中,也可能只需要用到两种长度针踵的织针和两种厚度的起针三角(或一种厚度的三角但是可以向针筒中心挺进或不挺进),具体可根据所编织的织物结构而定。

第四节　提花轮式选针机构

提花轮式选针机构属于有选择性的直接式选针机构。它是利用提花轮上的片槽作为选针元件,直接与针织机的工作机件——针或沉降片或挺针片发生作用,并与工作机件一起移动,进行选针。提花轮选针机构可以用在单针筒针织机上,也可以用在双针筒针织机上。

一、提花轮选针机构的结构与工作原理

单针筒提花轮提花机上所用的选针机构为提花轮,结构简单、紧凑。针筒上插的针只有一种,每枚针上只有一个针踵,在一个走针道中运转。针筒的周围装有三角。每一成圈系统的三角由起针三角1和压针三角5、侧向三角2组成(图2-6-12)。每一路三角的外侧固装着一只提花轮6。提花轮的结构如图2-6-13所示。提花轮1上有许多钢片,组成许多凹槽,与针踵啮合,由针踵带动而使提花轮绕自己的轴芯2回转。在提花轮1的凹槽中,按照要求,有时分别排列着两种钢米,一种是高踵钢米3,一种是低踵钢米4,有时没有钢米。由于在这种机器上提花轮是呈倾斜配置的,当提花轮回转时,便可使针筒上的针分成三个轨道运动。

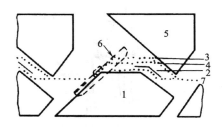
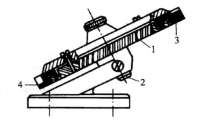

图2-6-12　提花轮圆机的三角结构　　　　图2-6-13　提花轮结构

①与提花轮上不插钢米的凹槽相遇的针,沿起针三角1上升一定高度,而后被侧向三角2压下(图2-6-12),针没有升至垫纱高度,故没有垫纱成圈,针运动的轨迹线为空程迹线,针不编织,如图中点线7所示。

②与提花轮上的低踵钢米相遇的针踵受钢米的上抬作用,上升到不完全退圈的高度,然后被压针三角5压下,如图2-6-12中的轨迹线4,形成集圈。

③与提花轮上高踵钢米相遇的针,在钢米作用下,升到完全退圈的高度,进行编织成圈,它的轨迹线如图2-6-12中的点线3。

利用提花轮中插高、低钢米或不插钢米,就能在编织一个横列时同时进行成圈、集圈和浮线三功位选针(针分成编织、集圈、不编织3种轨迹)。在生产单面提花织物时,可利用编织集圈的方法来克服织物反面浮线过长的缺点,如图2-6-14所示。提花轮凹槽中钢米的高、低和无是选针信息,必须根据织物中花型分布的要求来配置。提花轮是选针机件,它与针踵直接接触而发生选针作用。

在这种机器上,由于提花轮是倾斜配置的,故每一提花轮所占空间较小,有利于增加成圈系统数。提花轮直径的大小,不仅影响到一路成圈系统所占的空间,还影响到花型的大小以及针踵的受力情况。提花轮直径小,有利于增加成圈系统数,但花型的范围就小。提花轮直径大,进线路数就受到限制,而且由于提花轮的转动是由针踵传动的,针踵的负荷就会较大,不利于提高机速及提高织物质量。

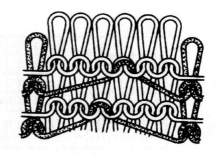

图 2 - 6 - 14　单面提花组织中织入集圈以缩短浮线

二、提花轮式选针矩形花型的形成和设计

提花轮提花机所形成的花型面积,可归纳为矩形、六边形和菱形三种,以矩形花型最为常用。设计矩形花型主要是根据针筒总针数 N、提花轮槽数 T 和成圈系统数 M 之间的关系,当 N 能被 T 整除时,形成的矩形花型无位移,当 N 不能被 T 整除,但余数 r 与 N、T 之间有公约数时形成的矩形花型有位移;当无公约数时只能形成六边形花型。而菱形花型则要由专门的提花轮来形成。

(一)总针数 N 可被提花轮槽数 T 整除,即余数 $r=0$ 时

在针筒回转时,提花轮槽与针筒上的针踵啮合并转动,故必然存在下列关系式:

$$N = ZT \pm r$$

式中:N——针筒上的总针数;

T——提花轮槽数;

r——余针数;

Z——正整数。

当 r(余数)$=0$ 时,$N/T=Z$,针筒一转,提花轮自转 Z 转,因此,针筒每转中针与提花轮槽的啮合关系始终不变。

假设某针织机针筒的针数 N 为 36,提花轮槽数 $T=12$,成圈系统数 $M=1$,色纱数 $e=1$。这样,$N/T=36/12=3$,$r=0$。针筒每转一圈,编织一个横列,提花轮自转 3 转,在针筒周围构成 3 个完全相同的织物单元。如果将圆筒展开成平面,画出针与槽的关系,可得如图 2 - 6 - 15 所示的情况。

在针筒第一转时,提花轮第 1 槽作用在第 1、13、25 枚针上,第 2 槽作用在 2、14、26 枚针上,提花轮第 12 槽作用在 12、24、36 枚针上。针筒第二转时,针与槽的关系也是如此。

依此方式连续运转下去,其关系始终不变,便可获得 1 横列高、12 纵行宽的矩形花型。此种花型一个对一个地垂直重叠,而且一个对正一个地平行并列,没有纵移和横移。这样的花型高度较小,花型面积偏扁,不美观。如要加大花型的高度,可采用多路成圈系统。

通过上述例子,可归纳出下列公式:

花型的最大宽度

$$B_{max} = T$$

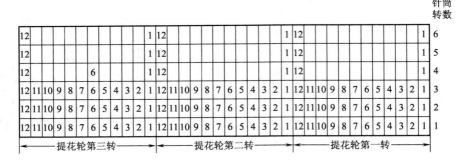

图 2-6-15　$r=0$ 时提花轮槽与针的关系

花型的最大高度

$$H_{max} = \frac{M}{e}$$

式中：T——提花轮槽数；

　　　M——成圈系统数；

　　　e——色纱数（即编织一个完整横列所需的成圈系统数）。

采取多路成圈系统后，花型高度可较大，同时，可将提花轮槽数分成几等分，使每一等分的钢米排列情况相同，从而使花型宽度减少，使花型的面积接近正方形，这样，花型的情况大为改善，故这种 $r=0$ 的情况用得还是较多的。

（二）余数 $r \neq 0$ 时

1. 织针与提花轮槽的啮合关系　当 $r \neq 0$ 时，针筒回转中，提花轮槽与针的关系就不会像 $r=0$ 时那样固定不变。在针筒第 1 回转时，提花轮的起始点与针筒上的第 1 针啮合，但到针筒第 2 回转时，提花轮的起始点就不会与针筒第 1 针啮合了。

假设某机的针筒总针数 N 为 170 针，提花轮槽数 T 为 50 槽，则 $\dfrac{N}{T} = \dfrac{170}{50} = 3$ 还余 20 针，即 $r=20$。

此时，N，T，r 三者公约数为 10。

当针筒第 1 转时，提花轮自转 $3\dfrac{2}{5}$ 转。当针筒第 2 转时与针筒上第 1 枚针啮合的是提花轮上的第 21 个凹槽。图 2-6-16 表明了这种啮合变化的情况（图中小圆代表提花轮，大圆代表针筒。小圆上 Ⅰ、Ⅱ、…、Ⅴ 分别代表 10 针一段或 10 槽一段，大圆上每一圈代表针筒 1 转，大圆上 Ⅰ、Ⅱ、…、Ⅴ 表示轮槽与针的啮合顺序）。

从图 2-6-16(1) 可看出：当针筒第 1 转时，提花轮上第 Ⅰ 区段与针筒的头 10 枚针啮合。当针筒第 2 转时，提花轮上的第 Ⅲ 区段与针筒的头 10 枚针啮合。当针筒第 3 转时，提花轮上的第 Ⅴ 区段与针筒的头 10 枚针啮合。一直到针筒第 6 转时，才又回复到提花轮上的第 Ⅰ 区段与针筒上的头 10 针啮合，也就是说，针筒要转过 5 转，针筒上最后一枚针才与提花轮槽的终点啮合，才完成一个完整的循环。

从图 2 – 6 – 16(2) 还可看出:此提花轮的 5 个区段在多次滚动中,互相并合构成一个个矩形面积,其高度为 H,宽度为 B(图中用粗线条画出)。在各个矩形面积之间纵向都能垂直地对准,构成一行行平直的纵向纹路,但在横向却并不对正,花型矩形面积之间有纵移 y;在圆筒形织物中,花型呈明显的螺旋线分布,给裁剪和缝纫带来很多麻烦,且裁剪损耗增加。

2. 花宽、花高的选择 为了保证针筒一周编织出整数个花型,完全组织的宽度 B 应为总针数 N、提花轮槽数 T 和余针数 r 三者的公约数,而最大花宽 B_{max} 则为三者的最大公约数。以图 2 – 6 – 16 所示花型为例,当余数 $r \neq 0$,进纱路数 M = 1 时,花型的完全组织有两种可能性:

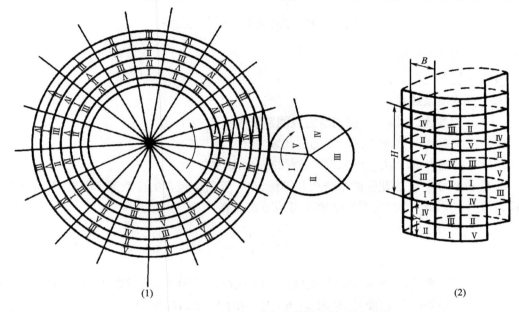

(1)   (2)

图 2 – 6 – 16 $r \neq 0$ 时织针与轮槽啮合关系展开图

第一种可能性是像图中黑粗线所划定的那样,其完全组织的宽度 B 为 10 个纵行。这时 B < T(提花轮齿槽数),B 是 T 的约数,也是针数 N、余数 r 的公约数。B_{max} 就是 N、T、r 的最大公约数。其完全组织高度 H 是 5 个横列。一个完全组织中包含的线圈总数等于 1 个提花轮槽数 T。即完全组织的花纹面积为 B × H = T。

第二种可能性是采取完全组织宽度 B = 50 纵行,使 B_{max} 等于提花轮槽数 T。这样完全组织高度 H 就只有 1 个横列(H = 1),它的图样可用图 2 – 6 – 17 表示。

从图 2 – 6 – 17 中画出的粗线面积可看出,完全组织矩形是扁平的,宽度与高度差异太大,完全组织之间有横移,花纹也呈螺旋线分布。这种花型排列方法影响织物外观。

为了增加完全组织的高度,可以采用多路成圈系统,如果将上例中的路数 M 增加为 4 路,就可得图 2 – 6 – 18 所示的情况。

从图 2 – 6 – 18 中可看出:它的完全组织高度增加四倍,由此,可得到编织多路多色织物时,完全组织高度和宽度的公式:

完全组织高度
$$H = \frac{T \cdot M}{B \cdot e}$$

IV															
II	I	V	IV	III	II	I	V	IV	III	II	I	V	IV	III	II	I
V	IV	III	II	I	V	IV	III	II	I	V	IV	III	II	I	V	IV
III	II	I	V	IV	III	II	I	V	IV	III	II	I	V	IV	III	II
I	V	IV	III	II	I	V	IV	III	II	I	V	IV	III	II	I	V
IV	III	II	I	V	IV	III	II	I	V	IV	III	II	I	V	IV	III
II	I	V	IV	III	II	I	V	IV	III	II	I	V	IV	III	II	I

图 2 - 6 - 17　花型完全组织大小及变化

式中:B——完全组织宽度;

T——提花轮槽数;

M——成圈系统数;

e——色纱数,即编织 1 横列所需成圈系统数。

完全组织宽度 B 是 N、T、r 三者的公约数。

完全组织最大宽度 B_{max} 是 N、T、r 三者的最大公约数。

3. 段的横移　将提花轮的槽分成几等份,每一等份所包含的槽数等于花宽 B,将这个等份称为"段"。因此,提花轮中的段数 A 可用下式计算:

$$A = \frac{T}{B}$$

以上述例子来说,花型完全组织宽度 $B = 10$ 纵行,$T = 50$ 槽,故段数 $A = 5$,即提花轮分成 5 段。每一段依次编号,称段号,如图 2 - 6 - 18 中的 I、II、III、IV、V 等。将此公式代入上面的公式,可得:

$$H = \frac{T}{B} \times \frac{M}{e} = A \cdot \frac{M}{e} \quad 或 \quad A = \frac{H}{\frac{M}{e}}$$

由这两个公式可知:花型完全组织的高度 H 是提花轮的段数 A 与针筒 1 回转所编织的横列数 $\left(\frac{M}{e}\right)$ 的乘积。段数 A 就是花型完全组织高度 H 被针筒 1 回转所能编织的横列数 $\left(\frac{M}{e}\right)$ 除所得的商。

由于余数 $r \neq 0$,所以针筒每转过一转,段号就要变更一次,叫做段的横移。段的横移数用 X 表示:

$$X = \frac{r}{B}$$

以上述例子来说,　　　　　　　$X = \frac{r}{B} = \frac{20}{10} = 2$

							V′	IV′	III′	II′	I′	V′	IV′	III′	II′	I′
V°	IV°	III°	II°	I°	V°	IV°	III°	II°	I°	V°	IV°	III°	II°	I°	V°	IV°
V‴	IV‴	III‴	II‴	I‴	V‴	IV‴	III‴	II‴	I‴	V‴	IV‴	III‴	II‴	I‴	V‴	IV‴
V″	IV″	III″	II″	I″	V″	IV″	III″	II″	I″	V″	IV″	III″	II″	I″	V″	IV″
V′	IV′	III′	II′	I′	V′	IV′	III′	II′	I′	V′	IV′	III′	II′	I′	V′	IV′
III°	II°	I°	V°	IV°	III°	II°	I°	V°	IV°	III°	II°	I°	V°	IV°	III°	II°
III‴	II‴	I‴	V‴	IV‴	III‴	II‴	I‴	V‴	IV‴	III‴	II‴	I‴	V‴	IV‴	III‴	II‴
III″	II″	I″	V″	IV″	III″	II″	I″	V″	IV″	III″	II″	I″	V″	IV″	III″	II″
III′	II′	I′	V′	IV′	III′	II′	I′	V′	IV′	III′	II′	I′	V′	IV′	III′	II′
I°	V°	IV°	III°	II°	I°	V°	IV°	III°	II°	I°	V°	IV°	III°	II°	I°	V°
I‴	V‴	IV‴	III‴	II‴	I‴	V‴	IV‴	III‴	II‴	I‴	V‴	IV‴	III‴	II‴	I‴	V‴
I″	V″	IV″	III″	II″	I″	V″	IV″	III″	II″	I″	V″	IV″	III″	II″	I″	V″
I′	V′	IV′	III′	II′	I′	V′	IV′	III′	II′	I′	V′	IV′	III′	II′	I′	V′
IV°	III°	II°	I°	V°	IV°	III°	II°	I°	V°	IV°	III°	II°	I°	V°	IV°	III°
IV‴	III‴	II‴	I‴	V‴	IV‴	III‴	II‴	I‴	V‴	IV‴	III‴	II‴	I‴	V‴	IV‴	III‴
IV″	III″	II″	I″	V″	IV″	III″	II″	I″	V″	IV″	III″	II″	I″	V″	IV″	III″
IV′	III′	II′	I′	V′	IV′	III′	II′	I′	V′	IV′	III′	II′	I′	V′	IV′	III′
II°	I°	V°	IV°	III°	II°	I°	V°	IV°	III°	II°	I°	V°	IV°	III°	II°	I°
II‴	I‴	V‴	IV‴	III‴	II‴	I‴	V‴	IV‴	III‴	II‴	I‴	V‴	IV‴	III‴	II‴	I‴
II″	I″	V″	IV″	III″	II″	I″	V″	IV″	III″	II″	I″	V″	IV″	III″	II″	I″
II′	I′	V′	IV′	III′	II′	I′	V′	IV′	III′	II′	I′	V′	IV′	III′	II′	I′

（右侧自上而下标注：第四轮、第三轮、第二轮、第一轮）

图 2 - 6 - 18　4 路编织时一个完全组织的宽度与高度

这个公式表明：段的横移就是余数中有几个花宽 B。

由于段的横移，所以针筒每转开始时，与第 1 区段针啮合的不一定是提花轮的第 1 段，为确定针筒某转时开始作用的段号 S_P，让我们来看上述例子的情况。

上述例子中，针筒第一转时，开始作用的段号为 I，即 $S_1 = 1$；

针筒第二转时，开始作用的段号为 III，即 $S_2 = X + 1 = 3$（式中 X 是段的横移数，这里 $X = 2$）；

针筒第三转时，开始作用的段号是 V，即 $S_3 = 2X + 1 = 5$；

针筒第四转时，开始作用的段号为 II，即 $S_4 = (3X + 1) - KA = 3X + 1 - 1A = 2$（$A$ 是提花轮槽的段数，此例中 $A = 5$，K 是正整数。因为按 $S_4 = 3X + 1$ 计算所得数值大于 A，不符合原意，为了确定段号，故需减去若干个 A，使 S_P 小于或等于 A）。

针筒第五转时,开始作用段号是Ⅳ,即 $S_5 = (4X+1) - KA = 4X + 1 - 1A = 4$。

于是,归纳出当针筒第 P 转时,求开始作用的段号 S_P 的公式:

$$S_P = [(P-1)X + 1] - KA$$

式中:S_P——针筒第 P 转时,开始作用的提花轮槽的段号;

$\quad\quad P$——针筒回转的顺序号;

$\quad\quad X$——段的横移数;

$\quad\quad A$——提花轮槽的段数(即提花轮槽的等分数);

$\quad\quad K$——任意正整数。

4. 花型的纵移　两个相邻花型(完全组织)在垂直方向的位移称为纵移,用 Y 表示。纵移 Y 代表花型在线圈形成方向向上升的横列数,从图 2-6-16(2)中可看出:左面一个完全组织的第 1 横列比其相邻的右面完全组织第 1 横列升高两个横列,故它的纵移 Y 为 2。具有纵移的花型将按螺旋线排列逐渐上升,这是提花轮提花的特征。纵移与成圈系统数 M、段的横移数 X、提花组织中所使用的色纱数 e 及完全组织的高度 H 有关。

从图 2-6-16(2)中可看出:在同一横列中,花型的第Ⅰ段后面总是紧跟着最后一段(第Ⅴ段)的。图中右边一个完全组织的最后一段(第Ⅴ段)所在的横列为第 3 横列,比第Ⅰ段所在的横列上升两个横列(3-1=2),便可得这两个完全组织的纵移值 $Y=2$。

假设某一完全组织中最后一个段号为 A_P(A_P 总是等于段数 A 的),它所在的横列为第 P 横列,当机器上只有 1 个提花轮,针筒每 1 转编 1 个横列时,第 P 横列就是针筒转过 P 转,利用下列公式可求 P 值。

$$S_P = A_P = [X(P-1) + 1] - KA$$

$$P = \frac{A(K+1) - 1}{X} + 1 \text{(因为 } A_P = A\text{)}$$

而两个完全组织的纵移 $Y' = P - 1 = \dfrac{A(K+1) - 1}{X}$。

如果机器上有 M 个成圈系统和 e 种色纱,则针筒 1 转要编出 $\dfrac{M}{e}$ 横列。在这种情况下,纵移 Y 可用下式求得:

$$Y = Y' \cdot \frac{M}{e} = \frac{\dfrac{M}{e} \cdot A(K+1) - \dfrac{M}{e}}{X} = \frac{H(K+1) - \dfrac{M}{e}}{X}$$

在求得上述各项数据的基础上,就可以设计矩形花型。因为有段的横移和花型纵移存在,所以一般要绘出两个以上完全组织,并应指出纵移和段号在完全组织高度中的排列顺序。

三、提花轮式选针机构上机工艺举例

下面通过一个例子来说明花型设计步骤及制定上机工艺的方法。

1. 已知条件 总针数 $N=552$,提花轮齿数 $T=60$,进纱路数 $M=8$,色纱数 $e=2$。

2. 求花型完全组织宽度 B

因 $\dfrac{N}{T}=\dfrac{552}{60}=9$ 余 12

故余数 $r=12$。

又因 522 与 60、12 三数间有公约数 12 且为最大公约数。

现取花型完全组织宽度为 $B=B_{\max}=12$ 纵行。

3. 求花型完全组织高度 H

$$H=\frac{T\cdot M}{B\cdot e}=\frac{60\times 8}{12\times 2}=20\,（横列）$$

此花型完全组织宽度与高度相差不大,故取 $H=20$ 横列是可行的。

4. 求段数 A 和段的横移 X

$$A=\frac{T}{B}=\frac{60}{12}=5\,（段）$$

$$X=\frac{r}{B}=\frac{12}{12}=1$$

5. 求花纹纵移 Y

$$Y=\frac{H(K+1)-\dfrac{M}{e}}{X}=\frac{20(0+1)-\dfrac{8}{2}}{1}=16\,（横列）$$

式中:K——任意正整数,今取 $K=0$。

6. 确定针筒转数 P 与开始作用段号 S_P 的关系 因为本例是两色提花,完全组织中每一横列要两路成圈系统编织,又因进纱路数 $M=8$,故针筒 1 转编织 4 个横列。针筒回转 5 转编织 1 个完全组织。

针筒第一转时,$S_1=[(P-1)X+1]-KA=[(1-1)\times 1+1]-0=1$,即由提花轮槽的段号 I 编织;

针筒第二转时,$S_2=[(2-1)\times 1+1]-0=2$,即由提花轮槽的段号 II 编织;

针筒转第三、第四、第五转时,分别为 $S_3=3$、$S_4=4$、$S_5=5$。

7. 设计花型图案 在方格纸上,划出两个以上完全组织的范围,然后划出各完全组织及其纵移、横移情况。在此范围内设计花型图案,见图 $2-6-19$。设计意匠图时,要注意上下、左右花型的连接,不要造成错花的感觉。

8. 绘制上机工艺图或进行上机设计 上机时要根据实际情况完成和确定以下数据及排列。

(1)编制提花轮排列顺序。按两路编一个横列,针筒每转编四个横列及编一个完全组织要针筒回转 5 转的计算数据,编制提花轮排列顺序,如图 $2-6-19$ 所示。

(2)编制段号与针筒转数关系图。按前面针筒转数与段号关系的计算编制它们的关系图,如图 $2-6-19$ 所示。

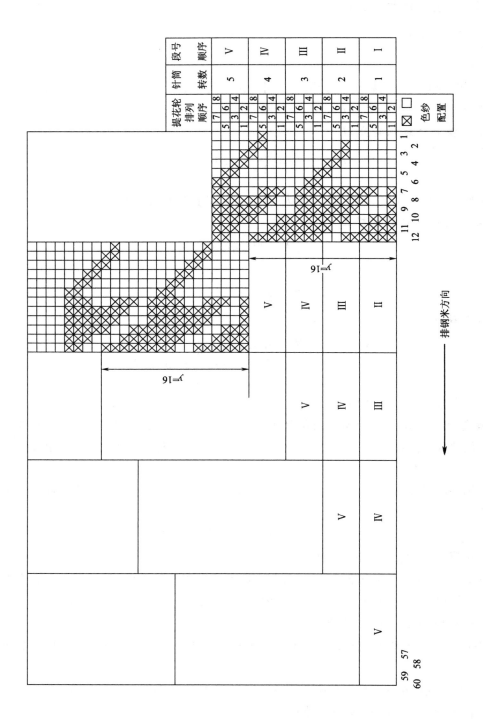

图 2-6-19 花型意匠图与上机工艺图

（3）编制提花轮钢米排列图或钳齿表。因为提花轮段数为5,故将每只提花轮槽分为5等分,每等分12槽,按逆时针方向写好 Ⅰ→Ⅱ→Ⅲ→Ⅳ→Ⅴ 顺序,然后按逆时针方向排齿。提花轮上钢米的排列,应根据每一提花轮上各段所对应的是意匠图中第几横列,并注意到它是选针编织何种色纱的线圈。

根据花型意匠图列出提花轮钳齿表(下表),作出提花轮钢米排列图(图 2-6-20 表示第 1 提花轮的钢米排列情况,其余依此类推)。

提花轮槽钢米排列表

色纱	提花轮段号 / 针筒转数 / 提花轮编号	Ⅰ	Ⅱ	Ⅲ	Ⅳ	Ⅴ
		1	2	3	4	5
☒	1	1~6 无、7~12 高	1~2 高,3~6 无,7~9 高,10~11 无,12 高	1~4 无,5~12 高	1~6 无,7 高,8~9 无,10~12 高	1~2 无,3~4 高,5~7 无,8~10 高,11~12 高
☐	2	1~6 高,7~12 无	1~2 无,3~6 高,7~9 无,10~11 高,12 无	1~4 高,5~12 无	1~6 高,7 无,8~9 高,10~12 无	1~2 高,3~4 无,5~7 高,8~10 无,11~12 高
☒	3	1~9 无,10~12 高	1 无,2~3 高,4~7 无,8~10 高,11 无,12 高	1~5 无,6~12 高	1~6 无,7~8 高,9~10 无,11~12 高	1~3 无,4~5 高,6 无,7~11 高,12 无
☐	4	1~9 高,10~12 无	1 高,2~3 无,4~7 高,8~10 无,11 高,12 无	1~5 高,6~12 无	1~6 高,7~8 无,9~10 高,11~12 无	1~3 高,4~5 无,6 高,7~11 无,12 高
☒	5	1~6 高,7,8~9 无,10~12 高	1~2 无,3~4 高,5~7 无,8~10 高,11~12 无	1~6 无,7~12 高	1~2 高,3~6 无,7~9 高,10~11 无,12 高	1~4 无,5~12 高
☐	6	1~6 无,7,8~9 高,10~12 无	1~2 高,3~4 无,5~7 高,8~10 无,11~12 高	1~6 高,7~12 无	1~2 无,3~6 高,7~9 无,10~11 高,12 无	1~4 高,5~12 无
☒	7	1~6 高,7~8 高,9~10 无,11~12 高	1~3 无,4~5 高,6 无,7~11 高,12 无	1~9 无,10~12 高	1 高,2~3 高,4~7 无,8~10 高,11 无,12 高	1~5 无,6~12 高
☐	8	1~6 无,7~8 无,9~10 高,11~12 无	1~3 高,4~5 无,6 高,7~11 无,12 高	1~9 高,10~12 无	1 高,2~3 高,4~7 高,8~10 无,11 高,12 无	1~5 高,6~12 无

9. 提花轮的安装 安装提花轮时,不仅要求提花轮外缘与针筒表面保持一定间隙(约 0.9~1mm),提花轮凹槽与针踵啮合良好,还要求每一只提花轮的起点都要对准针筒的起始点。为此将针筒的起点刻槽对准第 1 提花轮座处的机台刻槽,而后再令第 1 提花轮的起点对准此一刻槽加以固定;用手转动针筒,将针筒上的同一刻槽对准第 2 提花轮座处的机台刻

槽,而后再令第2提花轮的起点对准此一刻槽,加以固定。

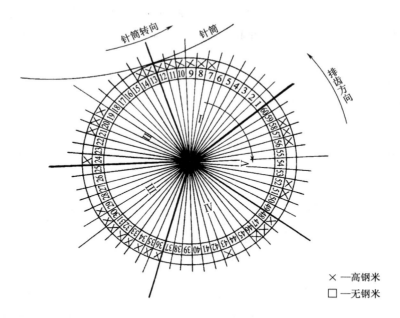

× —高钢米
□ —无钢米

图2-6-20 第1提花轮钢米排列图

第五节 插片式选针机构

插片式提花选针机构的主要装置为一组或两组重叠的选针刀片,结构简单紧凑,所占空间位置小,成圈路数多,花型变换容易,操作方便。

它们主要编织两色、三色和四色提花织物、集圈孔眼织物、衬垫起绒织物、丝盖棉织物和各种复合组织织物。

插片式选针装置有单插片式、双插片式和摆片式几种类型。

一、单插片式选针机构的结构及选针原理

以 LUX—25 型双面提花圆机为例,介绍单插片式选针机构的结构及选针原理。

1.成圈机构和选针机构 该机的成圈机构主要由针筒、针盘、针筒三角座、针盘三角座等构成。针盘上 1 隔 1 地插有高踵针和低踵针,针盘三角也有高低两条针道,如图 2-6-21 所示。针盘针的编织情况由针盘三角控制,每一路针盘三角都可以按需要安装成圈三角、集圈三角或不编织三角。

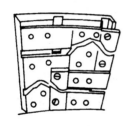

图 2-6-22 是该机成圈机件与选针机件的配置图。针筒 1 上顺序插有织针 2、挺针片 3 和提花片 4,5 是针筒三角座,6 是选针装置,7 是选针刀。

图 2-6-21 针盘三角

针筒三角座上主要有挺针片起针三角 1、压挺针片三角 2、挺针片复位三角 3 和织针挺针三角 4、织针压针三角 5,如图 2 - 6 - 23 所示。

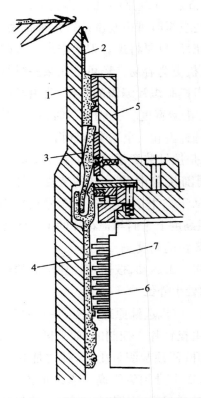

图 2 - 6 - 22　成圈机构与选针机构配置图

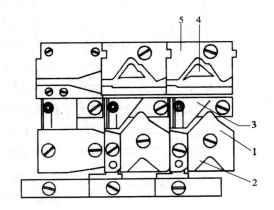

图 2 - 6 - 23　针筒三角座

挺针片由上踵 1、下踵 2 和片尾 3 构成,如图 2 - 6 - 24 所示。上踵是沿挺针片起针三角上升的工作踵,下踵受压挺针片三角作用下降,挺针片的背部有一弧形凸头 A,挺针片以此为支点在针槽中作径向运动。

该机的提花片为分片组合式,由 6 种不同形式的分片组成(图 2 - 6 - 25)。图 2 - 6 - 25(1)中所示提花片上共有 13 个齿,齿的编号从下向上依次为 2、4、6、…、24、W。使用时 W 齿均要保留,其余 12 个齿按需要保留 1 齿;图 2 - 6 - 25(2)中提花片也是 13 个齿,齿的编号从下向上依次为 2、4、6、…、24、Y。除 Y 齿保留外,其余也只按需要保留 1 齿;图 2 - 6 - 25(3)中提花片只有两个齿,从下向上依次为 W、Y 齿;图 2 - 6 - 25(4)、(5)中提花片上共 14 齿,依次为 1、3、5、…、25、X 和 1、3、5、…、25、Z。除 X 齿和 Z 齿外,其余齿也只按需要保留 1 齿;图 2 - 6 - 25(6)中提花片只有 X 齿和 Z 齿。

6 种类型的提花片合起来共有 29 档不同高度的齿,从下向上的 1~25 齿为提花选针齿,使用时若为非对称花型则使这 25 档不同高

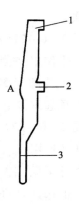

图 2 - 6 - 24　挺针片

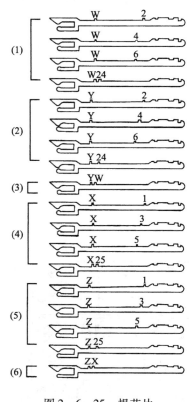

图 2 – 6 – 25　提花片

度的齿在针筒上依次排成步步高或步步低型;若为对称花型则按"Ｖ"形或"∧"形排列在针筒上。最上面的4档齿依次为 W、X、Y、Z 齿,它们又被称为基本选针齿,其作用是在编织某些组织时可由基本选针齿来控制,这时不需要重新排提花片,只要将选针刀的进出位置改变即可,使花型变化上机更为容易。还可以在某些纵行上将原来由提花选针齿控制织针编织的花型,改由基本选针齿控制,从而扩大花型宽度。一般使用时,每枚提花片都保留一个提花选针齿和一个基本选针齿。

图 2 – 6 – 26 是选针装置示意图。在 762mm(30 英寸)直径的针筒周围共有 84 套这样的装置。每套上装有 29 把选针刀,从下向上依次为 1 ~ 25 号选针刀、W、X、Y、Z 选针刀,在高度上它们与提花片的 1 ~ 25 号提花选针齿、W、X、Y、Z 齿的高度一一对应。

选针刀作径向进出运动,按照花纹要求有的选针刀被推向里位,有的处于外位。

2. 选针原理　该机选针原理如图 2 – 6 – 27 所示。织针 1 的运动是由挺针片 2 控制的,如果挺针片能沿挺针片起针三角上升,便顶起织针上升,使之能达到织针起针三角轨道,从而上升到编织高度参加成圈;如果挺针片不能沿挺针片起针三角上升,织针就只能沿水平轨道运行,不编织(浮线)。挺针片能否上升又决定于选针机构 4 对提花片 3 的选择情况。

图 2 – 6 – 27(1)表示,当某号选针刀处于里位时,它将推动同号提花片的选针齿,提花片片头便带动挺针片片尾压进针槽,这时挺针片以凸头 A 为支点顺时针摆动,使其上踵达到挺针片起针三角 5 的作用面,挺针片便沿起针三角上升,顶起其上织针,使之参加编织,图中 6 是小磁铁。

图 2 – 6 – 27(2)表示,当某号选针刀处于外位时,它不对提花片发生作用,该提花片在针槽中不作径向运动,其上方的挺针片由于上片踵远离挺针片起针三角作用面,不会沿三角上升,也不会顶起织针上升,该枚织针不编织。

图 2 – 6 – 27(3)是挺针片和提花片复位示意图,复位由复位三角 7 作用。

由此可见,织针是否参加编织决定于相应的选针刀的进出位置。而选针刀的进出定位是由按照花型要求预先轧制好的纸卡来控制的,纸卡上无孔的地方,选针刀被纸卡推向里位;纸卡

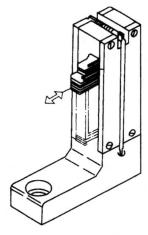

图 2 – 6 – 26　选针装置

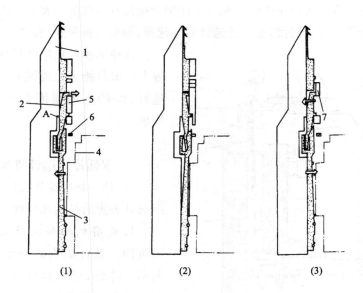

图 2 - 6 - 27 选针原理

上有孔的地方,选针刀留在外位。关于纸卡我们将在双插片式选针机构中作介绍。

由此可见,该机的选针原理是:

(纸卡)有孔——(织针)不编织　　(纸卡)无孔——(织针)成圈

反之,在排花时,凡是成圈的织针,纸卡上相应位置应无孔;凡为不编织的织针,纸卡相应的位置上应有孔。

3. 复位 为了准备下一路的选针,挺针片和提花片都必须复位,复位由复位三角完成。图 2 - 6 - 28(1)中 1 是复位三角,它安装在挺针片起针三角 2 左上方,其工作面为一倾斜面,上面薄,下面厚。在挺针片下踵沿压挺针片三角 3 下降的同时,其上踵被复位三角压进针槽,脱离起针三角作用面,同时挺针片绕凸头 A 转动[图 2 - 6 - 28(2)],其片尾带动提花片 4 向外移动,使提花选针齿露出针槽外,以接受下一路选针装置的选择。在三角系统中安装

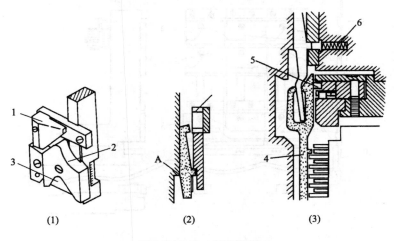

图 2 - 6 - 28 复位装置

有一个作用于提花片片头的小磁铁5和一个作用于挺针片下踵的弹簧6,以保证提花片在选针位置上始终处于外位,选针齿能接受选针刀的选择,避免选针失误[图2-6-28(3)]。

这种单插片式选针机构在一路选针装置上一般只能进行成圈和不编织两位置的选针,织物上的集圈需要由针盘三角来完成。

二、双插片式选针机构

以RX—JS2型单面提花圆机为例,介绍选针装置的结构和原理。

1. 成圈机构和选针机构 该机的成圈机构和选针机构的配置如图2-6-29所示。针筒1上顺序插有织针2、挺针片3和提花片4,沉降片5配合织针完成编织,6为针筒三角座,7为选针装置,8为导纱器,9为沉降片三角座。

针筒三角座1(图2-6-30)上主要有挺针片起针三角2,压挺针片三角3,织针压针三角4,5为挺针片护针三角,6为针门,7为复位三角。8、9、10分别为织针、挺针片和提花片。

图2-6-31所示为该机的主要成圈

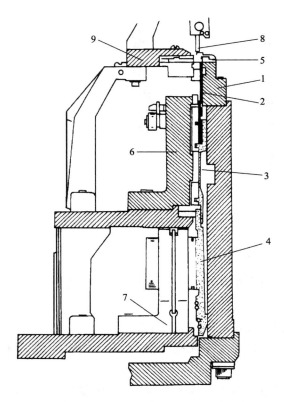

图2-6-29 成圈机构和选针机构配置图

机件:从上至下分别为织针、挺针片、提花片和沉降片。提花片也是分片组合式,共有25档

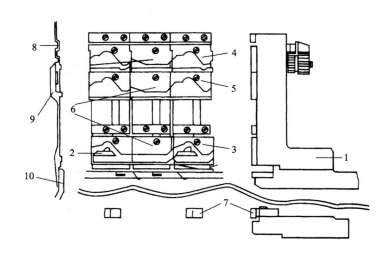

图2-6-30 针筒三角

提花选针齿和2档基本选针齿。

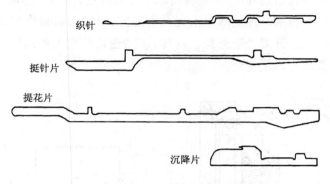

织针

挺针片

提花片

沉降片

图2-6-31 主要成圈机件

图2-6-32所示为成圈机件和选针装置的作用关系图。织针1的编织情况由挺针片2控制，如果挺针片能上升，便顶起上方的织针参加编织。图2-6-32(1)表示当某号选针刀4处于外位时，它对提花片3不发生作用，由于这时挺针片片踵位于挺针片起针三角作用面5上，它便沿起针三角上升，顶起织针参加编织，这时织针成圈；图2-6-32(2)表示当某号选针刀4处于里位时，它将同号提花片向针筒方向推进，提花片带动挺针片，使挺针片的片踵脱离挺针片起针三角作用面，挺针片不能上升，织针不参加编织，这时产生浮线；如果挺针片已上升到起针三角上平面高度后才被选针刀和提花片推进针槽，它就不能再沿挺针三角上升，但其上方织针已达到集圈编织高度，则为集圈编织，如图2-6-32(3)所示，图中6为复位三角。

图2-6-33所示是该机的选针装置。每一路选针装置上都有左、右两排选针刀，每排27片，与提花片的25档提花选针齿和2档基本选针齿在高度上一一对应。织针的编织动作由这两排选针刀的选针情况来共同决定，而决定这两排选针刀进出位置的是纸卡上的左右两排孔位。未轧孔的纸卡如图2-6-34(1)所示，纸卡从下向上标有1、2、3、…、26、27等符号，标明轧孔的位置。轧孔前先将纸卡编号，表明它供某一路选针装置使用。然后按事先画好的每一路选针装置所对应的轧孔图在轧孔机上进行轧孔，如图2-6-34(2)所示。将

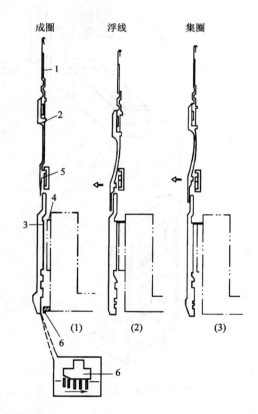

成圈　　　浮线　　　集圈

(1)　　(2)　　(3)

图2-6-32 成圈机件和选针装置的作用关系

轧好孔的纸卡装入纸卡座中,如图2-6-35所示。排花前先用专用工具将所有选针装置上的左右两排选针刀全部拉出到外位,排花时将纸卡座对准选针刀,平稳地将选针刀向针筒方向推进,如图2-6-36所示。凡是纸卡上无孔的地方,选针刀就被推向针筒方向而处于里位;纸卡上有孔的地方,选针刀处于外位。这样,该路选针装置上各选针刀即按花型意匠图中某一横列的编织要求完成了定位。

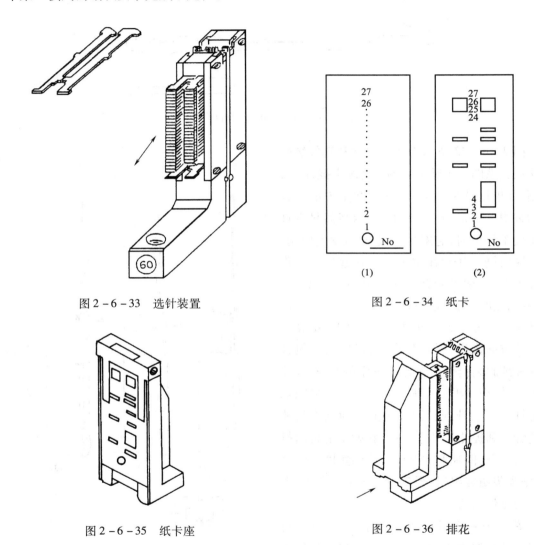

图2-6-33　选针装置

图2-6-34　纸卡

图2-6-35　纸卡座

图2-6-36　排花

2. 选针原理　用一个示意图(图2-6-37)来说明双插片式选针机构的选针原理。图的上方是走针轨迹,下方是针筒1、提花片选针齿2和左、右两排选针刀3。

图2-6-37(1)所示为在某高度上,当右选针刀处于里位,左选针刀处于外位时,同号提花片运转到图中A处即被选针刀压进针槽,提花片便带动挺针片运动,使挺针片下片踵脱离起针三角作用面而不能上升,这时织针只能在不编织高度运转,作浮线编织。

图2-6-37(2)所示为在某一高度上,当右选针刀处于外位,左选针刀处于里位时,同

号提花片运转到图中 *B* 处被选针刀压进针槽,挺针片下踵脱离起针三角作用面不再上升。此时织针已升至集圈高度,该针作集圈编织。

图 2－6－37(3) 所示为当某一高度上左、右选针刀均处于外位时,同号提花片不受选针刀作用,挺针片能沿起针三角上升顶起织针到达成圈高度,该针作成圈编织。

由于织针在同一横列上能进行成圈、集圈和不编织三位置选针,故织物每一横列上的花型组合可以为成圈—集圈、成圈—不编织、集圈—不编织或者成圈—集圈—不编织等几种形式,从而增加了花型设计的可能性。

进行花纹设计,即是按照花型意匠图的要求,根据上述原理对每一路的纸卡进行轧孔。

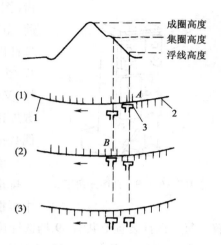

图 2－6－37　选针原理示意图

三、拨片(摆片)式选针机构

拨片(摆片)式选针机构是一种操作更为方便的三功位选针机构,以 S3P172 型单面提花圆机为例进行介绍。

1. 成圈机构和选针机构　该机的成圈机构和选针机构的配置如图 2－6－38 所示。针筒 1 上顺序插有织针 2、挺针片 3 和提花片 4,5 为选针装置,6 为选针摆片,7 为针筒三角座,8 为沉降片,9 为沉降片三角,10 为提花片复位三角。织针的上升受挺针片控制,如果挺针片能沿起针三角上升,便顶起其上织针参加编织;如果选针摆片将提花片压进针槽,提花片头便带动挺针片脱离挺针三角作用面,织针便水平运动。

针筒三角座上主要有挺针片起针三角 1 和织针压针三角 2,如图 2－6－39 所示。三角 1 的作用是使选上的挺针片上升到集圈高度或成圈高度。在集圈高度位置上,三角的斜面有一小斜口 3,可以按花型要求使挺针片在此高度上沿斜口摆出,不再继续上升。图中 4 为浮线织针的导向三角。织针的上升受挺针片控制,织针的下降受压针三角 2 作用,并带动挺针片下降。

提花片的结构如图 2－6－40 所示。每枚提花片上有 1 个提花选针齿(图中 1、2、3、…、37)和一个基本选针

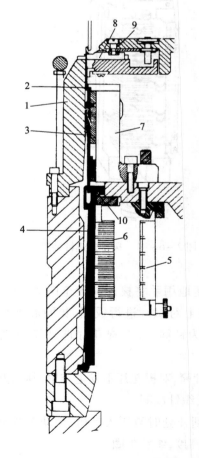

图 2－6－38　成圈机构和选针机构

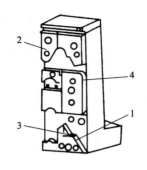

图 2-6-39　针筒三角座

齿(图中 A、B)。在提花片进入下一路选针装置选针区域前,由复位三角(图2-6-38)作用复位踵 a,使提花片复位,选针齿露出针筒外,以接受选针刀的选择。提花选针齿共有37 档,由高到低依次编为 1、2、3、…、37 号;基本选针齿有两档,又称 A 齿、B 齿,B 齿比 A 齿低一档。1、3、5、…、37 等奇数提花片上有 A 齿,故又称为 A 型提花片,2、4、6、…、36 等偶数提花片上有 B 齿,又称为 B 型提花片。

该机的拨片式选针机构如图 2-6-41 所示。它主要由一排重叠的可左右拨动的选针拨片 1 组成,每只拨片在片槽中可根据不同的编织要求而处于左、中、右 3 个固定选针位置。每个选针装置上共有 39 档选针拨片,与提花片的 39 档齿在高度上一一对应,自上而下依次为 A 拨片、B 拨片、1~37 号拨片。A 拨片可作用于所有 A 型提花片,B 拨片可作用于所有 B 型提花片,1∶1 选针时可方便地改用 A、B 拨片控制。

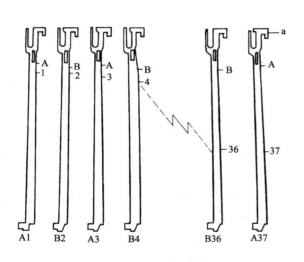

图 2-6-40　提花片

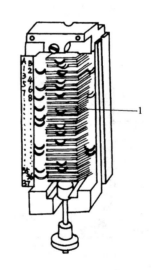

图 2-6-41　拨片式选针装置

2. 选针原理　S3P172 型圆机的选针机构可以很方便地用手将拨片 1 拨至图 2-6-41 所示的左、中、右 3 个不同位置,从而在同一选针系统上对织针进行成圈、集圈和不编织三位置选针。选针原理如图 2-6-42 所示。图中 1 为针筒,2 为提花片选针齿,3 为选针拨片。

(1)当某号选针拨片被置于中间位置时,拨片脚远离针筒,对提花片不发生作用,其上方挺针片能顺利地沿起针三角上升,顶起织针到达成圈高度,织针成圈。

(2)当某号选针拨片被置于右位时,同号提花片运转到 A 处时被压入针槽,带动上方挺针片脱离起针三角,但这时该挺针片及织针已上升到集圈高度,织针集圈。

(3)当某号选针拨片被置于左位时,同号提花片运转到 B 处即被压入针槽,挺针片在不编织高度即脱离起针三角，织针不编织。

由此可见，这种拨片式选针机构可以很方便地进行成圈、集圈和不编织三位置选针。当某枚针成圈时，只需将相应高度的拨片拨至中位；当某枚针集圈时，只需将相应高度的拨片拨到右位；当某枚针不编织时，只需将相应高度的拨片拨到左位即可。

四、花型大小的设计

1. 花型宽度 B　一个完全组织的花型宽度与提花片的齿数多少及排列方式有关。提花片的排列方式可分为单片排列、多片排列和单片、多片混合排列。当用单片排列时，非对称花型一般采用"／"、"＼"形排列，图2-6-43（1）所示为"／"形排列。1枚提花片控制1枚针，即意匠图上1个线圈纵行。因为1枚提花片只留1个提花选针齿，而不同高度提花选针齿的运动规律是独立的，故完全组织中花型不同的纵行数等于提花片选针齿的挡数。

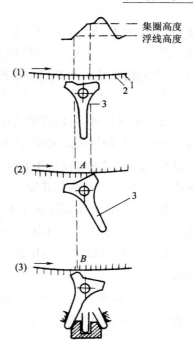

图2-6-42　选针原理示意图

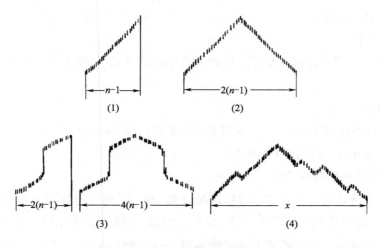

图2-6-43　提花片排列方式

最大花宽 $B_{\max}$ 的计算方法如下式：

不对称单片排列时：

$$B_{\max} = n \quad \text{或} \quad B_{\max} = n - 1$$

式中 n 为提花片选针齿挡数，为了编织许多完整的花型完全组织，必须使选择的花宽 B 能被针筒总针数 N 整除，由于 n 往往为25、37等奇数，不易被针筒总针数整除，故 $B_{\max}$ 常选 $n-1$。

如果使完全组织中花型不同的纵行重复而不成循环，则完全组织的宽度就可以扩大。

图 2 - 6 - 43(2)所示为对称花型单片排列,第 2 号提花片片齿的高度与第 48 号提花片片齿的高度是一样的,都是第 2 档,两者的运动规律一样。这样编织出来的花纹是左右对称的花型,其完全组织的高度 B_{max} 可用下式计算:

$$B_{max} = 2(n-1)$$

在花型设计时,可以在最大花宽范围内任选一种花宽,但所取花宽应是总针数的约数,而且所取花宽最好是最大花宽的约数,这样就可以在不改变针筒上提花片排列的情况下,只通过改变选针刀进出位置来改换花型,以减少提花片消耗和排花停机时间。选择时还应考虑花型的高度,使花高与花宽相互协调,花型更美观。

如果上述最大花宽还满足不了花型设计要求,那么根据选针原理,在设计花型时,在某些纵行上可设计相同的组织点,这些纵行就可以用同一种号数的提花片。根据花纹要求可采用双片排列和双片与多片混合排列,以扩大花宽,如图 2 - 6 - 43(3)、图 2 - 6 - 43(4)所示。

2. 花型高度 H 一个完全组织的花型高度简称花高。最大花高取决于成圈系统数及色纱数。当所选用的机器型号、规格一定时,成圈系统数即为一定值,最大花高计算公式如下:

$$H_{max} = \frac{M}{e}$$

式中:M——成圈系统数;

e——色纱数。

当然,选取的花型高度可以小于上述最大花型高度,但应是最大花型高度的约数。

五、花型上机实例

例一 机器条件:RX—JS2 单面提花机,针筒直径 762mm(30 英寸),成圈系统数 $M = 72$,选针片齿数 $n = 25$,总针数 $N = 2448$。

要求设计两色单面提花织物。

1. 设计花宽与花高 花宽 B 取 24,花高 H 取 36。24 能被总针数 2448 整除;而两色提花组织每两路成圈系统编织一个横列,72 路可编织 36 个横列,即针筒 1 转织出 1 个花高。

2. 设计花型图案 设计的花型意匠图如图 2 - 6 - 44(1)所示,图左边是色纱排列图和选针装置编号。由于本例是单面提花组织,织物反面浮线不能太长,否则影响使用。可考虑在较长浮线的中间将一针浮线改为集圈,集圈减短了浮线长度,而且由于集圈悬浮挂在织物反面,不影响花型正面清晰度。该机型可进行三功位选针,因此这种设想可以实现。按这种设想将图 2 - 6 - 44(1)画成图 2 - 6 - 44(2)所示的花型意匠图,图中■和·分别表示偶数和奇数成圈系统编织时的集圈;⊠和□分别表示奇数和偶数成圈系统编织时的成圈。这样花纹的每一横列上都有成圈、集圈和不编织三种选针。

3. 提花片提花选针齿排列图 根据花宽 B = 24,提花片排列用步步高排法,如图 2 - 6 - 45所示。

成圈系统数

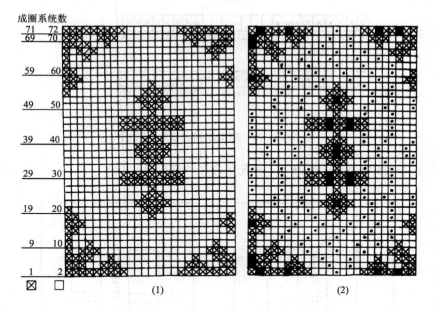

图 2-6-44 花型意匠图

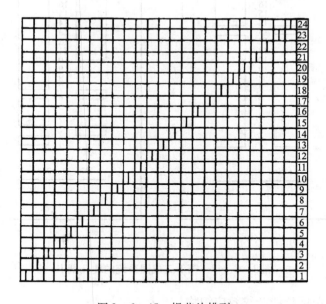

图 2-6-45 提花片排列

4.根据意匠图编排纸卡轧孔图 以第 1 横列为例,第 1、2 成圈系统的纸卡轧孔图分别如图 2-6-46(1)、(2)所示。

根据图 2-6-46(1)、图 2-6-46(2)所轧制的纸卡如图 2-6-47 所示。从图 2-6-47 中可以知道,不同的轧孔表示了不同的编织信号:纸卡上仅右边轧孔为不编织,仅左边轧孔为集圈,左右均轧孔为成圈。需要注意的是,花宽虽然只有 24,但对应于第 25 提花选针齿和

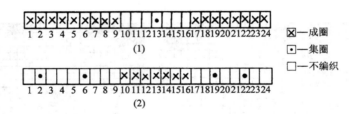

图 2 - 6 - 46　第 1 横列相应的轧孔图

26、27 两个基本选针齿的第 25、26、27 号孔位左右均需轧孔。

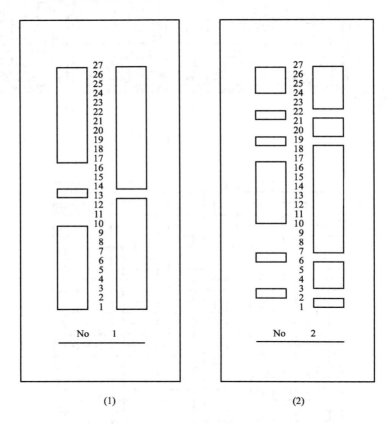

(1)　　　　　　　　　　　(2)

图 2 - 6 - 47　第 1、2 成圈系统的轧孔纸卡

例二　设计一单面浮线凸纹效应织物。

机器条件:S3P172 型单面提花圆机,直径 762mm(30 英寸),总针数 $N = 2628$,提花选针齿挡数为 37。

1.设计花宽与花高　根据需要,设计花宽 $B = 36$,花高 $H = 36$。

2.设计花型意匠图　根据设计的花宽、花高,在意匠图纸上画出一个完全组织的花型范围,然后在这一范围内设计花型图案,见图 2 - 6 - 48。纵行排列顺序从右向左为第 1 ~ 第 36 纵行,横列排列顺序从下向上。此织物为绉褶效应织物,在织针连续多横列不参加编织

（浮线）处，提花线圈被拉得很长，纱线张力很大。因此，它必将抽紧附近的平针线圈，使平针线圈凸出在织物表面。织物反面形成浮线状的较厚实凸出的花纹。凹凸效应的强弱由提花线圈的线圈指数大小来决定，指数越大，褶裥效果越强，但指数的大小受纱线强力的制约。这种绉褶效应的织物可制作窗帘、床罩、裙子等。

3.编排选针装置号 因为该花型为单色结构，一路进线编织一个横列花型，编织一个花型只需 36 路进线，针筒一转 72 路可编织 2 个花高。选针装置编号如图 2－6－48 右侧所示。

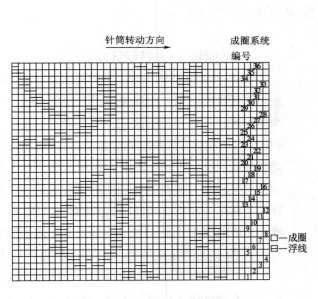

图 2－6－48 花型意匠图

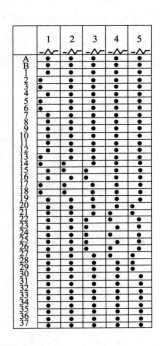

图 2－6－49 1～5 横列拨片位置

4.排提花片 根据设计的花宽 $B = 36$，在针筒槽中按不对称花型"／"插第 1～第 36 号提花片，以后重复排列，插满所有针槽。

5.画出选针拨片工艺位置图 选针装置上的 A、B 拨片在此例中不应对提花片发生作用，故将它们置于中间位置。其余 1～36 号选针拨片分别对应意匠图中的 1～36 纵行的花型。第 37 号选针拨片也应置于中间位置。图 2－6－49 是意匠图中第 1～5 横列所对应的 1～5 号选针装置的选针拨片工艺位置图。第 6～36 横列所对应的 6～36 号选针装置的拨片工艺位置图排列原理相同，这里省略不画。

第 37～72 号选针装置的拨片工艺位置图与 1～36 号选针装置重复。

第六节 滚筒式选针机构

上节所介绍的三种插片式选针机构均属于固定式选针机构，每一路选针装置中选针刀的进出位置按照花型排定后就不会再改动,一路选针装置最多只能控制一个横列花型的编织,一个完全组织的花高只能取决于选针装置路数的多少及色纱数的多少,故所能编织的花型高度较小。若要编织较大花高的织物,可以采用滚筒式选针机构、圆齿片式选针机构或电子选针机构。滚筒式选针机构的选针原理与插片式选针机构相同,只是在它的每一成圈系统上,选针刀片的进出位置不是固定不变的,在针筒每转过一转时,选针刀片的进出位置均可由安装在选针滚筒上的选针片来控制调整。每个成圈系统上的一排选针刀前面都安装有一只选针滚筒,每只滚筒上安装若干枚选针片,每枚选针片的钳齿情况可以不同,则使选针刀的进出位置不同。针筒每转一转,滚筒转过一片选针片,选针片对选针刀的进出位置发生一次调整。选针刀再通过提花片等对织针的编织情况进行选择,从而织出不同花型的线圈横列。由此增大不同花型横列的数目,从而增加花型高度。

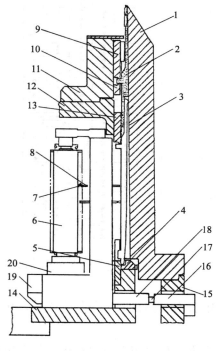

图 2-6-50　成圈与选针机件配置图

一、成圈机件与选针机件的配置

图 2-6-50 所示的是一种滚筒式选针机构的成圈与选针机件的相互配置关系图。针筒 1 的针槽上部插有织针 2,下部插有提花片 3,提花片在复位三角 4 的作用下将所有提花片的片尾推出针槽,使提花片的下踵能同选针三角 5 的平面作用。滚筒 6 上装有选针片 7,选针片是按照花型要求而留齿的。如果选针片 7 在某一高度上留齿,通过选针刀 8,对相应高度上留齿的提花片 3 作用,将该提花片 3 的片尾重新压入针槽,提花片 3 的下踵脱离选针三角 5,使其不与选针三角 5 作用,而从选针三角 5 的里面通过,织针 2 就不能被提花片顶起成圈。如果选针片 7 上无齿,选针刀 8 退出工作,对应提花片 3 不被压入针槽,它的下踵沿着选针三角 5 的斜面上升,将织针 2 顶起进行退圈。当织针 2 与固装在下三角座 11 上的压针三角 9 作用时,就吃纱成圈。而提花片 3 受固装在中三角圈 12 上的压提花片三角 13 的作用下降。

滚筒选针机构装在小台面 14 上。中牙盘 15 上装有一个凸块 16,随针筒 1 一起转动。当凸块 16 与滚筒选针机构上的转子 17 相碰时,将滑块 18 向外推,滑块 18 上的棘爪 19 就撑动棘轮 20,从而使滚筒 6 转动。

针筒每转过一转,各成圈系统的竖滚筒分别转过一齿,插在各只竖滚筒片槽中的选针片更换一片,新的一枚选针片进入选针位置。

二、选针原理

1. 选针片、选针刀和提花片的关系　选针片、选针刀和提花片之间的关系如图 2-6-51

所示。每枚提花片上只留1个片齿。整个针筒上所有的提花片齿至多可组成37档不同高度的位置,最下面的齿位为第1号,自下而上,最上面的齿位为第37号。一枚提花片控制一枚针,即意匠图上一个线圈纵行。一般使第1号提花片片齿与完全组织意匠图中第1个线圈纵行对应。第37号提花片齿与意匠图中第37纵行相对应。

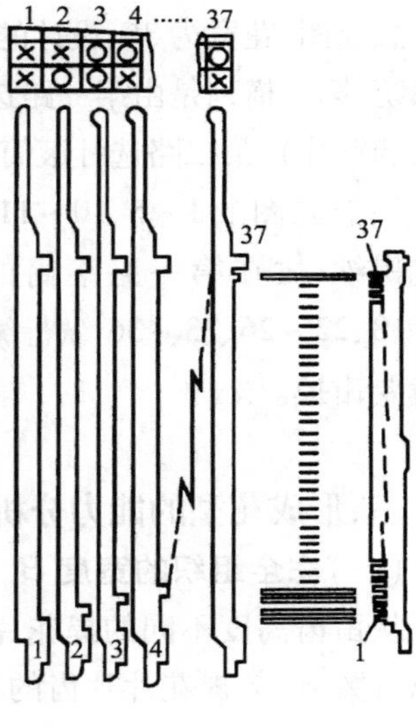

选针片的37个齿,通过选针刀与37档不同齿位的提花片对应。选针片最下面的第1号齿,通过第1号选针刀控制第1档提花片片齿。依此类推,也就是说选针片上某一号齿,只能控制同号的提花片片齿。

如果选针片某号齿留齿,则控制同号的提花片压入针槽,对应的织针便不成圈。

如果选针片上某号齿钳掉,则控制同号的提花片不被压入针槽,对应的织针便被顶上而参加编织成圈。

2. 选针片与意匠图 根据上述原理,凡意匠图上某一横列要求某一纵行成圈的,则与之对应的某一号选针片片齿必须钳掉,而另一纵行不成圈,则与之对应的另一号选针片片齿必须留下。

排花就是根据意匠图中的花型要求在选针片上钳齿或留齿的过程。

图2-6-52所示为意匠图与选针片的关系。在提花片片齿作步步高"/"排列的情况

图2-6-51 选针片、选针刀和
提花片的相互关系

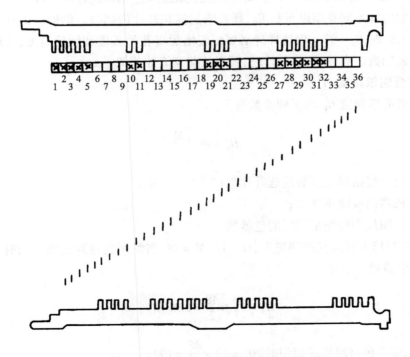

图2-6-52 意匠图与选针片的关系

下,意匠图中某一线圈纵行与选针片上同一号片齿相对应。图中只画出了完全组织中第1横列的意匠图,花宽为36,设计的是不对称的两色提花组织。编织一正面线圈横列,需要两个成圈系统,第一横列是由第一路选针滚筒上的第一片选针片控制编织黑色线圈(图2-6-52中下部的选针片),第二路选针滚筒上的第一片选针片控制编织白色线圈(图2-6-52中上部的选针片),意匠图中1~5、10~11、19~21、27~32纵行编织黑色线圈,此时另一些针不向上运动吃黑纱,故在第一路滚筒的第一片选针片上相应号数的齿要钳掉。意匠图中6~9、12~18、22~26、33~36纵行编织白色线圈,所以在第二路滚筒的第一片选针片上相应号数的齿要钳掉。

三、形成花型的能力分析

(一)完全组织的宽度 B

从留齿高度不同的提花片可以作用织针产生不同的运动规律这一原理可知,不同花纹的纵行数 B_0 与提花片片齿的槽数 n 有关,即:

$$B_0 = n$$

例如在国产 Z113A 型竖滚筒提花圆纬机上, $n=37$,若提花片留齿呈步步高或步步低排列,则花宽 B 最大只能等于37或36(考虑到花宽能被总针数除尽)。若提花片留齿呈"∧"形或"∨"形对称排列,可使花宽 $B=74$ 或72。

如果设计的完全组织中有些纵行花型重复,而不成循环,则可在不增加提花片片齿挡数 n 的条件下,增加花宽 B ,即 B 可大于 B_0 。但最大花宽 B_{max} 不可超过总针数 N 。

如果希望增加不同花型纵行数 B_0 ,则要增加提花片片齿档数。例如有的提花机提花片片齿有97档,这时 $B_0=97$ 。但这样势必要相应增加提花片长度和针筒高度,并增加选针刀数和选针片齿档数。当然,实际设计时,可以使花宽 B 小于 B_0 。

(二)完全组织高度 H

不同花型的横列数 H_0 与下列参数有关:

$$H_0 = m \cdot \frac{M}{e}$$

式中:m——每个竖滚筒上安装的选针片数;

M——机器的成圈系统数;

e——编织规则提花组织时的色纱数。

例如,在 Z113A 型提花圆纬机上, $m=12$, $M=48$,当织两色规则提花组织时, $e=2$,即每两路编织一个横列。于是:

$$H_0 = 12 \times \frac{48}{2} = 288 \ 横列$$

同理,编织三色规则提花组织时, $H_0 = 12 \times \frac{48}{3} = 192$ 。

实际设计时,可以使完全组织高度 H 小于 H_0,这可以采取减小 m 及 M 的办法来达到。当减少每个竖滚筒上选针片的种类数时(两片选针片如留钳齿规律完全一样属同一种,否则属不同种类,Z113A 型机器每一滚筒上最多可有 12 种不同留钳齿的选针片),一定要结合滚筒的转动方式选择。在 Z113A 型提花圆纬机上,竖滚筒只能朝一个方向顺转或停止不转,所以实际选用的选针片种类数 m' 一定要是 m 的约数或者为 1(停滚筒)。

如果要使实际设计的花高 H 大于 H_0,在 Z113A 型提花圆纬机上是不可能的。在另外一些型号的提花机上,有专门的机构控制竖滚筒既能顺转,也能逆转,或暂时停转。针筒每转一圈,各个滚筒既能被撑过一齿,换成下一片选针片;也能一次被撑过两齿,换成第三片选针片,这样,在竖滚筒一个回转中,可以重复使用某些选针片,从而使完全组织中有些花纹横列重复出现,但不成循环。因此可使实际设计的花高 H 大于 H_0。

四、花型设计与上机工艺举例

1. 机器条件 Z113A 型提花圆纬机,针筒直径 762mm(30 英寸),成圈系统数 $M=48$,选针片齿数 $n=37$,竖滚筒上选针片数 $m=12$,机号为 $E18$,针筒总针数 $N=1656$。

2. 设计要求 设计一种两色规则提花织物。

3. 拟定花宽、花高,画出花型图案 将花型设计成花宽 $B=36$,花高 $H=48$ 的不对称图案。由公式 $H_0 = m \cdot \dfrac{M}{e}$ 可知,编织一个完全组织,需要用到每个竖滚筒中的两种选针片,即

$$m' = H \cdot \frac{e}{M} = 48 \times 2/48 = 2。$$

在 36×48 区域内画出花型意匠图,如图 2-6-53(1)所示。

4. 设计上机图 提花圆纬机的上机图一般包括如下内容:

(1)提花片片齿的排列。该排列与意匠图中各纵行的花型分布有关。图中不同的花型纵行,其对应的提花片的留齿高度应不相同。本例的花宽为 36 纵行,可将提花片留齿排成步步高,如图 2-6-53(2)所示。实际机器上是以 36 片提花片为一组,循环排满针筒一周。

(2)各成圈系统(竖滚筒)与意匠图中各横列的对应关系。由于本设计是两色规则提花,即两路编织一个横列,这样,成圈系统数排列顺序可见图 2-6-53 中(1)右侧。

(3)色纱配置。一般做法,要求花型中色彩突出的色纱应排在色纱循环的第一系统,本例中要求"☒"符号的色纱线圈色彩更加突出,故应将"☒"所代表的色纱排在第 1、3、…、47 奇数系统,而空格所代表的色纱排在 2、4、…、48 偶数系统,如图 2-6-53(1)右下侧所示。

(4)选针片序号排列。当竖滚筒只能顺转时,选针片序号只能按 1、2、3、4、…、12 顺序排列。对于本例,编织一个花高需要用到每一竖滚筒上的两片选针片。当针筒第 1 转,用每一竖滚筒中的第 1 片选针片,选针编织第 1~24 横列。当针筒第 2 转,用每一竖滚筒中的第 2 片选针片选针编织第 25~48 横列。针筒转过两圈,织出了第 1 个完整的花型。针筒第 3、4 转,每一竖滚筒中的第 3、4 片选针片选针重复编织第 2 个花型,因此每一竖滚筒上第 3、4 片选针片的留钳齿规律分别与第 1、2 片的完全一样。其余各片选针片留齿情况依此类推。排

列结果如图 2 - 6 - 53(1)右侧所示。

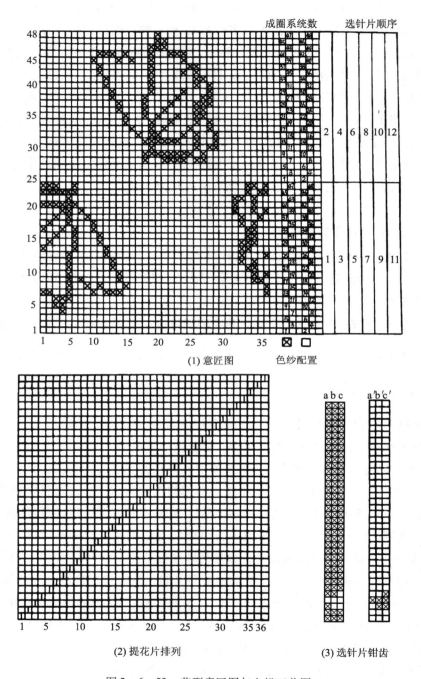

(1) 意匠图 　　色纱配置

(2) 提花片排列　　(3) 选针片钳齿

图 2 - 6 - 53　花型意匠图与上机工艺图

(5)各选针片片齿的钳留规律。从竖滚筒选针原理可知,每一片选针片实际上是对应选针编织意匠图中某一横列上的某种颜色线圈。因此应根据这一对应原理以及提花片片齿的排列和有齿无花,无齿有花的规律,作出各选针片片齿的钳与留。作为示例,对应于意匠图中第4~6横列的选针片钳留齿如图2-6-53(3)所示,符号"⊠"表示留齿,空格表示钳齿。选针片a和a′分别表示第7和第8号滚筒上的第1、3、5、7、9、11片选针片的留钳齿,它们控制织针编织意匠图的第4横列。选针片b、b′和c、c′可依此类推。

第七节 电子选针机构

一、电子选针机构

电子选针机构是有选择性的单针式选针机构。随着计算机应用技术和电子技术的迅速发展以及针织机械制造加工水平的不断提高,越来越多的针织机采用了电子选针装置。配以计算机辅助花型准备系统,大大提高了针织机提花能力和设计、准备花型的速度。

目前纬编针织机采用的电子选针装置主要有两类:单级式与多级式。

(一)单级式电子选针器机构与选针原理

图2-6-54显示了迈耶·西公司单级式电子选针针织机的编织与选针机件及其配置。同一针槽中自上而下安插着织针1、导针片2和带有弹簧4的挺针片3。

一般针织机(即非选针针织机)的起针和压针,是通过起针和压针三角作用于一个针踵的两个面来完成。而迈耶·西公司的所有圆纬机都采用了积极式导针,即另外设计了一个安全针踵(导针片2的片踵),起针和压针分别由安全针踵和普通针踵来完成,如图2-6-55所示。这样织针在三角针道中运动时始终处于受控状态,有效地防止织针的蹿跳,减少了漏

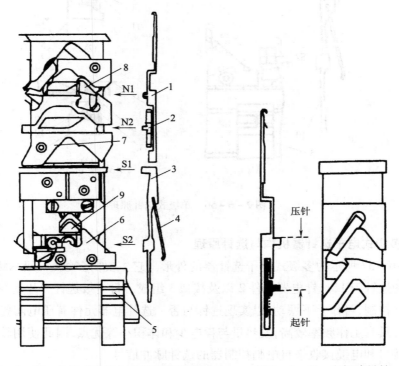

图2-6-54 单级式选针与成圈机件的配置　　　　图2-6-55 积极式导针

针及轧针踵现象。选针器 5 是永久磁铁,其中有一狭窄的选针区(选针磁极)。根据接收到的选针脉冲信号的不同,选针区可以保持或消除磁性,而选针器上除选针区之外,其他区域为永久磁铁。6 和 7 分别是挺针片起针三角和压针三角。该机没有织针起针三角,织针工作与否取决于挺针片是否上升。活络三角 8 和 9 可使被选中的织针进行编织或集圈。当两者同时拨至高位置,织针编织,同时拨至低位置,织针集圈。

选针原理见图 2-6-56,其中 2-6-56(2)和图 2-6-56(3)表示不同过程时的俯视图。在挺针片 3 即将进入每一系统的选针器 5 时,先受复位三角 9 的径向作用,使挺针片片尾 10 被推向选针器 5,并被其中的永久磁铁区域 11 吸住。此后,挺针片片尾贴住选针器表面继续横向运动。在机器运转过程中,针筒每转过一个针距,从控制器发出一个选针脉冲信号给选针器的狭窄选针磁极 12。当某一挺针片运动至磁极 12 时,若此刻选针磁极收到的是低电平的脉冲信号,则选针磁极保持磁性,挺针片片尾仍被选针器吸住,如图 2-6-56(2)中的 13。随着片尾移出选针磁极 12,仍继续贴住选针器上的永久磁铁 11 横向运动。这样,挺针片的下片踵只能从起针三角 6 的内表面经过,而不能走上起针三角,因此挺针片不推动织针上升,即织针不编织。若该时刻选针磁极 12 收到的是高电平的脉冲信号,则选针磁极磁性消除。挺针片在弹簧的作用下,片尾 10 脱离选针器 5[图 2-6-56(3)中的 14],随着针筒的回转,挺针片下片踵走上起针三角 6,推动织针上升工作(编织或集圈)。

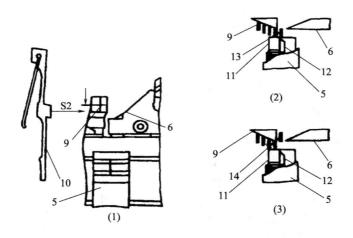

图 2-6-56　单级式选针原理

(二)多级式电子选针器机构与选针原理

图 2-6-57 所示为多级式电子选针器的外形。它主要由多级(一般六级或八级)上下平行排列的选针刀 1,选针电器元件 2 以及接口 3 组成。每一级选针刀片受与其相对应的同级电器元件控制,可作上下摆动,以实现选针与否。选针电器元件有压电陶瓷和线圈电磁铁两种。前者具有工作频率较高,发热量与耗电少和体积小等优点,因此使用较多。选针电器元件通过接口和电缆接收来自电脑控制器的选针脉冲信号。

由于电子选针器可以安装在多种类型的针织机上,因此机器的编织与选针机件的形式与配置可能不完全一样,但其选针原理还是相同的,下面仅举一个例子说明选针原理。

图2-6-58所示为一种针织机编织与选针机件及其配置。图中1为八级电子选针器,在针筒2的同一针槽中,自下而上插着提花片3、挺针片4和织针5。提花片3上有8档齿,高度与八级选针刀片一一对应。每片提花片只保留一档齿,留齿呈步步高"/"或步步低"\"排列,并按八片一组重复排满针筒一周。如果选针器中某一级电器元件接收到不选针编织的脉冲信号,它控制同级的选针刀向上摆动,刀片可作用到留同一档齿的提花片3并将其压入针槽,通过提花片3的上端6作用于挺针片4的下端,使挺针片的下片踵没入针槽中,因此挺针片不能走上挺针片三角7,即挺针片不上升。这样,在挺针片上方的织针也不上升,因而不编织。如果某一级选针电器元件接收到选针编织的脉冲信号,它控制同级的选针刀片向下摆动,刀片作用不到留同一档齿的提花片,即后者不被压入针槽。在弹性力的作用下,提花片的上端和挺针片的下端向针筒外侧摆动,使挺针片下片踵能走上三角7,这样挺针片上升,并推动在其上方的织针也上升进行编织。三角8和9分别作用于挺针片上片踵和针踵,将挺针片和织针向下压至起始位置。

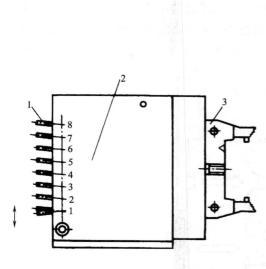

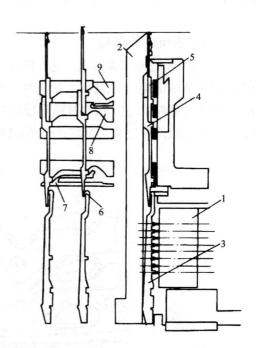

图2-6-57 多级式电子选针器   图2-6-58 多级式选针相关机件的配置

对于八级电子选针器来说,在针织机运转过程中,每一选针器中的各级选针电器元件在针筒每转过8个针距都接收到一个信号,从而实现连续选针。选针器级数的多少与机号和机速有关。由于选针器的工作频率(即选针刀片上下摆动的频率)有一上限,所以机号和机速愈高,需要级数愈多,致使针筒高度增加。这种选针机构属于两功位(即编织与不编织)方式。

与多级式电子选针器相比,单级式具有以下优点:

（1）选针速度快,可超过 2000 针/s,适应高机号和高机速的要求。而多级式的每一级,不管是压电陶瓷或电磁元件,目前只能做到 80～120 针/s,因此为提高选针频率,要采用六级以上。

（2）选针器体积小,只需一种挺针片,运动机件较少,针筒高度较低。

（3）机件磨损小,灰尘造成的运动阻力也较小。

但单级式电子选针器对机件的加工精度以及机件之间的配合要求很高,否则不能实现可靠选针。

对于多级式和单级式电子选针器来说,只能进行两功位选针。为了在一个成圈系统实现三功位电子选针,需要在一个系统中安装两个电子选针器,对经过该系统的所有织针进行两次选针,三角也要相应专门设计。有关内容在第七章第一节"无缝内衣针织圆机结构及编织技术"中有所介绍。

随着针织技术的进步,近年来实现了双面圆纬机上下织针均由电子选针机构控制进行选针,大大扩展了双面织物的花型与结构。

二、电子选沉降片机构

图 2-6-59 显示了某种电子选沉降片装置及选片原理。在沉降片圆环的每一片槽中,自里向外安插着沉降片 1、挺片 2、底脚片 3 和摆片 4。电子选片器 5 上有两个磁极,分别是内磁极 6 和外磁极 7,它们可交替吸附摆片 4,使其摆动。8 为底脚片三角,9 和 10 分别是挺片分道三角和沉降片三角。沉降片圆环每转过一片沉降片,电子选片器接收到一个选片脉

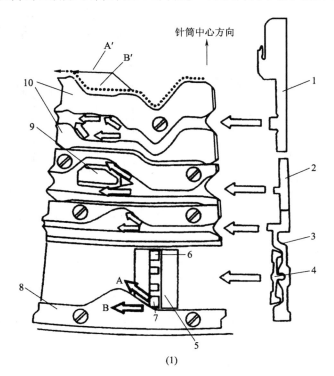

(1)

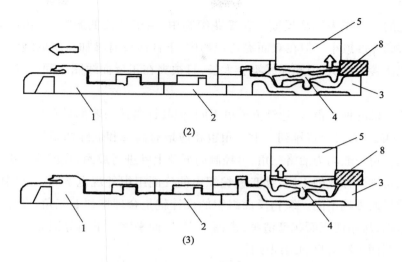

图 2－6－59　电子选沉降片机构及选片原理

冲信号,使内磁极或外磁极产生磁性。当外磁极吸附经过的摆片时,摆片 4 逆时针摆动[图 2－6－59(2)],通过摆片 4 作用于底脚片 3,使底脚片 3 受底脚片三角 8 的作用,沿着箭头 A 的方向运动[图 2－6－59(1)],再经过挺片 2 的传递,使沉降片 1 向针筒中心挺进,其片喉的运动轨迹为 A′,此时将形成毛圈。如果是内磁极吸附经过的摆片时,摆片 4 顺时针摆动[图 2－6－59(3)],通过摆片 4 作用于底脚片 3,使底脚片 3 不受底脚片三角 8 的作用,沿着箭头 B 的方向运动,从而使沉降片 1 不向针筒中心挺进,其片喉的运动轨迹为 B′,即不形成毛圈。

三、电子选针圆纬机的特点

在具有机械选针装置的普通针织机上,不同花型的纵行数受到针踵位数或提花片片齿档数等的限制,而电子选针圆纬机可以对每一枚针独立进行选针(又称单针选针)。因此,不同花型的纵行数可以等于总针数。对于机械式选针机器来说,花型信息是储存在变换三角、提花轮、选针片、沉降片等机件上,储存的容量有限,因此不同花型的横列数也受到限制。而电子选针机器花型信息是储存在计算机的内存和磁盘上,容量大得多,而且针筒每一转输送给各电子选针器的信号可以不一样,所以不同花型的横列数可以非常多。从实用的角度说,花型完全组织的大小及其图案可以不受限制。

在设计花型和织物结构以及制订编织工艺时,需要采用与电脑针织机相配的计算机辅助花型准备系统,通过鼠标、数字化绘图仪、扫描仪、数码相机等装置来绘制花型和输入图形,并设置上机工艺数据。设计好的花型信息保存在磁盘上,将磁盘插入与针织机相连的电脑控制器中,便可输入选针(选片)等控制信息,进行编织。

第八节　双面提花圆机的上针成圈系统及双面织物的反面组织设计

双面提花组织中常把经针筒针选针提花的一面作为织物正面——花纹效应面;针盘针

编织的不提花的一面作为织物反面。在提花织物中,由于浮线的影响,织物横向延伸性较小,浮线愈长,延伸性愈小。但在双面提花织物中,下针筒没有参加编织的纱线将在上针盘上按一定的规律参加编织,因此浮线不会太长,且被夹在正反面线圈之间,在织物两面均不显露。

双面提花圆机的种类很多,选针方式也不同,但其针盘针一般都只有高踵和低踵两种不同织针,并按一隔一方式交替排列。上三角也相应地有高踵和低踵两条针道。每一成圈系统的高低两档三角一般均为活络三角,可控制高低踵上针进行成圈、集圈或不编织。根据针盘上高低踵三角排列方式的不同,针盘针编织出的反面组织外观也不同。不同的反面外观对正面花型效果的影响不同。织物反面组织的设计就是合理排列上三角,设计出与正面相适应的反面组织,从而使正面花型清晰,表面丰满,反面平整。下面分别介绍提花圆机的上针成圈系统和双面织物的反面组织设计。

一、双面提花圆机的上针成圈系统

图 2 - 6 - 60 显示了某种双面电子选针圆纬机的上针成圈系统。图中 2 - 6 - 60(1)为上三角座,图 2 - 6 - 60(2)为针盘针。其中 1 和 2 分别为低踵和高踵针盘针。两种针在针盘中呈一隔一排列。针踵 3 用于压针,以保证两种针的弯纱深度一致。针踵 4 和 5 用于起针。活络三角 6 和 7 分别是低踵针和高踵针起针三角,8 和 9 分别是低踵针和高踵针的挺针三角。10 是压针(弯纱)三角。在三角座背面有 4 个旋转螺栓,可分别调整活络三角 6、7、8、9 的径向位置。以图中活络三角的位置为例,低踵针起针三角 6 和挺针三角 8 均被调至针盘靠外位置,此时低踵针 1 的针踵 4 不受这两个三角的作用,故低踵针不参加编织,而高踵针起针三角 7 被调至针盘靠内位置,高踵针挺针三角 9 被调至针盘靠外位

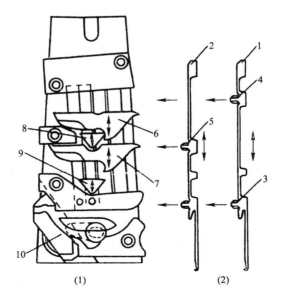

(1)   (2)

图 2 - 6 - 60　双面电子选针圆纬机的上针成圈系统

置,高踵针2可受起针三角7的作用,径向移出一段动程进行退圈、垫纱,之后由于不能受到挺针三角9的作用,故只随针盘转动,径向不再外移。这样高踵针不完全退圈并垫入了新纱线,形成集圈。如果某一档的起针和挺针三角都被调至靠内位置,则相对应的织针将受到这两个三角的作用,径向全程外移进行成圈编织。

二、提花织物的反面组织设计

1. 两色提花织物的反面组织设计　两色提花织物针盘三角可以有图2-6-61所示的四种配置方式。

图2-6-61(1)所示为每一路上三角的高低两档三角均为成圈方式配置。这样,正面由两根不同色纱形成一个提花横列,而反面由一种色纱形成一个线圈横列。这就是两色完全提花组织。织物反面形成一黑一白交替的横条纹。正、反面线圈纵行密度有差异,正面线圈拉长,张力大,反面线圈张力小,反面组织点易显露在正面,影响正面花纹的清晰度。

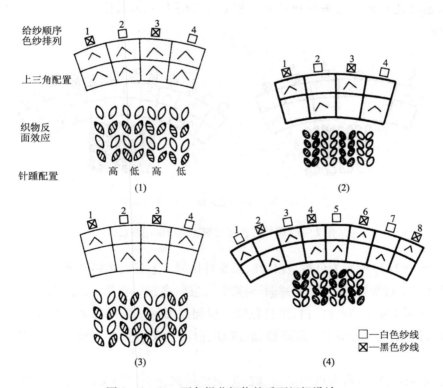

图2-6-61　两色提花织物的反面组织设计

图2-6-61(2)所示为上三角第1路高档三角成圈编织,低档三角不编织;第2路低档三角编织,高档三角不编织,如此轮流交替,呈高、低两路一循环排列。色纱呈黑白交替排列。因上针呈一高一低循环排列,故高踵上针始终吃黑纱,低踵上针始终吃白纱。织物是不完全提花组织,织物反面呈"直向条纹"外观,正面容易显露反面组织点,使正面花型不清晰。因此上述两种排法在两色提花织物中采用很少。

图2-6-61（3）表示上三角呈高、低、低、高四路一循环排列，色纱仍是黑白交替排列，上针也是一高一低排列，这样，高踵针在第1路吃黑纱，低踵针在第2路吃白纱，构成一个黑白交替的横列。接着低踵针第3路吃黑纱，高踵针在第4路吃白纱，构成一个白黑交替的横列，如此循环，在织物反面每一纵行或每一横列都是由黑白线圈交替排列，既不呈横条也不呈纵条纹，而是呈"小芝麻点"效应。这样织物正、反面纵行的线圈密度相等，线圈稳定，布面平整，正面花纹图案清晰。这种花型设计实际生产中采用较多。

图2-6-61（4）所示为上三角呈高、低、高、低、低、高、低、高8路一循环的排列，色纱呈白黑循环排列，上针仍是高、低踵交替排列。这样织物仍是不完全提花组织。高踵针在第1、3路连续吃两次白纱，低踵针在第2、4路连续吃两次黑纱，第一、第二横列都呈白、黑交替。但接下去高踵针在第6、8路连续吃黑纱，低踵针在第5、7路连续吃白纱，织物中第三、四横列呈黑白交替，与第一、二横列的色彩排列互相交错。织物反面呈"大芝麻点"效应。这种花型设计也常有采用。

2.三色提花织物的反面组织设计　图2-6-62所示为两种最常用的三色提花织物反面组织设计方法。

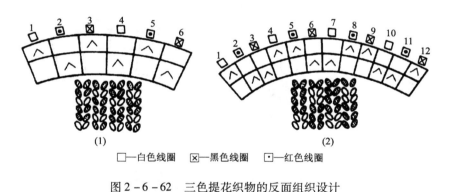

□—白色线圈　⊠—黑色线圈　⊡—红色线圈

图2-6-62　三色提花织物的反面组织设计

图2-6-62（1）所示为色纱呈白、红、黑交替排列。上三角必须是高、低、高、低、高、低6路一循环排列。针盘针仍是高、低踵循环排列。这样，高踵针在第1、3、5路吃白、黑、红三色线；低踵针在第2、4、6路吃红、白、黑三色线。织物反面每一纵行都是由白、红、黑三色线圈交替而成，每一横列都是由白、黑或黑、红或红、白两色交替而成，外观呈"小芝麻点"色彩效应。

图2-6-62（2）所示为色纱呈白、红、黑交替排列。上三角按高、低、低、高、高、低、低、高、高、低、低、高12路一循环排列。针盘针仍按高、低踵循环排列。这样高踵针在第1、4路连续吃两次白纱，在第5、8路连续吃两次红纱，在第9、12路连续吃两次黑纱；低踵针在第3、6路连续吃两次黑纱，在第7、10路连续吃两次白纱，在第11、2路连续吃两次红纱。织物反面每一纵行都由两个白色线圈、两个红色线圈、两个黑色线圈交替而成，外观呈"大芝麻点"色彩效应。

3.四色提花织物的反面组织设计　图2-6-61表示最常用的四色提花织物反面组织

设计方法。

上三角呈高、低、低、高、低、高、高、低8路一循环排列,色纱呈白、红、黑、蓝循环排列,针盘针呈高踵、低踵一隔一交替排列。这样,反面第一横列由白、红两色线圈组成;第二横列由第4路、第3路的蓝、黑色线圈组成;第三横列由红色、白色线圈组成;第四横列由黑、蓝色线圈组成。4个横列组成一个循环。织物反面每一纵行也都由白、蓝、红、黑纱线交替而成,外观呈"小芝麻点"效应。

以上讲述中,反面组织设计图均为比较直观的示意图,工艺设计中应画为规范的"反面组织意匠图和织针与上三角排列图"。以图2-6-63为例,应画成图2-6-64所示。

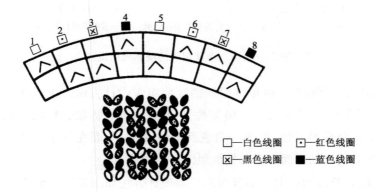

图2-6-63 四色提花织物的反面组织设计

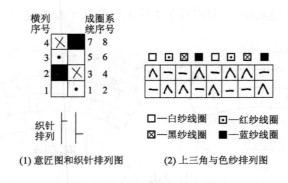

(1) 意匠图和织针排列图　　(2) 上三角与色纱排列图

图2-6-64 四色提花织物的反面意匠图和织针与上三角排列图

三、复合织物的反面组织设计

1. 单胖组织反面组织设计 单胖组织反面组织设计方法如图2-6-65所示。

图2-6-65(1)所示为双色单胖组织的反面组织设计方法。上三角呈高、平、低、平4路一循环排列,色纱呈白、红交替排列。这种设计方法,第一路编织白色地组织线圈,上高踵针吃白纱;第二路编织红色胖花线圈,上针全不参加编织;第三路编织白色地组织线圈,上低踵针吃白纱;第四路编织红色胖花线圈,上针全不参加编织。这样的反面组织设计可将红色

胖花线圈凸出在织物正面。所以双色单胖组织的反面全部呈地组织纱线的颜色。

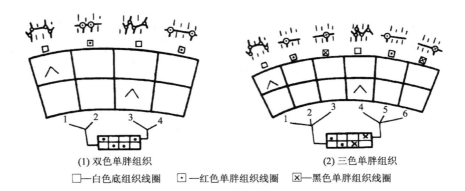

(1) 双色单胖组织　　　　　　　　(2) 三色单胖组织

□—白色底组织线圈　　⊡—红色单胖组织线圈　　⊠—黑色单胖组织线圈

图 2 - 6 - 65　单胖组织的反面组织设计

图 2 - 6 - 65(2)所示为三色单胖组织的反面组织设计方法。上三角呈高、平、平、低、平、平 6 路一循环排列,色纱呈白、红、黑交替排列,这种设计方法,针盘高踵针在第一路、低踵针在第四路吃白色地组织纱,形成一白色反面线圈横列;而在其余 4 路上针全不参加编织。因此三色单胖组织的反面亦全部呈地组织纱的颜色。

2. 双胖组织反面组织设计　双胖组织反面设计方法如图 2 - 6 - 66 所示。

图 2 - 6 - 66(1)是最常用的两色双胖组织的反面组织设计方法。上三角呈高、平、平、低、平、平 6 路一循环排列,色纱呈白、红、红循环排列。这种设计方法,上针盘的高、低踵针分别在第 1、4 路吃白色地组织纱,而在其余 4 路上针全部不参加编织,使织物反面只呈地组

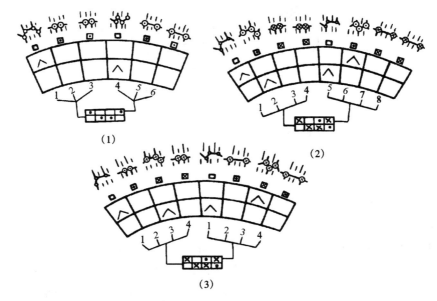

(1)

(2)

(3)

□—白色线圈　　⊡—红色线圈　　⊠—黑色线圈

图 2 - 6 - 66　双胖组织的反面组织设计

织纱线的颜色。

图 2－6－66（2）表示三色双胖组织的反面组织设计方法。上三角呈高、低、平、平、低、高、平、平 8 路一循环排列,色纱呈白、红、黑、黑交替排列。这种设计方法使织物反面呈"小芝麻点"花纹效应。

图 2－6－66（3）所示为另一种三色双胖组织的反面组织设计方法。上三角呈高、平、低、平、低、平、高、平 8 路一循环排列,色纱呈白、黑、红、黑交替排列。这种设计方法也使织物的反面呈"小芝麻点"花纹效应。

图 2－6－67 所示为一种网眼织物的反面组织设计方法。上三角呈高成圈、低集圈、低成圈、高集圈四路循环,这样针盘高踵针在第 4 路集圈,低踵针在第 2 路集圈,交替进行,针筒针每路均起针编织,形成网眼效应。

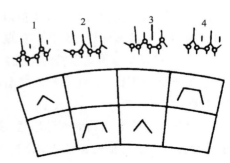

图 2－6－67　一种网眼织物的反面组织设计

思考与练习题

1. 选针机构有哪几种主要类型,各有何特点?

2. 简述多针道变换三角式选针机构的选针原理。花型设计时完全组织中不同花纹的纵行数 B_0、不同花型的横列数 H_0 如何确定? 如何扩大花宽和花高?

3. 分针三角选针的特点和适用对象是什么?

4. 下图所示的两例两色单面提花组织的意匠图,需要在一单面四针道圆机上编织,请画出其织针针踵排列图、色纱排列图和三角排列图。

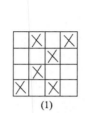
（1）

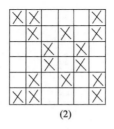
（2）

两色单面提花组织意匠图

5. 织物的花型设计包含哪些工艺内容? 设计花型的花宽和花高时应考虑哪些因素?

6. 简述提花轮式选针机构的选针原理和工艺设计方法。什么是段的横移和花纹的纵移? 它们与哪些因素有关?

7. 已知提花轮选针圆纬机的总针数 $N = 470$,提花轮槽数 $T = 50$,成圈系统数 $M = 9$,色纱

数 $e=3$。试在方格纸的 $H \times B$ 的范围内任意设计三色提花图案,并作出提花轮排列顺序、色纱配置、段号排列顺序及与针筒转数的关系,以及第 5 提花轮上钢米的排列。

8. 请在 S3P172 型单面提花圆机上(针筒直径 30 英寸,总针数 2628,提花选针齿档数 37)编织一种两色或三色提花织物,请自行设计织物花型并进行工艺设计。

9. 拨片式选针的花宽、花高与哪些因素有关?

10. 简述滚筒式选针机构的选针原理和工艺设计方法。

11. 已知 Z113A 型提花圆机的上机条件:针筒直径 30 英寸,成圈系统数 48,选针片齿数 37,竖滚筒上选针片数 12,机号 $E18$,总针数 1656。请自行设计一个两色提花组织,并设计上机工艺图。

12. 简述电子选针机构的选针原理,多级式电子选针器的级数与哪些因素有关? 单级式电子选针器与多级式相比有何优缺点?

13. 简述双面提花圆机的上针成圈系统的主要组成机件。

14. 编织两色双面提花织物时,针盘三角有哪几种配置方式? 它们的编织对织物正面花纹有何影响? 画出反面呈现横条纹、纵条纹和小芝麻点花纹时的反面花型意匠图及相对应的上三角排列和色纱配置。

15. 简述最常用的三色提花织物反面组织的设计方法。画出反面呈小芝麻点效应时的反面花型意匠图及相对应的上三角和色纱配置。

16. 自行设计一复合组织,进行其反面组织的工艺设计。

第七章　新型圆纬机及特殊装置

第一节　无缝内衣针织圆机结构及编织技术

　　无缝针织内衣是近年来流行的高档针织产品,在无缝内衣针织圆机上一次性基本成形,下机后稍加裁剪缝制及后整理就可以成为最终产品,其工艺流程短、生产效率高,产品整体性好,特别适合生产保健内衣、装饰内衣、健美装、泳装和休闲装等。

　　图2-7-1为意大利圣东尼(SANTONT)公司的单针筒无缝内衣圆机(SM8TOP2)的整

图2-7-1　单针筒无缝内衣圆机整体结构

体结构。该机在针筒上方配置有沉降片环,沉降片环上方放置有单片式哈夫针盘(图2-7-2),针筒周围有8路编织系统。

图2-7-2　哈夫针装置

无缝内衣针织圆机结合了袜机和提花圆机的技术特点,采用单级电子选针器、多级电子选针器或无级电子选针器技术,利用多次选针来实现复合花型的编织;采用步进电动机控制成圈三角和针盘的升降运动,在同一横列中快速变化密度形成不同长度的线圈。采用计件编织和采用不同组织结构变换编织出具有光边和一定形状的单件衣坯,经过少量裁剪和缝合即可形成所需产品。

无缝内衣针织圆机针筒直径一般为254~457mm(10~18英寸),机号为16~34,机速为30~150r/min。

圣东尼的SM8TOP2型针织机的8路导纱器,每路都有8个导纱嘴,其中2、6路的第3导纱嘴为氨纶导纱嘴每路中都配有提花选针装置,控制8路织针的动作,每路喂纱器旁都配有提花选针三角、步进电动机、开针器和检针器等。针盘哈夫针可以自动扎口。高踵沉降片可织毛巾组织。该机系统在DIGRAPH2软件支持下工作,受程序动作指令和图案款式指令的控制,其中产品的花型、款式尺寸等由图案指令完成,而编织时各路纱线的动作,哈夫针、沉降片的进出,各路三角与选针装置的动作,清洁织针、机器自动加油、织成品的吸出等都由程序指令控制。

一、编织机件

无缝内衣针织圆机的编织机件主要有沉降片、哈夫针、织针、中间片和选针片等。

1. 沉降片　沉降片如图2-7-3(1)所示,片踵分为高、低踵两种。沉降片插在沉降片槽中,与针槽相错排列,配合织针进行成圈。高踵沉降片在沉降片三角的作用下提前向针筒中心运动,拉长沉降弧形成毛圈线圈,低踵沉降片正常运动形成普通线圈。

2. 哈夫针　哈夫针又称扎口针,如图2-7-3(2)所示,采用的是单片式,配置在织针的上方。

哈夫针仅在编织产品的下摆或腰部等起始部段的起口与扎口时进入工作。工作时,通过扎口针三角的作用,控制其沿针筒直径方向的运动,钩取线圈,转移线圈,实现腰口等双层线圈的缝合。

3. 织针 织针如图2-7-3(3)所示,它分别具有长、短针踵,便于三角在机器运行过程中径向进出控制,从而控制织针运动,进行不同织物结构的编织。在针筒的同一针槽中,自上而下安插着织针、中间片(挺针片)和选针片(提花片)。

4. 中间片 中间片位于织针和选针片之间,起传递运动的作用,如图2-7-3(4)所示。

5. 选针片 选针片如图2-7-3(5)所示,共有16挡选针齿,每片选针片上只留一挡齿,16片留不同挡齿的选针片在机器上呈"/"(步步高)排列,受对应的16把电磁选针刀的控制进行选针。

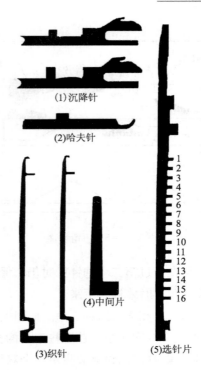

图2-7-3 无缝内衣圆机的编织与选针机件

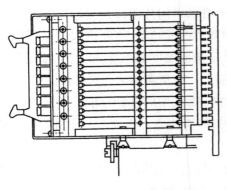

图2-7-4 选针装置

二、选针装置

SM8TOP2型无缝内衣针织圆机采用8个导纱编织系统,每一系统有两个电子选针装置。所采用的选针原理属多级电子选针。图2-7-4显示的该选针装置共有上下平行排列的16把电磁选针刀。每把选针刀片受一双稳态电磁装置控制,可摆动到高低两种位置。当某一挡选针刀片摆动到高位时,可将同一挡齿的选针片压进针槽,使其片踵不沿选针三角上升,故其上方的织针不被选中。当某一挡选针刀片摆动至低位时,不与留同一挡齿的选针片齿接触,选针片不被压进针槽,片踵沿选针片三角上升,其上方的织针被选中。双稳态电磁装置由计算机程序控制,可进行单针选针。因此,花型的花宽和花高不受限制,在总针数范围内可随意设计。

三、三角装置

SM8TOP2型针织圆机的三角装置如图2-7-5所示。其中1~9为针三角,10和11为中间片三角,12和13是选针片三角,14和15分别为第一和第二选针区的选针装置。图中的黑色三角为可动三角,即可以由程序控制,根据编织要求处于不同的工作位置,其他三角为固定三角。

集圈三角1和退圈三角2可以沿径向进出运动,当它们都进入工作时,所有织针在此处上

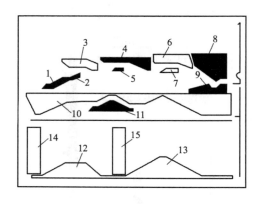

图 2-7-5 三角装置

升到退圈高度;当集圈三角 1 进入工作而退圈三角 2 退出工作时,所有织针在此处只上升到集圈高度;而当集圈三角 1 和退圈三角 2 都退出工作时,织针在此处就不上升,只有在选针区通过选针装置来选针编织,未被两个选针装置选中的选针片被压入针槽,对应的织针不上升。

参加成圈的织针在上升到退圈最高点后,在收针三角 3、4、6 和成圈三角 8 的作用下下降垫纱成圈。收针三角 3、4、6 还可以防止织针上窜。其中三角 4、5 为活动三角,可沿径向进出运动,当它们退出工作时,在第一个选针区被选上的织针在经过第二个选针区时仍然保持在退圈高度,直至遇到第二个选针区的收针三角 6 和成圈三角 8 时才被压下来。

三角 3、6 和 7 为固定三角。成圈三角 8、9 可由步进电动机带动上下移动以改变弯纱深度,从而改变线圈大小。在有些型号的机器上,单数路上成圈三角也可以沿径向运动,进入或退出工作,这时两路就会只用一个双数路上的成圈三角进行弯纱成圈。

中间片三角 10 为固定三角,它可以将被选上而上升的中间片压回到起始位置,也可以防止中间片向上窜动。中间片挺针三角 11 作用于中间片的片踵上,当其进入工作时,中间片沿其上升,从而推动在第一个选针器处被选上的处于集圈高度的织针继续上升到退圈高度;当它退出工作时,在第一选针区被选上的织针只能上升到集圈高度。选针片三角 12、13 位于针筒座最下方,为固定三角,可分别使被选针器 14、15 选中的选针片沿其上升,从而通过其上的中间片推动织针上升。其中选针片三角 12 只能使被选上的织针上升到集圈高度,而选针片三角 13 可使织针上升到退圈最高点。

当集圈三角 1、退圈三角 2 和中间片挺针三角 11 都径向退出工作时,利用选针装置 14 和 15 以及选针片三角 12 和 13,可以在一个成圈系统实现三功位选针:经过选针装置 14 和 15 都不被选中的织针不编织;仅在选针装置 14 被选中的织针集圈;仅在选针装置 15 被选中的织针成圈。

四、给纱装置

无缝内衣针织圆机的给纱装置包括输送短纤纱存储式输纱器、输送氨纶包芯纱输纱器、输送锦纶等化纤长丝的储纬器以及氨纶裸丝输纱器。

该机每一成圈系统装有 8 个导纱器,其位置如图 2-7-6 所示,从左到右依次为 1~8 号导纱器。每个导纱器都可以根据需要,由程序控制进入或退出工作。一般第 1、第 2 号导纱器穿氨纶包芯纱作地纱;第 3 号导纱器穿较粗的氨纶包芯纱作橡筋线,或穿入弹力锦纶丝作折口的封口线;第 4 至第 8 号导纱器穿花色纱作面纱。

图 2-7-7 显示了导纱器有六个位置点 A、B、C、D、E、F,其中 A、D 为退出工作位置,B、C、E、F 为垫纱点,各导纱器按不同的工作要求,沿各自的轨迹点运行。其中 1、2 号导纱器进

入轨迹是 A—C—B,垫纱点高、远;3、7、8 号导纱器进入轨迹是 A—C,垫纱点低、远;4、5 号导纱器进入轨迹是 A—B—E,垫纱点高、近;6 号导纱器进入轨迹是 A—C—F,垫纱点低、近。

图 2 – 7 – 6　导纱孔眼的位置

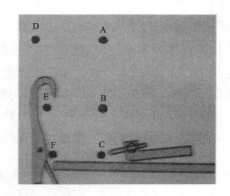

图 2 – 7 – 7　导纱器的运行轨迹

　　无缝成形针织机对送纱系统要求严格,由于使用原料种类多,每种原料都配有专用的导纱器。SM8TOP2 型针织机装有 SFE 棉纱导纱器,如图 2 – 7 – 8 所示,LGL(时力)送纱器输送长丝如图 2 – 7 – 9 所示,KFT 橡筋导纱器如图 2 – 7 – 10 所示,同时机器上还配置了橡筋夹持器,如图 2 – 7 – 11 所示。这些装置保证正常送纱的需要和产品线圈密度的均匀。

图 2 – 7 – 8　SFE 棉纱导纱器

图 2 – 7 – 9　LGL 长丝送纱器

图 2 – 7 – 10　KFT 橡筋导纱器

图 2 – 7 – 11　橡筋夹持器

五、主要组织结构的编织与效果

单面无缝内衣针织机的产品结构以添纱组织为主,包括普通添纱组织、浮线添纱组织、添纱网眼组织、提花添纱组织、集圈添纱组织和添纱毛圈组织等。结合图2-7-5介绍几种常用组织的编织与效果。

1. 平纹添纱组织　所有织针在两个选针区都被选上成圈,在4号或5号导纱器处钩取花色纱作面纱,再在1号或2号导纱器处,钩取包芯纱作地纱,组织结构的特征是每个位置上都是双线圈。图2-7-12中白色纱为地纱,左侧钩取白色面纱,右侧钩取红色面纱,形成双色的平纹添纱组织。如果在平纹添纱组织中采用局部脱圈,可形成假网眼效果,如图2-7-13所示。也可通过交换地纱与面纱,形成色彩效果图案。

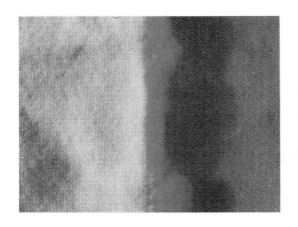

图2-7-12　双色平纹添纱组织

图2-7-13　假孔眼效果

2. 浮线添纱组织　按照花型要求,织针有选择地钩取面纱进行编织,在不编织的地方以浮线的形式存在,而地纱始终编织,则形成浮线添纱组织。如图2-7-14所示,若地纱较细,则形成网眼效果;若地纱和面纱都比较粗时,就会形成绣纹效果,如2-7-15所示。编织时,在第一选针区被选中的织针经收针三角4后下降。如果在第二选针区不被选中,就沿

图2-7-14　网眼效果

图2-7-15　绣纹效果

三角 7 的下方通过,此时织针只能钩取到 1 号或 2 号导纱器的地纱,而不会钩取到 4 号或 5 号导纱器的纱线,故前者形成单纱线圈,后者以浮线的形式存在于织物反面;而在第二选针区又被选中的织针,将会沿三角 7 的上方通过,可以同时钩取到 4 号或 5 号导纱器的面纱以及 1 号或 2 号导纱器的地纱,面纱与地纱一起编织形成添纱线圈。

3. 浮线组织(假罗纹)　有选择地使某些织针在两个选针区都被选上参加编织平针(只有一个导纱器参加工作,只有一根纱线编织)或添纱线圈(两个导纱器进入工作,织针钩取两根纱线),而某些织针在两个选针区都不参加工作,形成浮线。常采用 1+1、1+2、1+3 形式表示浮线组织,前面数字表示编织成圈线圈针数,后面数字表示编织浮线针数。这种组织下机后由于纱线的弹性收缩,线圈突显在表面,浮线内陷在下面,形成罗纹的外观,故称为假罗纹,如图 2-7-16 所示为由 1+1 浮线组织形成的假罗纹。当浮线较长时,下机收缩后可形成假毛圈效果,如图 2-7-17 所示为由 1+3 浮线组织形成的假毛圈。假罗纹组织是无缝内衣产品中使用较多的一种组织结构。

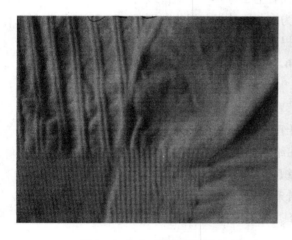

图 2-7-16　假罗纹效果

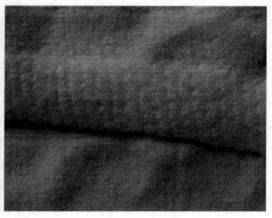

图 2-7-17　假毛圈效果

4. 集圈组织　编织集圈组织时中间片三角退出工作,被第一选针区选上的织针到达集圈高度,在 6 号导纱器处钩取纱线形成集圈线圈;若在第二选针区再在 1 号或 2 号导纱器处钩取纱线,就形成添纱集圈线圈。图 2-7-18 所示为由集圈线圈形成的珠地效果的织物,左面为织物反面,右面为织物正面。图 2-7-19 所示为由集圈线圈构成的凹凸网眼图案效果的织物。

5. 提花添纱组织　编织提花添纱组织时,地纱为一种纱线,面纱一般为两种色纱,根据花型的需要,选择不同的色纱作面纱编织,形成色彩图案效果。图 2-7-20 所示为两色提编织时,8 号(或 7 号)导纱器穿 A 色纱作面纱,4 号(或 5 号)导纱器穿 B 色纱也作面纱,两种颜色的面纱都用 2 号(或 1 号)导纱器的纱作地纱。这样在第一选针区被选中的织针钩取 8 号(或 7 号)导纱器的 A 色纱,在第二选针区被选中的织针钩取 4 号(或 5 号)导纱器的 B 色纱,然后两种针都钩取 2 号(或 1 号)导纱器的地纱。面纱与地纱一起成圈,从而形成了织

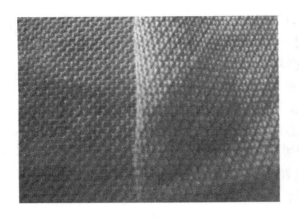

图 2 - 7 - 18　珠地效果

图 2 - 7 - 19　网眼效果

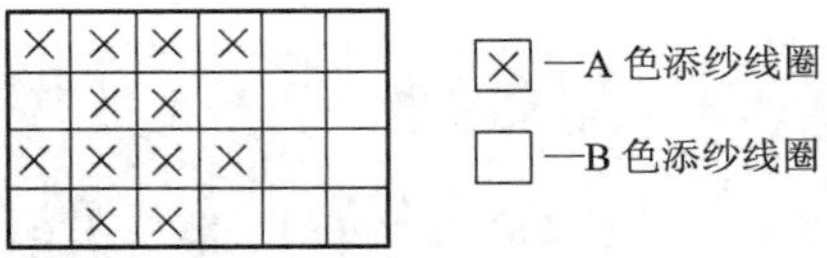

×	×	×	×
	×		
×	×	×	×
	×	×	

☒—A 色添纱线圈
☐—B 色添纱线圈

图 2 - 7 - 20　提花添纱组织意匠图

物正面看上去像两色提花的添纱组织。图2 - 7 - 21所示为双色添纱提花织物。图2 - 7 - 22 所示为多色添纱提花织物。

6.毛圈组织　转动沉降片罩,使毛圈三角将可以织毛圈的高踵沉降片向针筒方向推进,毛圈纱线在高踵毛圈沉降片的片鼻上成圈,形成拉长沉降弧,低踵沉降片编织正常的沉降弧。编织毛圈组织,通常采用棉纱作毛圈纱,锦纶纱作地纱。通过④号导纱器喂入棉纱,⑥号导纱器喂入锦纶纱。织毛圈处两根纱线进入,棉纱织毛圈,锦纶纱织地组织。正常编织处只有锦纶纱编织,图2 - 7 - 23 所示为白色锦纶纱作地纱,绿色和橘红色棉纱轮流参加编织毛圈,形成彩横条毛圈,左边为织物的工艺正面,右边为织物的工艺反面。图2 - 7 - 24 所示为由拉长沉降弧的毛圈线圈与正常沉降弧的平针线圈构成的提花毛圈织物。

图 2 - 7 - 21　双色添纱提花组织

图 2 - 7 - 22　多色添纱提花组织

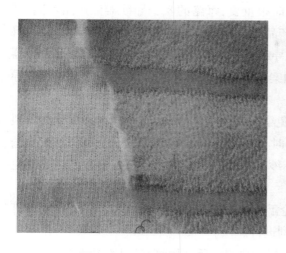

图 2 - 7 - 23 彩条毛圈

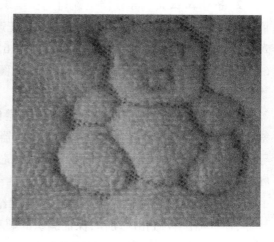

图 2 - 7 - 24 提花毛圈

无缝内衣产品的成形常常是通过多种组织的有序组合,或可由不同大小的线圈形成结构提花的褶裥效果。图 2 - 7 - 25 所示的抹胸,其立体成形结构的形成即是一例。利用不同组织来形成胸部结构可以在机上直接完成抹胸的编织。图 2 - 7 - 25 所示为成品的整体效果,图 2 - 7 - 26 所示为抹胸局部效果。

图 2 - 7 - 25 抹胸成品

图 2 - 7 - 26 抹胸局部放大

六、生产技术要点

1. 纱线张力 纱线张力的控制调节很重要,8 路进纱张力必须均匀一致。棉纱由立式纱架经 IRO 电子储纱器后进入导纱器,IRO 可保持喂入棉纱的张力均匀,张力大小可由 IRO 上的张力圈及弹簧调节。锦纶、氨纶由机顶圆形纱架经加压弹簧喂入,调节弹簧可改变张力。根据产品的工艺要求,调节 8 路步进电动机确定机器密度,8 路必须一致,才能使织出的布面平整光洁。

2. 导纱器位置 导纱器位置确定在编织时很重要,每路的 8 个导纱器依产品不同,其垫纱位置的远近高低各有不同。在编织提花产品时,各路第 2(或第 1)导纱器穿入棉纱,将陶瓷导纱器调远一点;穿入提花锦纶纱的第 6 导纱器必须接近针钩,并全部换用金属导纱器(尖头),才能保证提花的清晰无误。当提花图案不清或有多余色道时,必须仔细调整相应导纱器的位置。

为使织物中氨纶在内层,棉纱在外层,避免染色后出现翻纱疵点,通常在第 2 导纱器喂氨纶包芯纱,第 6 导纱器喂棉纱。调整导纱器时,应使棉导纱器位较低,但离针杆较近;氨纶导纱器较高,离针杆较远。使棉纱和氨纶包芯纱有不同的导纱横角、纵角,棉纱始终在氨纶纱下方。

3. 针盘位置 编织提花线圈时,为避锦纶浮线挂住哈夫针,哈夫针盘应略上升,同时开针器、检针器配合做相应动作,保证编织的顺利进行。

4. 纱线捻向 采用两根纱线编织时,注意保持捻向相反,以减少线圈的歪斜程度。

5. 原料测试 无缝内衣是依靠组织变化与原料的弹性来体现立体状与成型。在设计编织工艺前,应测试原料的弹性和延伸性、测试各种组织的密度,为确定线圈的大小提供依据。

无缝圆机生产的产品并非真正全部无缝,只是没有部分侧缝而已。如上衣中大身部分的侧缝、三角裤的侧缝、裤子的前后缝。而对于三角裤的裆片部分、袖窿线、上衣袖子的内侧缝、裤子的内侧缝等地方依然需要缝合。一般需要预先设计裁剪线,然后在机上自动编织。下机后沿裁剪线可以直接裁剪后缝合。

第二节　调线装置

在圆纬机上加装调线装置是为了编织彩横条针织物。彩色横条相间针织物是制作 T 恤衫、运动衣的常用面料。在普通圆纬机上,只要按一定的规律,在各个成圈系统的导纱器中穿入多种色纱,就可编织出彩横条织物。但由于普通圆纬机各成圈系统只有一个导纱器,一般只能穿一根色纱,成圈系统数量也有限,所以织物中一个彩横条相间的循环单元的横列数就受到一定限制。例如对于成圈系统数达 150 路的圆纬机来说,所能编织的彩横条循环单元最多不超过 150 横列。

如果每一成圈系统装有多个导纱指,每个导纱指穿一种色纱,各系统可根据花型要求选用其中某一导纱指,则可扩大彩横条循环单元的横列数。调线装置正是根据这一原理而设计的。现在使用的有四色和六色调线装置(每一系统装有 4 个或 6 个导纱指供选择调换纱线颜色),用于单面和双面圆纬机上,编织以基本组织或花色组织为底组织的彩横条织物。

一、调线装置系统

早期的四色调线装置是采用机械控制,目前较先进的电脑控制调线装置已被广泛应用。后者具有花型变换快,方便和循环单元不受限制等优点。

整个系统包括电脑控制器与调线控制装置两大部分。电脑控制器上装有键盘和显示器,可以调用或更改电脑中存储的花型,也能输入新的花型。通过一个与针筒同步回转的信号传送器将贮存在电脑控制器中的花型程序,传送给有关的导纱指变换电磁铁,进行调线。

二、调线装置的工作原理

每一调线装置有4个或6个可变换的导纱指。对每一导纱指的控制方式为:导纱指随同关闭的夹线器和剪刀从基本位置被带到垫纱位置,又随同张开的夹线器和剪刀被带回基本位置。导纱指、夹线器和剪刀是主要的工作机件。在纱线调换区域,针筒有6~10mm不插针,作为调线准备区。

图2-7-27所示为单面圆纬机上装有6个导纱指A、B、C、D、E、F的六色调线装置。图中F导纱指处于垫纱位置,其他导纱指处于基本位置。每个导纱指都能在基本位置和垫纱位置之间进行调换,但任何时候都只能有一个导纱指处于垫纱位置。每个导纱指都具有一套独立的夹线和剪刀装置。所以,每个导纱指都能使用不同类型和不同线密度的纱线。夹线和剪刀装置如图2-7-28所示,由夹线器1、剪刀2和固定剪刀3组成。

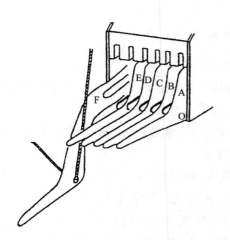

图2-7-27 六色调线装置

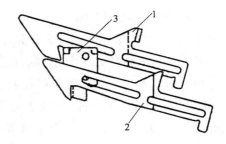

图2-7-28 剪刀和夹线装置

导纱指由曲柄控制做曲线运动,夹线器和剪刀由棘爪和三角控制做径向运动。导纱指的运动过程如图2-7-29所示。

图2-7-29(1)表示导纱指1处于基本位置,夹线器2和剪刀3握住纱端。

图2-7-29(2)表示导纱指1由基本位置向垫纱位置运动,夹线板5钩住纱线。

图2-7-29(3)表示导纱指1运动到位置G,处于垫纱位置,此时,夹线器2和剪刀3向外运动。纱线垫入针钩内,当可靠地编织了数针后,夹线器2和剪刀3放开纱线。根据花型要求,导纱指又开始向基本位置运动,运动到位置H。在位置G和H之间,纱线均能垫到针

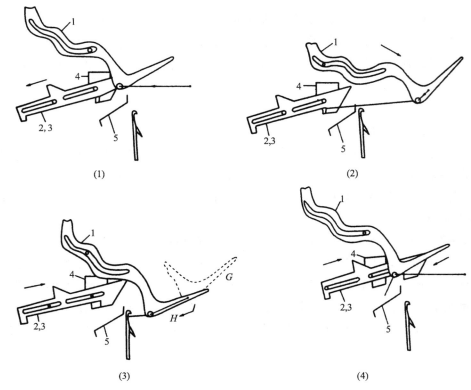

图 2 - 7 - 29 导纱指的运动过程

钩内,之后,导纱指继续向基本位置运动,纱线离开织针。

图 2 - 7 - 29(4)表示导纱指 1 从垫纱位置运动到了基本位置,夹线器 2 和剪刀 3 继续向外运动,纱线进入夹线器 2 内。

图 2 - 7 - 29(1)表示夹线器 2 和剪刀 3 向里运动,纱线被夹在夹线器 2 和固定剪刀 4 之间。剪刀 3 和固定剪刀 4 将纱线剪断,但纱线仍被握紧。

导纱指由基本位置运动到垫纱位置,通过夹线板将纱线喂入织针,如图 2 - 7 - 30 所示。导纱指 1 进入垫纱位置,纱线 2 处于导纱器 3 的上方,夹线板 4 向导纱器 3 方向运动,如图2 - 7 - 30(1)所示。夹线板 4 钩住纱线 2,使纱线 2 进入垫纱位置,纱线 2 将垫入针钩内,如图 2 - 7 - 30(2)所示。当新线圈成圈之后,纱线 2 将滑离夹线板 4,如图2 - 7 - 30(3)所示。

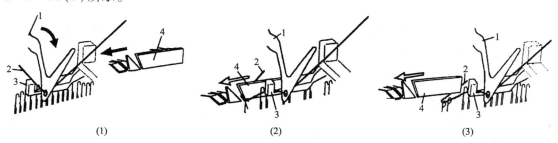

图 2 - 7 - 30 夹线板与纱线的垫入

在纱线调换区域,织针采用抽针排列。进入垫纱位置的导纱指和退出垫纱位置的导纱指同时在一部分织针上垫纱,形成双纱线圈。

图2-7-31所示为四色调线圆纬机的调线和编织机构;图2-7-31(1)~(4)所示为在普通单面圆纬机上的四色调线过程。图2-7-31(5)所示为各机件示意图,图中1为导纱器,2为织针,A、B、C、D分别为4个导纱指,3、4、5、6为导纱机件,A′、B′分别为导纱指A、B中所夹带的色纱。

图2-7-31(1)所示为导纱机件4与带有剪刀7和夹线器8的导纱指B处于基本位置。此时导纱机件4处于较高位置,夹线器8张开。

图2-7-31(2)所示为另一导纱指A带着夹线器9、剪刀10和纱线A′摆向针背。

图2-7-31(3)所示为带着夹线器9、剪刀10和A′纱的导纱指A与导纱机件3一起向下运动,进入垫纱位置。A′纱进入6~10mm宽的不插针区域,为垫纱做准备。

图2-7-31(4)所示当新纱线A′在调线位置被可靠地编织了两三针后,夹线器9和剪刀10张开,放松纱端。在基本位置的导纱指B上的夹线器8和剪刀7关闭,握紧纱线B′并将其剪断。至此调线过程完成。

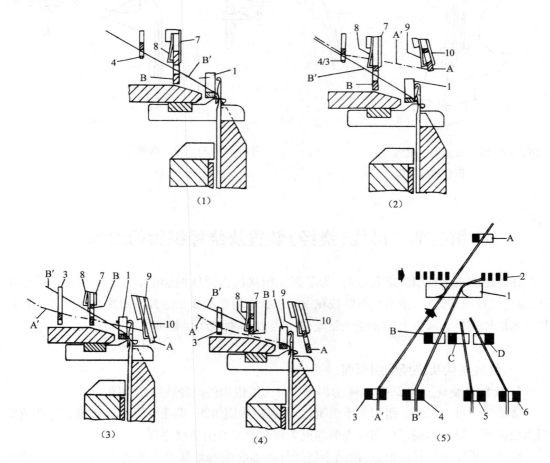

图2-7-31 单面圆机的四色调线机构和调线过程

四色调线装置除了用于普通单面和双面圆纬机上编织彩横条相间织物外,还能安装在电脑提花圆机上,生产提花加彩横条花纹的坯布。

双面圆纬机调线装置如图2-7-32所示。该调线装置具有4个导纱指A、B、C和D。每个导纱指具有独立的夹线器和剪刀。

导纱指的运动如图2-7-33所示。图2-7-33(1)所示为导纱指1处于垫纱位置,纱线经过导纱器2垫入针钩内。图2-7-33(2)所示为导纱指1受连杆装置的作用,向下运动回到基本位置。在调线过程中,导纱指、夹线器和剪刀的运动配合原理与前述的单面圆纬机基本相同。

纱线的调换在针盘针上进行,即在纱线调换区域,不插针筒针,针盘针采用抽针排列。

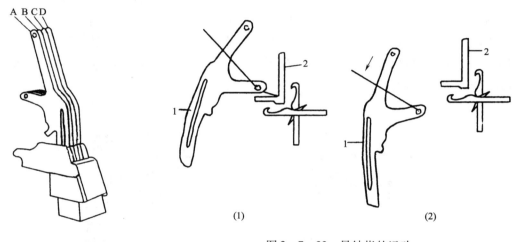

图2-7-32 双面圆纬机的
四色调线装置

图2-7-33 导纱指的运动

(1)　　　　　(2)

第三节　吊线(绕经)装置及绕经织物的编织

在单面圆机上编织纵条花纹时,为了避免织物反面浮线的影响,可加装吊线(绕经)装置,通过选针机构选针,使某些织针按花纹要求钩取绕经纱线来达到。通常是在单面四针道和单面插片式提花圆机上加装绕经装置,并派生出单面绕经提花机。

一、绕经机构及绕经编织原理

1. 经纱的垫绕　图2-7-34为以纬平针为地组织的绕经线圈结构图。

绕经编织可以以平针组织为地组织,也可以以集圈组织、提花组织和衬垫组织等花色组织为地组织。以日本福原公司绕经圆纬机为例介绍经纱的垫绕原理。

绕经装置安装在针筒上方,借助于绕经导纱器将绕经纱线垫入被选中的织针上。绕经纱是纵向喂入。每一绕经导纱器与某些特定针相对应,与这些针一起随针筒回转,当遇到绕经三角或其他控制装置时,绕经导纱器就从针后向针钩前伸出,并从它所对应的那些针钩前摆过,然后重新回到针后。这样,如果它所对应的那些织针被选针机构选上参加编织时,经纱就会垫到针钩里,在这些针上形成线圈。

图2-7-35所示为绕经导纱器的垫纱运动过程。绕经导纱器1随针筒回转的同时,当遇到控制装置时,从针后向针钩前伸出。织针2被选择上升。利用绕经导纱器1与织针2的运动配合,经纱3在织针2的针钩前横过,同时在导纱板4的作用下,经纱3被垫入织针2的针钩内,然后织针2钩取经纱3下降,绕经导纱器1重新回到针后。在绕经编织过程中,经纱可以被垫放在一枚针上,也可以被垫在几枚针上。一个绕经导纱器所能垫纱的最大针数与机号有关。

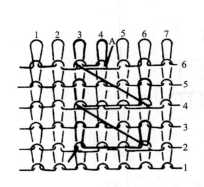

图2-7-34 纬平针地组织上的多针
绕经线圈结构图

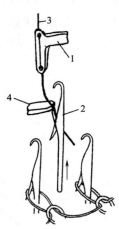

图2-7-35 绕经导纱器垫纱运动

2.绕经机构的结构及工作原理 日本福原公司绕经圆纬机中绕经机构的结构如图2-7-36所示。圆盘1安装在针筒上方,随针筒一起回转。圆盘1上设有凹槽,用于安装绕经装置2,筒径为762mm的圆纬机,可安装144个绕经装置。绕经装置2上装有绕经导纱器4,穿有经纱3。圆盘1的正下方安装有绕经三角装置5,包括绕经三角6和不工作三角7。

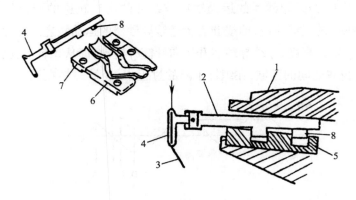

图2-7-36 绕经机构的结构

经绕装置 2 上具有片踵 8,受绕经三角装置 5 的作用,使绕经导纱器 4 在随同织针一起回转的同时进行径向运动,完成经纱垫绕。当被选择的织针上升到一定高度,绕经导纱器 4 受绕经三角 6 的控制,从织针后向针钩前伸出,然后又重新回到针后,使被选择的织针垫到经纱。

3. 三路绕经编织 所谓三路绕经,就是编织一个绕经循环由三路成圈系统完成,其中包括一个平针横列和一个绕经横列,图 2 - 7 - 37(1)所示为一种绕经组织的编织图。图 2 - 7 - 37(2)是它相应的织针运动轨迹。在这里,第 1 路被选上进行绕经的织针上升,经纱导纱器将经纱绕在被选中的针上,然后垫上纱线的织针下降成圈,如图 2 - 7 - 37(2)中虚线所示。在第 2 路其余没有垫上经纱的织针,由选针机构控制上升并钩取纱线成圈;在第 1 路钩取经纱的针此时走平针道,以上两路形成一个横列,称为绕经横列。第 3 路,所有织针均上升编织一横列平针。绕经编织由两路成圈系统完成。

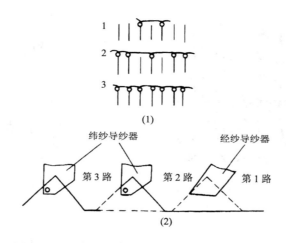

图 2 - 7 - 37 三路绕经编织图和织针运动轨迹图

三路绕经的针筒三角结构与其他单面四针道和单面提花圆机相同。其中第 1 路用来编织绕经纱线,第 2 路供其余非绕经织针编织,第 3 路所有织针均编织纬纱。

三路绕经编织中,经纱导纱器的运动轨迹与织针的运动轨迹的配合如图 2 - 7 - 38 所示。曲线 I 表示织针的运动轨迹,曲线 II 表示经纱导纱器的运动轨迹。在图中 A 位置,被选上的织针上升到一定的高度,经纱导纱器开始向针筒外运动,即从织针后向针钩前伸出。在图中 B 位置和 C 位置之间的区域,在织针下降的过程中,经纱绕垫在织针上。在图中 D 位

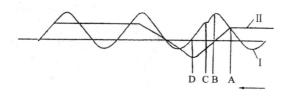

图 2 - 7 - 38 经纱导纱器与织针的运动轨迹

置,绕经导纱器开始向针筒内运动,即从针钩前又重新回到针后。

在各种类型针织机中,机器总路数一般都可以被 3 整除,所以所有路数都可以用来编织。三路绕经编织的机器效率要比四路绕经编织高,但其绕经宽度相应要小一些。

4. 四路绕经编织 如果编织绕经循环要 4 路完成,就为四路绕经。此时 1 路编织平针横列,3 路编织绕经横列,其中绕经纱线需 2 路编织成圈,其编织图如图 2 - 7 - 39(1)所示。图 2 - 7 - 39(2)是它相应的织针运动轨迹。与三路绕经编织比较,四路绕经可以使绕经宽度增加,一般三路绕经时绕经针数最多为 4 针,而四路绕经可为 8 针。但由于编织一个绕经循环所需路数增加,使机器效率相应降低。

四路绕经的编织过程如图 2 - 7 - 39(2)所示,在第 1 路,绕经针由选针机构作用上升到挺针最高点以便钩取经纱,并且处于护针舌器的控制下。第 2 路织针仍然受护针舌器作用防止针舌反拨,经纱导纱器将经纱绕在绕经针上形成线圈。在第 3 路时,第 1 路未被选上的针(即不形成绕经线圈的针)被选上钩取纬纱成圈。第 4 路所有的针成圈形成平针横列。相应的三角系统如图 2 - 7 - 40 所示。

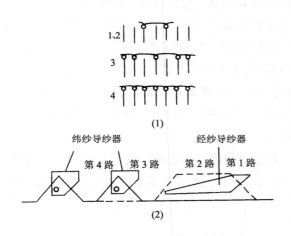

图 2 - 7 - 39 四路绕经编织图和织针运动轨迹图

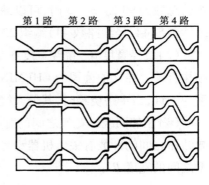

图 2 - 7 - 40 四路绕经三角系统

图 2 - 7 - 41 所示是 H_3F 型四针道圆机的三角系统。在这里,两个绕经的成圈三角与普通成圈三角不同,它在挺针最高点有一较长平台,使上升的织针比较平稳地钩取经纱,且绕经针数可增加。

二、花型设计与上机

绕经组织是在其他组织的基础上绕上经纱形成花型的,因此,它除了要求按照其他组织的设计方法进行设计外,还要考虑绕经纱的花型设计特点。绕经纱可以在纬平针、集圈、提花和衬垫组织上形成,如果与四色调线机构同时使用,可产生彩格花型效应。经纱可根据需要采用各种原料,其粗细一般与地纱相差不大,也可稍粗一些。

1. 花型设计 在设计花型时,既要设计绕经花型,又要设计地组织花型。一般在同一张意匠图上先设计绕经花型,然后设计地组织花型。地组织花型设计与其他各类提花圆机相同,这里主要介绍绕经花型设计。

绕经花型的范围包括花高、花宽、绕经宽度和相邻两绕经花型之间的宽度。

(1)花高 H。绕经花型的高度与进纱路数有关,与编织一个绕经循环所需路数有关,也与编织一个绕经循环所能形成的横列数有关。用公式表示如下:

$$H = \frac{M \cdot h}{m}$$

式中:M——进纱路数;

h——编织一个绕经循环所形成的横列数;

m——编织一个绕经循环所需路数。

这里 h 与组织结构有关,一般当地组织为纬平针、集圈组织时,编织一个绕经循环形成两个横列,即 $h = 2$;当地组织为衬垫组织、双色提花组织时,$h = 1$。

编织一个绕经循环所需路数与机器结构有关,如前所述,可为 3 路和 4 路。

当机器总路数不能被编织一个绕经循环所需路数整除时,就不得不少用几路。比如,当机器总数为 90 路,$m = 3$ 时,可以编织 30 个绕经循环;当 $m = 4$ 时,只能用其中的 88 路(其中纬纱路数 44,经纱路数 44)编织 22 个绕经循环,余下两路不用。

(2)绕经宽度 b。绕经宽度 b 是指绕经导纱器所能跨过的最大针数。它与机号和机器结构有关。在坎伯公司的 CHEMINIT 型和 H_3F 型两种机器中,当 3 路绕经时,其最大绕经宽度为 4 针,当 4 路绕经时,其最大绕经宽度为 8 针。

(3)相邻两绕经花型之间的宽度 B'。相邻两绕经花型之间的宽度与机器上相邻两绕经导纱器之间的针数有关。机器型号不同,其总针数和经纱导纱器个数也不同,相邻两绕经花型之间的宽度 B':

$$B' = \frac{N}{n}$$

式中:N——总针数;

n——经纱导纱器个数。

当机器总针数为 2640 针,经纱导纱器个数为 110 个时,两相邻绕经花型之间的宽度:

$$B' = \frac{N}{n} = \frac{2640}{110} = 24(\text{针})$$

(4)花宽 B。在编织过程中,每个绕经导纱器所形成的绕经花型可以相同,也可以不同。因此,根据花型需要,一个完整花型可以包括几个绕经花型,这样,一个完整花型的宽度 B 就为相邻两绕经花型之间宽度 B' 的倍数,其最大花宽 B_{max} 可以是整个针筒的针数。在多针道编织中,为了改变花宽 B,要根据每部分绕经花型的不同来排列织针。在提花圆机中,就要根据花型宽度 B 来排列提花片。所以,在提花圆机中要想改变花型宽度 B 比较麻烦。一般机器两相邻绕经花型之间的针数恰好等于在不对称提花时选针机构所能编织的最大宽度。这样,如果按照步步高排列提花片,每个绕经导纱器所对应的提花片的齿高将是相同的,因而形成的花型形状也是相同的,其完整花型宽度 B 就等于相邻两绕经花型之间的宽度 B'。但是,在这种情况下,各个导纱器可以穿入不同颜色的纱线,形成纵向彩条花型。

2. 上机实例

(1)机器条件。CHEMINIT/W 型插片式单面提花圆机;机号为 28 针/25.4mm;筒径 762mm;总针数 2640 针;进纱路数 90 路(其中纬纱路数 44 路);经纱导纱器 110 个;4 路绕经循环,最大绕经宽度 8 针。

(2)原料。纬纱 18tex 棉纱;经纱 18tex 棉纱。

(3)地组织。地组织选用纬平针组织,因而一个绕经循环编织两个线圈横列,即 $h = 2$。

(4)花宽、花高、绕经宽度。根据公式 $B' = \dfrac{N}{n}$ 可知,相邻两绕经花型之间的宽度为:

$$B' = \frac{2640}{110} = 24 \text{ 针}$$

如果取一个绕经花型为一个完整花型,则花宽为:

$$B = B' = 24 \text{ 针}$$

最大花高为:

$$H_{\max} = \frac{M \cdot h}{m} = \frac{88 \times 2}{4} = 44(\text{横列})$$

选取的花高必须满足两个条件,第一,必须是最大花高的约数,第二,必须是 2 的倍数,因为在此例中最小花高为 2。选取花高 H 为最大花高,$H = H_{\max} = 44$ 横列。

当 4 路绕经时,其最大绕经宽度为 8 针,在此例中取绕经花型宽度 $b = 6$ 针。

(5)绘制意匠图。根据以上花型范围,绘制意匠图如图 2-7-41 所示。

(6)上机编织。在此例中,因为花型宽度只包括一个绕经花型,所以提花片可以排成 24 片的"/"形,如果在花宽范围内包括几个绕经花型且各绕经花型不相同,则必须按照花型来排列提花片,以

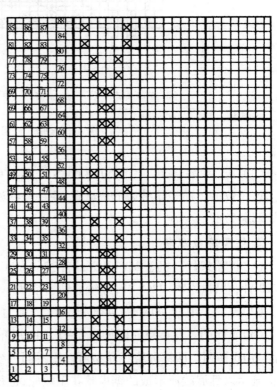

图 2-7-41 绕经花型意匠图

⊠—绕经纱 □—地纱

满足编织要求。

插片式选针刀的配置:插片式选针刀按照花型在 1、5、9、13、…路时编织绕经花型⊠,在 2、6、10、14、…路所有选针刀不工作,织针按照它们前面的那路所选的方式进行编织,3、7、11、15、…路,前面没有编织的织针参加编织,已经编织的织针走平针道,在第 4、8、12、16、…路所有针均参加编织而进行配置。

色纱的配置:在这里地纱一般用一种颜色,绕经纱可以用一种颜色或多种颜色的纱线喂入各个绕经导纱器,编织出多色纵条花型效应的织物。

三、绕经花型织物实例

1. 衬垫绕经织物

(1)机器技术特征。MV4ⅡW 型单面四针道吊线提花圆机;84 路;总针数 2280 针;绕经宽度 $b = 12$ 针,$B' = 24$ 针,经纱导纱器 94 个;机号 E28。

(2)原料。地纱 18tex 棉纱(白色),绕经纱 18tex 棉纱(绿色),衬垫纱 36tex 棉纱(白色)。

(3)意匠图。如图 2 - 7 - 42 所示。其花宽 $B = 24$ 纵行,花高 $H = 1$ 横列,衬垫比 1:3。

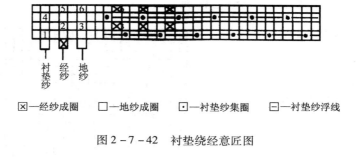

⊠—经纱成圈　□—地纱成圈　⊡—衬垫纱集圈　□—衬垫纱浮线

图 2 - 7 - 42　衬垫绕经意匠图

(4)工艺参数:密度:$P_A = 60$ 纵行/5cm,$P_B = 65$ 横列/5cm;克重(净坯)205g/m²。

该织物的反面经拉绒后形成绒布,在绕经纱处呈彩条状绒毛外观,在织物正面形成纵向条纹彩条效应。

2. 集圈绕经织物

(1)机器条件。机型 MV4ⅡW;筒径 762mm(30 英寸);路数 96 路;机号 E24;$B' = 20$ 针,$b = 10$ 针;总针数 $N = 2268$ 针;经纱导纱器个数 $m = 113$ 个。

(2)原料。地纱 18tex 棉,44dtex(40 旦)弹力氨纶(添纱);经纱 18tex 棉。

(3)意匠图。花型意匠图如图 2 - 7 - 43 所示。其花宽为 40 纵行,包括两个绕经花型;花高为 16 横列。两部分绕经花型可以用不同色纱。集圈花纹效果在织物反面,此时绕经花型将显示以延展线所形成的锯齿状花型效应,也很有特色。另外,由于该织物为棉氨添纱地组织,氨纶线下机收缩后使织物比较密实,弹性好。

(4)工艺参数。纵密 110 横列/5cm,横密 77.5 纵行/5cm;克重 205g/m²。

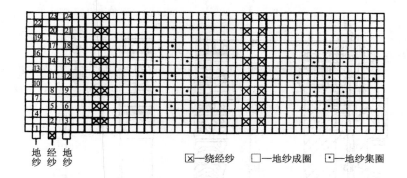

地 经 地
纱 纱 纱

☒—绕经纱　　□—地纱成圈　　·—地纱集圈

图2-7-43　集圈绕经意匠图

第四节　带有双向运动沉降片的圆机

在传统的单针筒舌针圆纬机中,沉降片除了随针筒同步回转外,只在水平方向做径向运动。在新型圆机中,沉降片除了可以做径向运动外,还能沿垂直方向与织针做相对运动,以协助织针进行退圈和成圈,使编织条件在许多方面得到了改善。以迈耶·西公司RELANIT4型双向运动沉降片圆机为例介绍。

一、主要成圈机件

图2-7-44(1)所示为RELANIT4型圆机成圈机件配置关系图。图中1是沉降片,2是织针。该系列机器的沉降片改变了传统的配置方式,它取消了沉降片圆环,而把沉降片配置在针筒上。沉降片的形状如图2-7-45(2)所示,它由片颚1、片鼻2、片喉3、上摆动踵4、升降踵5、下摆动踵6、摆动支点7、导向踵8组成。图2-7-45(1)为织针,它由压针踵F,统一编织踵0和1~4级选针踵组成。每枚针有一个F踵、一个0号踵和4级选针踵中的一个。统一压针踵F保证了压针的均匀一致,0号编织踵用于不选针时所有针全部编织。它与传统单面机的织针无区别。

图2-7-44(2)所示为RELANIT4型机的三角系统,它与沉降片和针相对应。上部为沉降片三角①,下部为织针三角②。沉降片三角3、6分别与沉降片的上下摆动踵作用,使沉降片以摆动支点为支点径向摆动,来完成辅助退圈和辅助牵拉作用。4、5为沉降片降升三角,沉降片升降踵在退圈时和压针时沿此三角下降或上升,与针形成相对运动,见图2-7-44(3)。下面的织针三角与传统的4针道单面圆机相似,只是三角的形状和角度有所不同。该机的弯纱深度不是靠调节压针三角来完成,而是靠调节图2-7-44(2)中沉降片上升三角5来完成,刻度盘7是相应的高度标志。

织针三角有成圈、集圈和不编织(浮线)3种可供选择的走针轨迹,以便根据编织的需要进行更换。

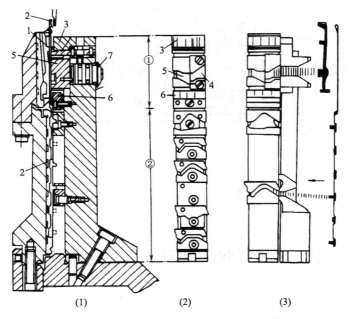

(1)　　　　　　(2)　　　　　　(3)

图2-7-44　RELANIT4型机成圈机件配置和三角系统

二、编织原理

1. 针与沉降片运动轨迹图　图2-7-46所示为RELANIT4型圆机织针与沉降片运动轨迹图。它由上部的正视图和下部的俯视图组成。其中1为针筒运转方向,2为针头轨迹

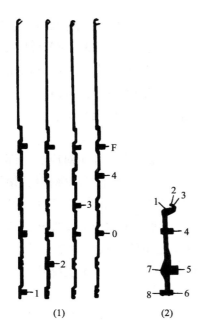

(1)　　　　　　(2)

图2-7-45　织针和沉降片

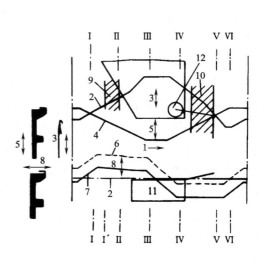

图2-7-46　织针与沉降片运动轨迹图

线,3 为织针运动方向,4 为沉降片片颚线,5、8 为沉降片运动方向,6 为沉降片片鼻线,7 为沉降片片喉线,9 为开针舌区,10 为闭口区,11 为导纱器,12 为导纱孔。从图中可以看出,它的俯视图与普通的单面圆机的针和沉降片运动轨迹无区别,而其正视图却与普通机器大不一样。此时沉降片片颚线 4 不是一条直线,而是与针头轨迹线 2 运动方向相对的一条曲线。它的前半部分,当织针上升退圈时,沉降片下降(Ⅰ、Ⅱ、Ⅲ)。织针达到退圈最高点,沉降片相应下降到最低点。当针钩取新纱线下降进行弯纱成圈时(Ⅳ、Ⅴ、Ⅵ),沉降片从最低位置上升到最高点,协助弯纱成圈。这样就形成了针与沉降片在垂直方向的相对运动。

2. 成圈过程分析 双向运动沉降片圆机成圈过程如图 2-7-47 所示,整个成圈过程可以分为 6 个阶段:

(1)开始退圈。针开始上升退圈,沉降片向针筒中心挺进,以便握持旧线圈,并同时开始向下运动,以协助退圈。

(2)开口区。针继续上升,针舌被旧线圈打开,沉降片继续下降和向里摆动。

(3)退圈最高点。针上升到最高点,沉降片下降至最低点,旧线圈退到针杆上,沉降片开始向针筒外退出,以不妨碍垫纱。

(4)垫纱。针开始下降,沉降片开始上升并沿径向摆到最外位置,新纱线垫到针钩里。

(5)闭口与套圈。旧线圈将针舌关闭,针继续下降,沉降片继续上升并在径向静止不动。

(6)弯纱成圈。针下降到弯纱最低点,沉降片上升到最高点,新线圈形成。沉降片开始沿径向向里摆动,以便牵拉织物,形成规定大小的线圈,并开始下一个成圈过程。

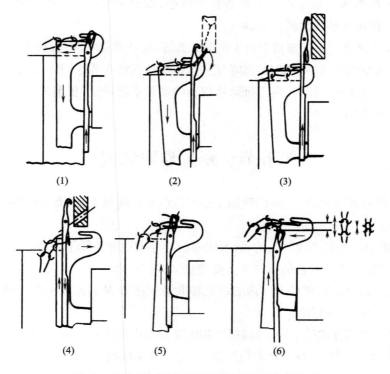

图 2-7-47 双向运动沉降片圆机的成圈过程

三、特点分析

沉降片双向运动针织机由于针与沉降片在垂直方向的相对运动,使得织针在编织过程中的动程相应减小。这样,如果三角的角度不变,则每一成圈系统所占的宽度可以减小,因而可增加机器的路数。如果每路三角宽度不变,即路数不增加的情况下,可减小三角角度,使得针和其他成圈机件受力更加合理,从而可以提高机器速度。

对于传统的机器,由于弯纱三角角度的减小,使同时参加弯纱的成圈机件数增加,弯纱张力增加,因而限制了弯纱三角角度的降低。在弯纱深度和弯纱角度相同的条件下,采用双向运动沉降片比传统沉降片同时弯纱的针数少了近一半。

综上所述,具有双向运动沉降片的圆机具有以下优点:

1. 效率高 由于三角角度和纱线张力减小,使机器转速可达 40r/min,而一般同类机器转速为 26r/min 左右。另外,由于纱线张力小,纱线断头机会少,停台率降低,使机器效率比传统针织机高 30% ~35% 。

2. 产品质量提高 由于纱线在成圈过程中所受的张力和拉伸减小,使得由纱线不匀等原因造成的破洞等残疵相应减少。经运转实验证明,这种残疵可比传统机器减少 70% 。而且由于纱线在编织中所受张力减少,也使得织物的外观、手感以及尺寸稳定性等性能相应得到改善。

3. 机件的使用寿命提高 三角角度的降低和纱线张力的减小,使针在编织过程中受力减小,磨损降低,使用寿命提高。

4. 对纱线要求低 由于纱线的弯纱张力减小,因而对所加工纱线的质量要求相应降低,特别是可以使用那些强力较低的纱线。

5. 操作维修方便 由于该机取消了沉降片圆环,使机器结构简化,操作维修更加方便。

但是这种机型的针筒形状复杂,沉降片三角和织针三角安装在同一三角座上,调整相互间的配合时有一定难度。同时,由于沉降片摆动的动程不能调整,在编织较大或较小密度的坯布时,受到一定限制。

第五节 牵拉卷取装置

牵拉与卷取对成圈过程、坯布的后加工和产品质量影响很大,因此牵拉卷取装置应具备下列基本要求。

(1)由于成圈过程是连续进行的,故要求牵拉与卷取应能连续不断地、及时地进行。

(2)作用在每一线圈纵行的牵拉张力要稳定、均匀、一致。

(3)牵拉卷取的张力、单位时间内的牵拉卷取量应能根据工艺要求进行调节,最好是无级的,在机器运转状态下调整。

根据对织物作用方式的不同,纬编机常用的牵拉与卷取方法一般可以分为以下几种。

(1)利用定幅的梳板下挂重锤牵拉织物,常用于普通横机。

(2)通过牵拉辊对织物的夹持以及辊的转动牵拉织物,这种方法用于绝大多数圆纬机。

具体又可分为将从针筒出来的圆筒形织物压扁成双层(图2-7-48),或先剖开展平成单层,再进行牵拉与卷取(图2-7-48)两种方式。前者适用于一般的织物,后者用于一些氨纶弹性织物。因为某些氨纶弹性织物在牵拉卷取时被压扁成双层,两边形成的折痕在后整理过程也难以消除,影响到服装的制作。

(3)利用气流对单件织坯进行牵拉,它主要用于袜机和无缝内衣针织圆机(图2-7-54)。

前面章节中已经结合罗纹机、棉毛机介绍了普通圆纬机上的偏心拉杆式和弹性间隙式牵拉卷取机构,它们在连续、均匀、稳定牵拉卷取方面都存在一定缺陷。下面介绍这方面的一些改进措施和先进装置。

一、方形绷布架

在普通圆型纬编机上,由针筒引出的圆筒形针织物,经过一对牵拉辊压扁成双层,再进行牵拉和卷取,如图2-7-48所示。这样,针织物在针筒与牵拉辊之间形成一个复杂的曲面。由于线圈纵行之间所受的张力不同,造成针织物在圆周方向上的密度不匀,出现了线圈横列呈弓形的弯曲现象,如果将织物沿折边上的线圈纵行剪开展平,呈弓形的线圈横列如图2-7-49所示。图中实线表示横列线,$2W$表示剖幅后的针织物全幅宽,b表示横列弯曲程度,a表示由多路编织而形成的线圈横列倾斜高度。

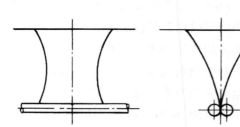

图2-7-48　普通牵拉辊

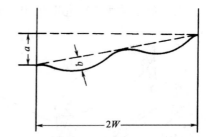

图2-7-49　呈弓形的线圈横列线

这种线圈横列的弯曲和倾斜严重影响产品质量,裁剪缝合时对花困难,故普通针织机上在针筒和牵拉机构之间都加装有长方形或椭圆形的扩布装置,以改善这种弯曲现象。但这些扩布装置并未根本上解决上述纬斜和横列弯曲问题。

随着圆纬机向多路、高速方向发展,以及对布面质量的要求不断提高,要更好地解决纬斜和横列弯曲现象,扩布装置的结构设计必须满足如下要求:

(1)扩布装置的形状要使针筒周围的织物张力基本均匀一致。

(2)在确保编织顺利进行的条件下,扩布装置的形状要有利于减小织物的总牵拉力。

(3)在扩布装置上,织物的每个横截面以恒等周长进入牵拉辊。

(4)在扩布装置上,织物的每个纵行长度相等。

经数学计算和实际测试证明,方形绷布架能够很好地满足上述要求。新型圆纬机普遍采用了方形绷布架,尤其适合于编织彩横条织物圆纬机。

方形绷布架结构如图2-7-50所示,由外方框架(压布架)1,内方框架(内扩布架)2组成。图2-7-51(1)为内扩布架结构,图2-7-51(2)为外压布架套在织物上的情况,内外方框架的外形尺寸可按需要进行调节。这种调节有单独进行的和用调节机构3联动进行的,调节机构3一般由蜗轮蜗杆、齿轮、齿条等组成,调节时只要转动蜗杆即可。

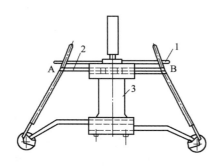

图2-7-50 方形绷布架结构

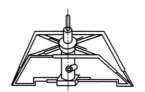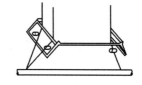

图2-7-51 方形扩布装置

二、直流力矩电动机式牵拉卷取机构

直流力矩电动机牵拉卷取机构是泰罗特公司的专利,其牵拉卷取机构如图2-7-52所示。中间牵拉辊2安装在两个轴承架8和9上,并由单独的直流力矩电动机6驱动。电动机转动力矩与电枢电流成正比。因此可以通过控制电枢电流来调节牵拉张力。机上用一电位器来调节电枢电流,从而可很方便地随时设定与改变牵拉张力,并有一个电位器刻度盘显示牵拉张力大小。这种机构可连续进行牵拉,牵拉张力波动很小。

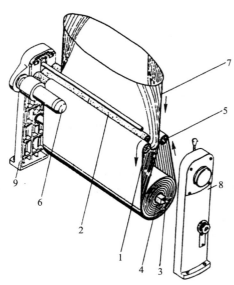

图2-7-52 直流力矩电动机式
牵拉卷取机构

筒形织物7先被牵拉辊2和压辊1向下牵引,接着绕过卷布辊4,再向上绕过压辊5,最后绕在卷布辊4上。因此,在压辊1与5之间的织物被用来摩擦传动布卷3。由于三根辊的表面速度相同,卷布辊卷绕的织物长度始终等于牵拉辊2和压辊1牵引的布长,所以卷绕张力非常均匀,不会随布卷直径而变化,织物的密度从卷绕开始到结束保持不变。

三、开幅式牵拉卷取机构

随着氨纶弹性织物的流行,为了避免将圆筒形织物压扁成双层进行牵拉与卷取而两边形成难以消除的折痕,许多针织机械制造厂商都推出了开幅式牵拉卷取机构。图 2 – 7 – 53 为开幅式牵拉卷取机构。图 2 – 7 – 53(1)中,织物 1 从针筒沿着箭头向下引出,首先被一个电动机 2 驱动的转动裁刀 3 剖开;随后被一个展开装置展平成单层,接着由牵拉辊进行牵拉,最后由卷布辊将单层织物卷成布卷,如图 2 – 7 – 53(2)所示。这种机构通过电子装置控制牵拉电动机可以实现连续均匀地牵拉和卷取,以及牵拉速度的精确设定与调整。

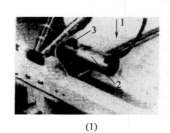
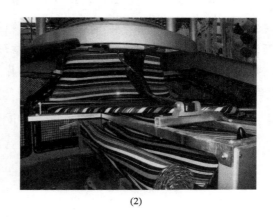

(1)　　　　　　　　　　　　　　　　(2)

图 2 – 7 – 53　开幅式牵拉卷取机构

由于开幅式牵拉卷取机构将织物剖开展平成单层进行牵拉卷取,因而增加了牵拉辊和卷取辊的长度,使牵拉卷取机构的尺寸增大,导致针织机的占地面积也相应增大。

四、气流式牵拉机构

气流式牵拉机构主要应用于无缝内衣针织圆机和袜机,它是利用压缩空气对单件织坯(无缝衣坯、袜坯等)进行牵拉。

图 2 – 7 – 54 所示为吸气式牵拉机构(参看图 2 – 7 – 1)。风机 1 安装在机器的下部,使气流在下针筒 2 与上针筒 3(或哈夫针盘)所形成的缝隙之间进入,作用在编织区域,对织物产生向下的牵拉力。然后气流从连接于针筒下的管道通过到达储坯筒 4,这时由电子装置控制的风门 5 呈开启状态,因而气流经软管 6 由风机引出。当一件内衣或一只袜子编织结束时,气流将坯品吸入储坯筒。此时,在电子装置控制下风机关闭,风门 5 闭合,储坯筒门板 7 在弹簧作用下打开,坯件落下。

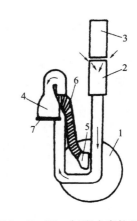

图 2 – 7 – 54　气流式牵拉机构

思考与练习题

1. 无缝针织内衣与传统针织内衣在结构和基本编织原理方面有何不同?

2. 简述无缝内衣针织圆机的特点及常用织物组织的编织工艺。

3. 无缝内衣针织机上假罗纹、假网眼、假毛圈效果是如何形成的? 编织过程中应控制哪些关键点?

4. 无缝内衣针织机上采用了哪些给纱装置? 它们对提高产品质量有何作用?

5. 调线组织可以在哪些纬编组织基础上得到? 四色调线装置如何完成调线过程?

6. 扩大彩横条织物循环单元的横列数可从哪些因素加以考虑?

7. 什么叫绕经织物? 何谓三路绕经编织? 何谓四路绕经编织?

8. 绕经花型设计时要考虑哪些因素? 绕经导纱器的配置、垫纱与普通导纱器有何不同?

9. 简述绕经花型织物实例中两个实例绕经织物形成的花色效应。

10. 何谓双向运动沉降片? 使用双向运动沉降片的目的是什么?

11. 牵拉卷取装置应具备哪些基本要求?

第三篇
经 编

第一章　经编针织物基本组织

● 本章知识点 ●

1. 经编针织物的结构、特性及分类。
2. 经编针织物组织的表示方法。
3. 经编针织物的基本组织和变化组织。

第一节　经编针织物基本结构、特性及分类

一、经编针织物的基本结构

经编针织物是由一组或几组平行排列的纱线分别垫在平行排列的织针上,同时沿纵向编织而成。如图3-1-1所示,图中钩针1上升、下降运动进行编织成圈。上方的导纱针2做回绕针的垫纱运动,将纱线垫在针杆上。沉降片3用来握持和控制旧线圈。

经编针织物的结构单元也是线圈,经编线圈由圈干和延展线构成,通常有3种形式,闭口线圈[图3-1-2(1)]、开口线圈[图3-1-2(2)]、重经线圈[图3-1-2(3)]。

在闭口线圈中,线圈基部的延展线互相交叉,而在开口线圈中,线圈基部

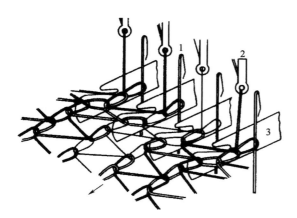

图3-1-1　经编针织物的编织

的延展线互不相交;重经线圈由一经编线圈和一纬平针线圈组成,同一横列两个线圈之间用沉降弧连接,上下横列两个线圈之间用延展线连接。

  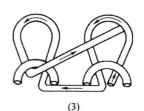

(1)　　　　(2)　　　　(3)

图3-1-2　线圈结构形式

二、经编针织物的特点

（1）经编针织物的生产效率高,最高机速已达 4000r/min,门幅达 660cm（260 英寸）,效率可达 98%。

（2）经编针织物与纬编针织物相比,一般延伸性比较小。大多数纬编针织物横向具有显著的延伸性,而经编针织物的延伸性与梳栉数及组织有关,有的经编针织物横向和纵向均有很好的延伸性,但有的织物则尺寸稳定性很好。

（3）经编针织物防脱散性好。它可以利用不同的组织,减少纬编针织物因断纱、破洞而引起的线圈脱散现象。

（4）经编针织物由于能使用不同线密度的纱线进行不同的衬纬编织,因而能形成不同形式的网眼组织,花型变换简单。在生产网眼织物方面,与其他生产技术相比,经编技术更具有实用性。生产的网眼可以有不同大小和形状,并且织物形状稳定,不需要经过任何特殊的整理以使织物牢固。

（5）利用地梳栉编织网眼底布,花梳栉在网眼底布之上形成各种花型,生成网眼类提花织物,即弹性或非弹性的满花织物或条形花边,主要用作女性高档内衣和外衣面料。

（6）利用双针床经编机能生产成形产品,如连裤袜、无缝紧身衣、围巾和包装袋等。

三、经编针织物的用途及分类

经编针织物的花色繁多,用途广泛。由于经编针织物的结构特性,特别是新技术、新设备、新工艺、新原料的广泛采用,经编针织物在日常生活、工农业生产、文化体育、医疗卫生等各种领域被大量使用。

经编针织物按组织结构分类,一般分为基本组织、变化组织和花色组织三类。经编基本组织是一切经编组织的基础,它主要包括编链组织、经平组织、经缎组织、重经组织等。经编变化组织是由两个或两个以上基本经编组织的纵行相间配置而成,如变化经平组织（经绒组织、经斜组织等）、变化经缎组织、变化重经组织等。经编花色组织是在经编基本组织或变化组织的基础上,利用线圈结构的改变,或者另外加入一些色纱、辅助纱线或其他纺织原料,以形成具有显著花色效应和不同性能的花色经编针织物组织。

第二节　经编针织物组织的表示方法

经编针织物组织的表示方法主要有线圈结构图、垫纱运动图和垫纱数码表示法等。

一、线圈结构图

如图 3-1-3（1）所示为经编针织物的线圈结构图。线圈结构图可以直观地看到经编针织物的线圈结构和导纱针的垫纱运动情况,但使用与表示均不方便,特别是对复杂的组织结构,因此实际生产中很少使用。

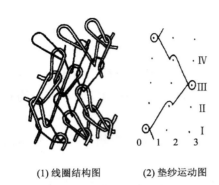

(1)线圈结构图　　　(2)垫纱运动图

图 3-1-3　经编组织表示法

二、垫纱运动图

如图 3-1-3(2)所示为经编针织物组织的垫纱运动图。图中横向的"点列"表示经编针织物的线圈横列,纵向"点行"则表示经编针织物的线圈纵行,每个点表示编织某一横列时的一个针头的投影,把点下看作针背后,点上则看作针钩前,即可画出导纱针的运动情况。这种组织表示方法比较直观,如将其与图 3-1-1(1)中所示的线圈结构图比较,可以清楚地看到,线圈的形状与导纱针的移动完全一致。

在编织过程中,由于在一把梳栉上的所有导纱针都是以相同的运动规律在针上进行垫纱,因此垫纱运动图上一般以一枚导纱针的运动轨迹来表示梳栉的垫纱运动。通常经编组织均由几把梳栉形成,因此,需要分别画出几把梳栉的垫纱运动图,并需画出各梳栉的穿纱和对应情况(对纱图)。

垫纱运动图清楚地表示了经编针织物的线圈结构,所以在分析和设计经编针织物时广泛应用,但在记录和安排梳栉横移机构,不够简捷和方便,这时往往配合采用垫纱数码表示法。

三、垫纱数码表示法

以数字 0、1、2、3、…(一般经编机用)或 0、2、4、6、…(有时对拉舍尔经编机用)顺序标注针间间隙,如图 3-1-3(2)所示,数字顺序以导纱梳栉横移机构在经编机上的位置来确定,若在机器右侧,则从右开始,若在机器左侧,则从左开始。

由下向上按顺序记下各横列导纱针在针钩前的移动情况,如图 3-1-3(2)中的一个完全组织可写成 1—0/1—2/2—3/2—1//(//表示循环)。大部分经编机的梳栉横移机构为三行程机构,即在编织一个横列中,导纱针在针钩前横移一次,在针背后横移两次,所以有时亦将此组织的垫纱数码写成 1—0—1/1—2—2/2—3—2/2—1—1//。每一组数字中,第 1、2 两个数字表示导纱针在针钩前的横移情况,第 2、3 两个数字表示导纱针在针背后第一次横移的情况。前一组最后一数字与后一组最前一数字表示导纱针在针背后第 2 次横移的情况。实际生产中多用前种方法。

第三节　经编针织物的基本组织和变化组织

一、经编针织物的基本组织

1. 编链组织　编织编链组织时,纱线始终在同一枚织针上垫纱成圈,它只能形成互相没有联系的纵行条,如图 3-1-4 所示。

根据梳栉的垫纱横移运动,编链线圈有闭口(0—1/0—1//)和开口(1—0/0—1//)两种,闭口编链的完全组织为一个横列,开口编链的完全组织为两个横列。

编链组织织物的特性明显。它的纵向延伸性主要取决于纱线的弹性,纱线弹性愈好,线圈愈近似圆形,纵向拉伸时,线圈弯曲部分伸直所造成的伸长就较大。当用弹性较差的纱线,织成密度较大的编链组织织物时,其纵向延伸性就很差。编链组织织物的强力在纵向拉伸时,每一线圈有 3 根纱线承受负荷,故其织物纵向强力约为纱线强力的 3 倍。

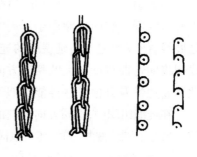

图 3 - 1 - 4　编链组织

如用一把满穿梳栉在经编机上编织编链,则由于各枚织针所编织的编链纵行之间无任何横向联系而不能成为一整块织物。

编链组织一般是同其他组织结合而形成织物,以减少织物的纵向延伸性。该组织能逆编结方向脱散。

2.经平组织　经平组织的垫纱运动如图 3 - 1 - 5 所示,每根纱线在相邻两枚针上轮流编织成圈,形成经平组织的线圈形式可以是闭口的,也可以是开口的,或两者交替。两个横列为一个完全组织。如用满穿梳栉就可编织成坯布。

经平组织的特点是,线圈处于与延展线方向相反的倾斜状态。这是由于线圈主干与延展线连接处的纱线呈弯曲状态,在纱线弹性力的作用下,弯曲线段力图伸直而造成的。此外,穿过线圈圈弧的延展线压住了线圈主干的一侧,使线圈转到垂直于针织物的平面内,这样坯布的两面就有相似的外观,而卷边性却大大降低,如图 3 - 1 - 6 所示。

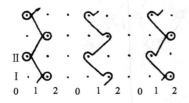

图 3 - 1 - 5　经平组织垫纱运动图

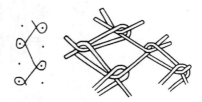

图 3 - 1 - 6　单梳经平组织

经平组织在纵向或横向受拉伸时,由于线圈倾斜角的改变,线圈中纱线的转移和纱线本身的伸长,所以织物具有一定的延伸性。经平组织在一个线圈断裂后,横向受到拉伸时,线圈沿纵向在相邻的两纵行上逆编结方向脱散,从而使织物分裂成两块。在编织经平组织时,导纱针在第一横列中做一个针距的针后横移,并以横列的次序,左右反向,因此在其相邻的两纵行间,每一横列中有一根延展线并随横列的次序,左右交叉倾斜,如图 3 - 1 - 7 所示。

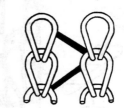

图 3 - 1 - 7　经平组织延展线配置

3.经缎组织　每根纱线顺序在三枚或三枚以上的织针上垫纱成圈的组织,称为经缎组织。在一个完全组织中导纱针横移的针数、方向和顺序由花纹要求决定。图 3 - 1 - 3 所示为最简单的四列经缎组织。

经缎组织往往由开口和闭口线圈组成,一般在垫纱转向时采用闭口线圈,而在中间的则为开口线圈。转向线圈由于延展线在一侧,所以呈倾斜状态。而中间的开口线圈在两侧有延展线,但线圈主干与延展线的连接线段的弯曲程度不同,其力图伸直的弹性力不同,所以线圈将向弯曲程度较大的相反方向倾斜。但这种倾斜较小,线圈形态接近于纬平针织物,因此其卷边性及其他一些性能类似于纬平针织物。

在经缎组织中,不同方向倾斜的线圈横列对光线反射不同,因而在针织物表面形成横向条纹。当有个别线圈断裂时,坯布在横向拉伸下,虽会沿纵行在逆编结方向脱散,但不会分成两片。

4. 重经组织　每横列中每根经纱同时垫在两枚针上,亦即每根经纱在一横列相邻的两个线圈纵行内形成线圈的组织,称为重经组织。重经组织可以在一定基本组织的基础上形成。

图 3-1-8 所示为重经平组织,这是在经平组织基础上形成的。在每横列中,每根经纱同时垫在相邻两枚针上。后一横列相对于前一横列移过一个针距,这时一个线圈纵行的线圈始终是由一根纱线形成的,其相邻纵行的线圈则轮流由左右相邻的经纱形成。可见一隔一穿经的单梳就可形成成片的经编坯布。

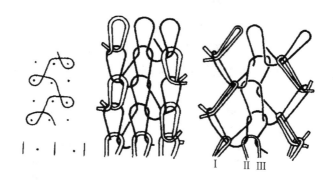

图 3-1-8　重经平组织

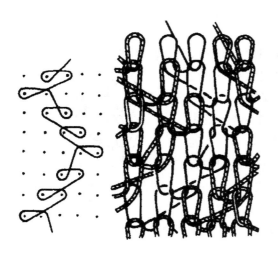

图 3-1-9　重经缎组织

在经缎和变化经缎组织基础上,亦可以得到重经缎组织和变化重经缎组织,图 3-1-9 所示为重经缎组织的一种。

由于重经组织中有较多比例的开口线圈,所以其织物特性介于经编和纬编之间,有脱散性小、弹性好等优点。

二、经编针织物的变化组织

由两个或两个以上基本经编组织的纵行相间配置而成的组织,称为经编变化组织。

(一)变化经平组织

1. 经绒组织　由两个经平组织的纵行相间配置而成的组织,称为经绒组织或三针经平组织,如图 3 - 1 - 10 所示。

2. 经斜组织　由 3 个经平组织的纵行相间配置而成的组织,称为经斜组织或四针经平组织,如图 3 - 1 - 11 所示,由此可以类推五针经平组织、六针经平组织等。

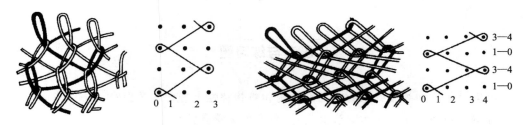

图 3 - 1 - 10　经绒组织　　　　　　　　　　图 3 - 1 - 11　经斜组织

经绒和经斜都是变化经平组织,变化经平组织由于由几个经平组织组成,其线圈纵行相互挤住,所以线圈转向与坯布平面垂直的趋势亦较小,其卷边性类似于纬平针组织。另外,在有线圈断裂而发生沿线圈纵行的逆编结方向脱散时,由于此纵行后有另一经平组织的延展线,所以不会分成两片。

(二)变化经缎组织

由两个或两个以上经缎组织的纵行相间配置而成的经编组织,称为变化经缎组织。这种变化组织的完全组织较大,垫纱规律复杂,一般用于编织一些花色织物。变化经缎的线圈也呈倾斜状,但比经缎组织为小。变化经缎织物的横向延伸性也较小。图 3 - 1 - 12 所示为一种变化经缎组织。其中某两纵行间的延展线分布规律如黑线所示。

(三)变化重经组织

在一横列中,对两枚相邻织针同时垫纱的纱线在下一横列中相对于前一横列移过两针距垫纱的组织,习惯上称为变化重经平组织,如图 3 - 1 - 13 所示。其他类型的变化重经组织很少有实用意义。

变化重经组织每两个纵行的线圈由相邻纱线轮流垫纱形成。在这种组织中,由于转向

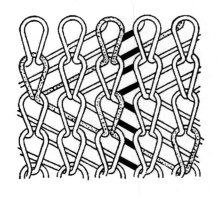

图 3 - 1 - 12　变化经缎组织

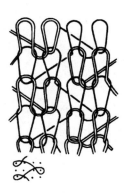

图 3 - 1 - 13　变化重经平组织

线圈的延展线集中在一侧,所以这种线圈呈倾斜状态,并在该处呈孔眼形结构。

变化组织的特点是延展线较长,所以其横向延伸性较小。这种坯布反面的延展线外观就如纬平针织物的线圈圈柱,因此常将其反面作为产品的正面。

思考与练习题

1. 经编针织物和纬编针织物在线圈结构和织物特性上有什么区别?

2. 经编针织物组织的表示方法有几种,各有什么特点?

3. 画出编链组织、经平组织、经缎组织的线圈结构图和垫纱运动图,并说明其各自的特点。

第二章　整　经

● **本章知识点** ●

1. 整经的目的、要求与工艺条件。
2. 分段整经机的基本结构与工作原理。
3. 弹性纱线整经机的工作原理与特点。
4. 整经工艺参数的计算。

第一节　整经工艺要求及整经方法

一、整经的目的与要求

整经是经编生产的准备工序,整经的任务是根据工艺设计卡的要求,将筒子纱线按照工艺设计所需的经纱根数和长度,相互平行、均匀地卷绕到经轴上,以满足经编生产的需要。为了完成整经任务,保证经编生产的正常进行和织物的优良品质,整经工艺必须满足下列要求:

1. 张力均匀一致。在整经过程中,每根经纱的张力必须均匀一致(否则形成"直条"疵点);并且每根经纱自始至终张力恒定(否则在经编坯布不同片段密度有变化);整经张力大小适中(过小无法整经,过大影响纱线的弹性和强力)。

2. 整经的根数和长度以及不同性质、不同线密度或不同颜色的原料排列必须符合编织工艺设计的规定,为保证产品质量,同一经轴的原料应是同一批次的。

3. 经轴成形良好,密度均匀恰当。经轴应呈符合要求的圆柱体,表面平整,没有上层丝陷入下层丝等情况。

4. 为改善纱线性能,整经过程中必须除去毛丝、结头等疵点;对经纱给油或上蜡,使之平滑柔软,提高抗静电性能。

5. 选用适当的整经速度。同一套经轴应以同一速度整经,中途不能改变整经速度。

整经质量的好坏对经编生产影响很大,实践证明,经编坯布质量80%取决于整经的质量。此外,经轴质量对经编生产效率、工人劳动强度也有很大的影响,因此必须对整经工序予以重视。

二、整经方法

1. 分段整经　分段整经是将一把梳栉所需的经纱根数分成几份,分别卷绕成狭幅的分段经轴(亦称盘头),再将几个盘头并列固装在一个轴上组装成经编机用的经轴。分段整经生产效率高,运输方便,操作简便,能适应多品种、多色纱线的编织要求,是目前使用最广泛的一种整经方法。

2. 轴经整经 轴经整经是将经编机上一把梳栉所用经纱全部同时绕到一个经轴上,直接供经编机编织用。对于编织地组织的经轴,由于经纱根数较多,因而纱架容量需要很大,使占地面积加大,采用此法不经济。所以轴经整经一般多用于经纱总根数不多的多梳经编机,或用纱量少的花梳经轴的整经。因此,又有"花经轴整经"之称。

3. 分条整经 分条整经是将一把梳栉所需要的经纱根数分成若干份,每份 100～200 根,按需要的整经长度逐份平行地绕到一个大滚筒上,然后再将大滚筒上所有经纱同时倒绕到经轴上。这种方法生产效率低,操作麻烦,在经编生产中已很少使用。

三、整经工作条件

(1)环境温度一般冬季为 18～22℃,夏季为 24～28℃;

(2)相对湿度为 60%～70%,如编织原料为涤纶丝需选取 70%～75%。

(3)保证经纱同温同湿,一般要求原料堆置 24h 以上。

(4)车间环境需保证无直射光与干扰气流,车间洁净,无飞尘集积,地面光滑;灯光要有足够的亮度。

(5)使用的各分段经轴应符合国家标准。

四、整经质量标准

(1)整经轴硬度为 HS55～65,可使用测头直径为 2.5mm 的 GS—702G 型橡胶硬度计测量。

(2)整经后经纱表面的平整度公差值为 1mm,可用平尺透光测量。

(3)整经后同组经轴外周长差异值不大于 0.3%。

(4)整经后经轴锥度差不大于 0.15%。

(5)无毛丝、压丝、断纱等疵点。

第二节　整经机的主要结构和工作原理

一、分段整经

分段整经是经编生产中应用最广泛的整经方法,图 3－2－1 所示为普通分段整经机的结构示意图,主要包括:纱架 1、集丝板 2、分经扣 3、张力罗拉 4、静电消除器 5、加油器 6、储纱装置 7、伸缩扣 8、导纱罗拉 9、经轴 10、毛毡压辊 11 等部分。各部分的作用与工作原理为:

1. 纱架 复式纱架,一半工作筒子,一半预备筒子。以免筒子用完停车,使整经连续进行。

2. 张力器 纱架上每个筒子前有一个张力器,对每根纱线的张力进行控制和调节。张

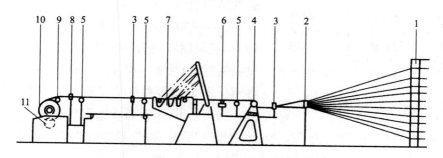

图 3 - 2 - 1 普通分段整经机

力器现在常用的为液态阻尼式张力器(习惯称为 KFD)。液态阻尼张力器的结构如图 3 - 2 - 2 所示。图中经纱穿过气圈盘 1 绕过导纱棒 2 时,只要转动气圈盘 1,则可改变纱线与导纱棒 2 的包围角,经纱张力也随之改变,这样可以根据工艺要求来调节单纱的预张力。另一方面,由拉簧控制的张力杆 3 位于可活动的小平台上,经纱绕过张力杆 3 后获得张力的大小由拉簧的拉力决定。拉簧的拉力则由集体调节轴 5 控制,通过改变拉簧的拉力,就可以调节经纱的张力。

经纱由气圈盘 1 的孔引入,绕过导纱棒 2 后,在张力杆 3 之间穿行。当经纱张力减小(小于预定张力值)时,若干张力杆在拉簧的作用下开始变更位置,使经纱与张力杆之间的包围角增加,以此来提高经纱的张力,如图 3 - 2 - 3(1)所示;当经纱张力增大时,张力杆与平台再次变动位置,使纱线与张力杆的包围角减小,已达到减小张力的目的,直到回复到张力的预定值为止,如图 3 - 2 - 3(2)所示。

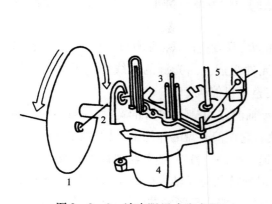

图 3 - 2 - 2 液态阻尼式张力器

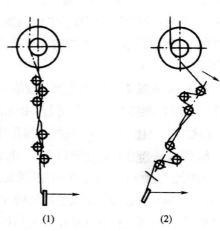

(1)   (2)

图 3 - 2 - 3 纱线绕过张力杆的不同状态

3.均衡张力辊装置 在整经机中,有一对罗拉在经纱带动下转动,从而使经纱产生了附加张力。所附加张力的大小与罗拉和经纱间的包围角有关。

4.储纱装置 当整经过程中,经纱断裂并卷入经轴时,需要使经轴倒转,以使断头露出。为了保证经轴倒转时,其上的经纱片不会松懈而乱纱,可使储纱装置进入工作。储纱装

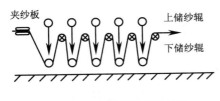

图 3 - 2 - 4　储纱装置的结构

置的结构如图 3 - 2 - 4 所示。工作过程为:脚踩倒车开关→夹纱板夹紧→活动储纱辊动作(接触经纱)→经轴倒转→活动储纱辊继续拉紧经纱→(直到断头露出)接头→脚踩前进开关(慢车)→活动储纱辊反向退出经纱→(直到经纱拉直)夹纱板打开→接头结束(可重新开始正常整经)。

5.加油器　整经过程中,为了改善纤维的集束、平滑、柔软、抗静电、摩擦等性能,一般需要对经纱表面进行上油处理。加油器的结构如图 3 - 2 - 5 所示。

小电动机 1 通过变速箱 2 传动加油辊 3,油泵 7 将储油箱 4 内的油液输送到油槽 6 内,加油辊部分浸在油槽的油液内,油辊的回转方向与经纱相迎,使经纱表面沾上油液。经纱表面的加油量通过改变加油辊的回转速度调节。调节范围是 0 ~ 10r/min。停车时纱线会被电磁铁 5 抬起,离开加油辊,防止和控制油液在纱线上的过度集聚。

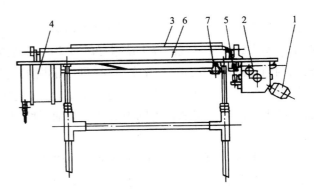

图 3 - 2 - 5　加油器的结构

6.静电消除棒　在整经过程中,由于经纱不断与其他机件摩擦而产生静电,必须加以消除,以防止经纱缠结甚至产生火花、火灾。在经纱片的下方装有静电消除棒,它利用高压电位作用下针尖产生的电晕放电,使周围空气电离,使经纱片上所带的静电逸走,从而达到消除或减少静电的目的,保证了整经的顺利进行。

7.毛丝检测器　经纱毛丝对经编织造影响很大,易发生断头、影响布面质量,必须加以消除。毛丝检测器与经纱片平行,由光源、光敏元件组成。当光源的光线受到毛丝的遮挡时,光度发生变化,经放大,使继电器作用,从而使整经机停机。

8.伸缩筘　在机器运转过程中,伸缩筘处在经轴前方,控制经纱片的宽度,使得整经时经纱片的宽度与盘头(分段经轴)的内档宽度相一致。它在偏心盘的作用下,沿经轴轴向做微小游动,使经轴形成轻微的交叉卷绕结构,以改善其退绕条件。另外,随着经轴直径的增大,毛毡滚筒逐渐右移,通过杠杆系统使伸缩筘逐渐上升,以保持其与经轴表面的相对位置不变,从而可减小经纱张力的变化。伸缩筘上游动的经纱片宽度应略小于经轴的内档宽度。伸缩筘的宽度可在机前用手柄调节。伸缩筘与经轴轴向的相对位置,亦可在车前用手柄调节。

9.机头　整经机的机头由机头箱、经轴、主电动机及尾架组成。为了适应产品变化的要求,在许多整经机上经轴的大小可以选择,只要将安装经轴的轴头与支承尾架的导柱稍加调整即可。

装在车头上的经轴由直流电动机直接传动。为了保证在经轴直径变化时经纱卷绕线速度和卷绕张力不变,必须随着经轴直径的逐渐加大而逐渐降低直流电动机的转速。有些整经机为了使经轴纱层结构紧密,表面平整,装配有压辊。但如果张力装置已能保持必要、均匀的经纱张力,压辊最好不用,以减少对经纱表面的摩擦。只有在纱线张力要求特别低或对经纱纱层密度有特殊要求时才使用压辊。

随着整经技术的发展,在整经机上还采用了电气控制装置,盘头自动装卸装置,测长装置等。

二、弹性纱线整经机

聚氨酯弹性纱线由于其很大的拉伸性与导纱机件很高的摩擦因数而难以整经。纱线极易产生缠结,经纱张力亦不稳定,因此必须使用专门的整经机。

图 3-2-6 为弹性纱线整经机工作原理示意图。弹性纱的筒子 9 套在纱筒芯座上,并由弹簧紧压在垂直罗拉 8 上,垂直罗拉由车身主电动机 11 传动。由于弹性纱筒与罗拉间的摩擦,积极送出纱线,经张力传感装置 5、张力罗拉 4 积极传送,再由导纱罗拉 2 送出,由经轴 1 卷取进行整经。当需要停车时,机器的各部分均能同步制动。图中 10 为无级调速器,3、6 为前后托,12 为经轴电动机。

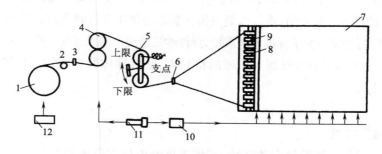

图 3-2-6　弹性纱线整经机工作原理示意图

这种整经机通常具有以下特点:

1. 积极送出弹性纱线的纱架　弹性筒子纱必须有专门的传动机构,按规定的速度积极均衡地送出纱线。整个筒子架由几个独立的纱架组合。整经根数根据需要可以增减,纱架向着机头排成扇形(图 3-2-7),使前后纱架上各纱路间的差异尽可能地降低,从而减少单纱间的张力不匀。纱架每排至多放 3 个筒子架,否则会因路线太长,纱线在通向张力罗拉的途中失去控制。每个筒子架具有积极传动的垂直罗拉,按规定的速度均衡地送出纱线。为了确保经纱张力均匀,要求筒子架上所有的筒纱直径相同。

2. 张力传感装置　在整经过程中,随着纱线筒子直径的减小,退绕张力亦将发生变化,并会影响到纱线的伸长量。为了保持张力稳定,在弹性纱线整经机中增加了张力传感装置。一对张力传感罗拉装在摇臂上,摇臂借拉簧和经纱张力保持平衡。摇臂轴端固有一个感应螺钉,螺钉随摇臂做同步摆动(图 3-2-7)。当经纱张力大时,螺钉覆盖在下限感应开关上,通过电子放大器,使无级调速器加速。筒子退绕量增加,张力迅速减小;反之,当经纱张

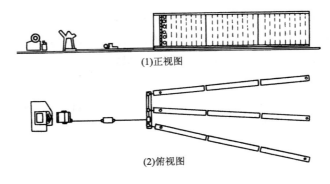

(1)正视图

(2)俯视图

图 3 - 2 - 7　纱架与纱路

力过小时,则使电动机 11 减速,退绕量减少,直到张力恢复正常为止。

3.严格控制弹性纱的牵伸量　在弹性纱线整经机上有两个牵伸区,从纱架到张力罗拉为预牵伸区,罗拉运转速度与纱线的退绕速度成一定的倍数关系,即是弹性纱的预牵伸量。预牵伸量的大小由罗拉装置中 A、B 变速齿轮(图中未画出)的齿数决定,改变 A、B 齿轮的齿数就可改变牵伸量,其范围在(1:1) ~ (1:3.17)。

从张力罗拉到经轴为后牵伸区,经袖卷取速度与罗拉装置速度的比值是后牵伸量。因为是弹性纱,后牵伸量可以是正值,也可以是负值。总牵伸决定于经轴卷取速度与筒纱退绕速度之比值,应尽力保持稳定。为了保证整经质量,弹性纱线整经机的线速度一般在 300m/min 以下。

除此之外,为了尽量减少纱线与机器的接触点,所有导体的表面均为旋转沟槽结构,受到积极均匀的传动。

三、花经轴整经机

花经轴整经机是将纱线整在花经轴上,供多梳经编机花色梳栉使用。由于花经轴上经纱根数较少,可以采用轴经整经的方式,由这种整经机直接制成整个经轴。

花经轴整经机的结构如图 3 - 2 - 8 所示,花经轴整经机采用正面式纱架,纱线从纱架通

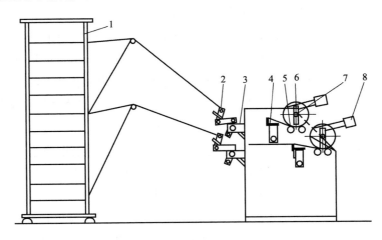

图 3 - 2 - 8　花经轴整经机结构

过张力装置引出后,经过导纱杆 2 和固定分纱筘 3,在经过游动分纱筘 4,卷绕在花经轴 7 上,花经轴 7 由两根回转主动罗拉 5、6 摩擦传动,加压杆依靠重锤 8 给花经轴 7 一定压力,使卷绕具有一定的密度。

游动分纱筘 4 的游动动程可根据所卷绕纱线的根数进行调整,一般以等于两根纱线间的距离为宜。动程小时,纱线间有间隙,卷绕不平;动程大时,纱线彼此交叉,容易产生压丝。游动分纱筘的游动速度由无级变速器调节,以改变纱线在经轴上的倾斜角度。

第三节 整经质量控制与工艺计算

一、整经质量控制

1. 整经对纱线品质的影响 在整经过程小,纱线由于受到张力和摩擦力的作用,使其物理机械性能发生变化。当纱线受到张力作用而伸长时,线密度降低,弹性和延伸性降低,这对编织生产和织物的质量都是不利的。因此,在整经时经纱的张力必须保持适度和均匀。从筒子上退绕出来的纱线,其捻度会发生变化。捻度变化的大小取决于筒子的直径,直径越小,捻度变化越大。整经过程中,纱线与机件发生摩擦,如果装置不妥,摩擦就大,使纱线表面发毛,甚至使纱线断裂。

整经质量的好坏对经编坯布质量、经编机生产效率、工人劳动强度有很大的影响,因此必须重视整经质量,使经轴品质良好。

2. 整经常见疵点的产生原因及消除方法 整经常见疵点的产生原因及消除方法见下表。

整经常见疵点的产生原因及消除方法

疵点名称	产 生 原 因	消 除 方 法
盘头卷绕直径大小不一	1. 转数表不灵,运转时跳字或不进位	1. 经常检修转数表,保持作用良好,不跳字,顺利进位
	2. 转数表到数不自停	2. 检修倒转自停机构,保持定长自停灵活
	3. 挡车工拨转数表有差错	3. 提高挡车工技术,拨表正确
	4. 整经速度不稳定,忽高忽低	4. 修理匀速装置,做到整经速度恒定,教育挡车工在整经过程中不要随意改变整经速度
	5. 盘头规格不统一,轴径和边盘宽度有差异	5. 检查盘头规格,不一致的盘头不用
	6. 断纱次数过多,倒上纱的次数增多,影响纱线张力均匀	6. 减少断纱,倒上纱的张力要均匀
	7. 开始整经时滚筒与盘头接触不好	7. 调节滚筒位置,使开始整经时接触良好
断纱	1. 丝管卷装成形不良,丝管上有毛丝	1. 将成形不良的丝管除去,删除有毛的丝
	2. 张力片使用不当,造成纱线张力过大	2. 调节张力片大小,使纱线张力适宜
	3. 瓷柱不清洁,玷污较多	3. 擦洗瓷柱,保持清洁
	4. 分纱针和瓷柱、瓷眼磨损挂断纱线	4. 更换磨损了的瓷柱、瓷眼和分纱针
	5. 湿度过大,纱线互相粘连	5. 调整温湿度

疵点名称	产 生 原 因	消 除 方 法
毛丝	1. 丝管在搬运、上机过程中擦毛 2. 分纱针和瓷眼有沟槽,擦毛纱线 3. 盘头边盘不光滑,有毛刺 4. 停开车时滚筒与盘头不同步,滚筒将纱线擦毛	1. 按规定小心操作 2. 更换已磨损了的分纱针、瓷眼等零件 3. 消除边盘上的毛刺 4. 修理滚筒与盘头,在停开车时同步
盘头表面纱线不平整	1. 湿度过小,纱线因静电作用不平整 2. 张力片大小不一致 3. 静电消除器失效,不能消除纱线上的静电 4. 分纱针间距大小不一	1. 控制温湿度,使之符合生产要求 2. 调整张力片 3. 修理静电消除器,使作用良好 4. 更换间距不一的分纱针
盘头上纱线凹凸不平,卷绕直径不一	1. 分纱筘左右位置调节不当,偏于一边造成凹凸 2. 分纱筘宽度调节不当,大于或小于盘头边盘的内宽 3. 分纱筘中间接缝隔距偏大或偏小,造成盘头中间凸或凹 4. 滚筒与盘头接触不良,一面紧、一面松 5. 盘头偏摆不圆,造成纱线在经轴上一面凹、一面凸 6. 整经纱架左侧的纱线跑出张力片,造成盘头左侧直径偏大	1. 正确调整分纱筘左右位置 2. 正确调整分纱筘的宽度 3. 调整分纱筘中间接缝,使隔距一致 4. 调整滚筒,使之与盘头接触良好 5. 检查盘头,偏摆不圆时,就不再使用 6. 改进纱线在瓷柱上的绕法,防止纱线跑出张力片
纱线张力不匀	1. 个别纱线跑出张力片 2. 张力片、瓷柱不清洁 3. 瓷柱松动,位置不正 4. 温湿度波动,忽大忽小	1. 调整纱线绕法和瓷柱位置 2. 擦洗张力片、瓷柱 3. 调整正确并固紧 4. 控制温湿度恒定

二、整经工艺计算

整经工艺计算主要是根据织物的设计要求,计算出一个分段经轴上的纱线根数和长度,以及相对于坯布的幅宽,计算出需用的经轴。

(一)整经根数计算

整经根数是指每一只分段经轴(常称盘头)上卷绕的经纱根数。每只盘头上经纱根数与经编机上的工作针数、盘头数以及穿纱方式有关。

1. 经编机工作总针数 N 经编机需要参加工作的总针数计算公式如下:

$$N = B/T = (B' + 2b)/T(1 - P)$$

式中:B'——定型幅宽,mm;

P——定型收缩率；

b——裁剪时剪去的定型布边宽，mm；

T——针距，mm。

2. 每个盘头对应的工作针数 n 一般考虑从盘头引出的经纱至针床上时，其宽度近似等于盘头外档宽度，这样可使引出的经纱不会与盘边产生摩擦。根据这一原则，每个盘头对应的工作针数，可由下式决定：

$$n = B_1 / T$$

式中：B_1——分段经轴外档宽度，mm；

$\quad\ \ T$——经编机针距，mm。

3. 各盘头整经根数 n′ 盘头上实际的整经根数与穿纱方式有关。分以下两种情况：

（1）满穿梳栉。

$$n' = n$$

（2）带空穿的梳栉。

$$n' = n(1 - q)$$

式中：q——空穿率（一穿经完全组织中空穿针数占总针数的百分率）。

为了管理方便，应尽量做到每个盘头的整经根数是一个穿纱循环内穿纱针数的整数倍。

（二）整经长度计算

整经长度是指在整经时经轴上卷绕纱线的长度。确定整经长度时应注意：编织每匹布时需要整经的经纱长度，编织时各梳栉之间的送经比，原料卷装筒纱长度，经轴上所能容纳的最大整经长度。

整经长度可用以下两种方法计算。

1. 定长制 假设每匹布长 L_p 已知，整经长度可用下式求得：

$$L = 0.02 \times L_p \times P_B \times l$$

式中：L_p——坯布匹长，m；

$\quad\ \ L$——整经长度，m；

$\quad P_B$——织物纵密，横列/5cm；

$\quad\ \ l$——线圈长度，mm。

2. 定重制 假设一匹布的坯布 F 机匹重为 $W(kg)$，整经长度可用下式求得：

$$W = 10^{-6} \sum_{i=1}^{n} L_i \times n_i \times m_i \times \mathrm{Tt}_i = 10^{-6}(m_1 n_1 \mathrm{Tt}_1 C_1 L_1 + m_2 n_2 \mathrm{Tt}_2 C_2 L_2 + \cdots)$$

则后梳的整经长度：

$$L_B = \frac{10^6 W}{m_1 n_1 \mathrm{Tt}_1 C_1 + m_2 n_2 \mathrm{Tt}_2 C_2 + \cdots}$$

式中：L_i——第 i 把梳栉的整经长度，m；

　　n_i——第 i 把梳栉上每个盘头整经根数，一般前梳为第 1 梳，依此类推；

　　m_i——第 i 把梳栉上的盘头数；

　　Tt_i——第 i 把梳栉纱线的线密度，dtex；

　　C_i——第 i 梳对后梳的送经比。

思考与练习题

1. 整经的工艺要求及质量标准是什么？

2. 整经有哪几种方式？各适用在何处？

3. 简述分段整经机各机构的作用。

4. 影响整经张力的因素有哪些？

5. 欲在 Z303 型经编机上加工经绒平衬衣布。前、后梳均满穿，使用 55dtex（50 旦）涤纶丝，成品幅宽 1.9m，匹布重量 10kg，$P_A = 11$ 横列／cm，求：

（1）整经根数。

（2）整经长度。

第三章　经编机的成圈机件和成圈过程

━━●　本章知识点　●━━

1. 经编机的分类和一般结构。
2. 舌针经编机的成圈机件与成圈过程。
3. 槽针经编机的成圈机件与成圈过程。
4. 钩针经编机的成圈机件与成圈过程。

第一节　经编机的分类和一般结构

一、经编机的分类

经编机的种类和型号很多,根据机器的结构特点和用途,经编机常以下列形式分类:

1. 按针床数分类　可分为单针床经编机和双针床经编机。

2. 按织针针型分类　可分为钩针经编机、舌针经编机和槽针经编机。

3. 按织物的引出方向分类　按织物的引出方向可分为特利柯脱型经编机[如图 3-3-1(1)所示,织物引出方向与织针平面呈约为 110°的夹角]和拉舍尔型经编机[如图 3-3-1(2)所示,织物引出方向与织针平面大致呈 140°~170°的夹角]。

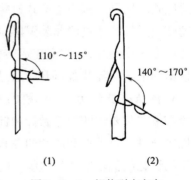

(1)　　　　(2)

图 3-3-1　织物引出方向

特利柯脱型经编机常用于编织组织结构和花型较简单的织物,一般梳栉数较少,针距较细,车速快,针型正由原来的钩针逐步改为槽针。

拉舍尔经编机常用于编织组织结构和花型比较复杂的织物,一般针距较粗,车速较低,大多采用舌针,部分机种也向槽针发展。

为了简化机构,提高机器生产率,适应生产专门制品的需要,还有许多专门用途的经编机,如花边机、渔网机、长毛绒经编机、包装袋经编机、缝编机、全幅衬纬经编机等。

二、经编机的一般结构

(一)主要机构

1. 编织机构　经编机的编织机构如图 3-3-2 中 3 所示,将经纱形成相互串套的线圈而构成经编针织物。编织机构包括针床、梳栉、沉降片和压板,它们从主轴经各自的机构传

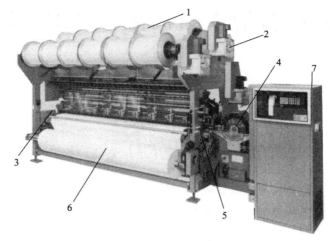

图 3-3-2　服用织物经编机

动、互相配合做成圈运动。通常采用凸轮或偏心连杆传动。凸轮常用于转速较低、成圈机件运动规律较复杂的经编机中;偏心连杆由于传动平稳,加工较简单,高速运转时磨损和噪声较小,因而在高速经编机上得到广泛应用。

2. 送经机构　经编机的送径机构如图 3-3-2 中 2 所示,用于将经轴上的纱线供给成圈机构进行编织,分为消极式送经机构和积极式送经机构两类。消极式机构中经轴为经纱张力拉动送出经纱,不需要专门的经轴传动装置,适用于机速较低、送经规律较为复杂的经编机;积极式送经机构采用专门的传动装置,使经轴回转送出经纱,又有张力感应式和线速度感应式之区别。张力感应式机构通过张力杆感应经纱张力的大小来控制经轴的转速;线速度感应式机构通过测速装置感应经纱运动速度的大小来控制经轴的转速。这类机构以预定线速度送出经纱,能在高速运转条件下稳定地工作,故在高速经编机上得到广泛应用。现已推出的电子送经装置(EBC)通过电子计算机来控制送经机构,其应用范围更广泛。

3. 梳栉横移机构　经编机的梳栉横移机构如图 3-3-2 中 4 所示,控制固装着导纱针的梳栉按花纹要求的规律做针和针后横移运动的机构。通常有花板式和凸轮式两种。花板式机构通过一定外形和尺寸的花板,按针织物组织的要求串联成花板链条,使梳栉横移,适用于编织花纹比较复杂的组织,花型变换比较方便;凸轮式机构中,凸轮的外形是按针织物所需梳栉横移规律而设计的,传动较平稳,能适应较高的编织速度。由计算机控制的数字式花型横移机构使花型变换变得极为简单快捷。

4. 传动机构　以主轴为主体,通过凸轮、偏心连杆、涡轮蜗杆及齿轮等各种传动机件,使机器上的各部分机件互相协调地进行工作。

5. 牵拉卷取机构　经编机的牵拉卷取机构如图 3-3-2 中 5 所示,该机构以一定的张力和速度,将织物从成圈区域出并卷成布卷的机构,而电子牵拉卷取装置(EAC)是靠计算机来控制牵引卷取的速度,调整使用方便。

(二)辅助机构

(1)各类计数器,如产量仪表、织物长度计数表等。

（2）各类检测装置和自停装置，如坯布疵点检测装置、张力过大保护装置、经纱断头自停装置等。

（3）各类扩展花纹范围的辅助装置，如花压板、压纱杆提花装置、间歇送经装置和多速送经装置等。

第二节 舌针经编机的成圈机件与成圈过程

一、舌针经编机的成圈机件

舌针经编机的成圈机件有：舌针、栅状脱圈板（即针槽板）、导纱针、沉降片和防针舌自闭钢丝。它们相互配合，完成成圈过程。

舌针是舌针经编机的主要成圈机件，对产品质量有直接关系。由于舌针的垫纱范围较大，故适宜于多梳栉经编机以编织花型复杂的经编织物，现代舌针经编机大多有数量众多的梳栉。另外，舌针适用于加工短纤纱。

舌针浇铸在合金座片内（图3－3－3），合金座片宽25.4mm或50.8mm（1英寸或2英寸）。合金成分种类很多，一般采用铅锡合金。

栅状脱圈板是一块沿机器全长配置的金属板条，其上端按机号要求铣有箝齿状的沟槽，舌针就在其沟槽内作升降运动，进行编织。在针头下降到低于栅状脱圈板的上边缘时，旧线圈为其阻拦，从针头上脱下，所以其作用为支持住编织好的坯布。在高机号机器上，通常采用薄钢片铸在合金座片内（图3－3－4），再将座片固定在金属板条上，并在后面装以钢质板条，以形成脱圈边缘和支持住编织好的坯布，薄钢片损坏时，可以将座片更换。栅状脱圈板要求平直，刚性好，铣槽间距及公差要符合规定。

导纱针由薄钢片制成，其头端有孔，用以穿入经纱。在成圈过程中，导纱针引导经纱绕针运动，将经纱垫于针上。导纱针头端较薄，以有利于带引纱线通过针间。针杆根部较厚，以保证具有一定的刚性，为便于安装，通常亦将导纱针浇铸在合金座片内（图3－3－5），合金座片宽25.4mm或50.8mm（1英寸或2英寸）。

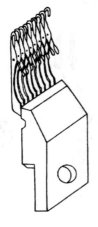
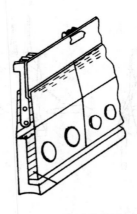
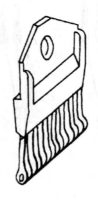

图3－3－3 舌针　　　　图3－3－4 栅状脱圈板　　　　图3－3－5 导纱针

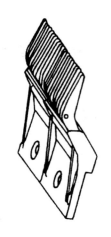

图 3 - 3 - 6　沉降片

导纱针孔的大小与所加工的纱线直径有关,因此对于不同机号的经编机,要使用不同规格针孔的导纱针。导纱针必须光滑无尖刺,针孔边缘的光洁度要求更高,因为在成圈过程中每一片段纱线要沿导纱针孔边缘来回滑动多次,若导纱针孔边缘毛糙,将使纱线受到很大损伤,甚至断头。

沉降片由薄钢片做成,其根部按针距浇铸在合金座片内(图3 - 3 - 6),安装在栅状脱圈板的上方位置。当针上升退圈时,沉降片向针间伸出,将旧线圈压住,使其不会随针一起上升。这对于编织细薄坯布,使机器能以较高速度运转,具有积极的作用。粗机号机器采用较粗的纱线编织粗厚的坯布时,因为坯布的向下牵拉力较大,靠牵拉力就可起到压布作用,故可不用沉降片。

防针舌自闭钢丝沿机器全长横贯固定在机架上,使其位于针舌前方离针床一定距离处,或装在沉降片支架上与沉降片座一起摆动。当针上升,针舌打开后,由它挡住开启的针舌,不致自动关闭,而造成漏针。

二、舌针经编机的成圈过程

普通双梳舌针经编机的成圈过程比较简单,其成圈过程如图3 - 3 - 7所示。在上一成圈过程结束时,舌针处于最低位置,准备开始新的成圈循环[图3 - 3 - 7(1)],成圈过程开始时,舌针上升进行退圈,沉降片向机前压住坯布,使其不随针一起上升。导纱针处于机前位置[图3 - 3 - 7(2)],继续进行针后横移。

针上升到最高位置,旧线圈滑到针杆上。由于安装在沉降片上方的防针舌自闭钢丝的作用,针舌不会自动关闭[图3 - 3 - 7(3)]。

导纱针向机后摆动,将经纱从针间带过,直到最后位置[图3 - 3 - 7(4)],此时,导纱针在机后进行针前横移,一般移过一个针距,在编织衬纬组织时,衬纬梳栉不作针前横移。此时沉降片向机后退出。然后梳栉摆回机前,将经纱垫绕在舌针上[图3 - 3 - 7(5)]。

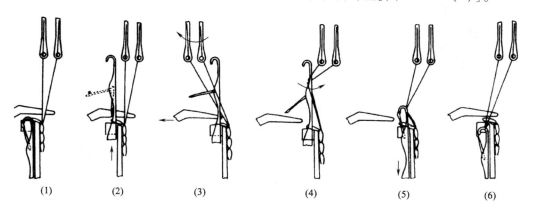

(1)　　　　(2)　　　　(3)　　　　(4)　　　　(5)　　　　(6)

图 3 - 3 - 7　舌针经编机成圈过程

在完成垫纱后,舌针开始下降[图3-3-7(6)],新垫上的纱线处于针钩内。沉降片到最后位置后又开始向前移动。

舌针继续向下运动,将针钩中的新纱线拉过旧线圈。由于旧线圈为栅状脱圈板支持住,所以旧线圈脱落到新纱线上。在针头下降到低于栅状脱圈板的上边缘后,沉降片前移到栅状脱圈板上方,将经纱分开[图3-3-7(7)],此时导纱针作针后横移。

当针下降到最低位置时,新线圈通过旧线圈后而具有一定的形状和尺寸,完成成圈,与此同时,坯布受牵拉机构的作用将新线圈拉向针后。

第三节 槽针经编机的成圈机件与成圈过程

一、槽针经编机的成圈机件

槽针经编机的成圈机件主要有导纱针1、沉降片2、槽针3和针芯4等(如图3-3-8所示)。

1.槽针 槽针由带针钩的针身和针芯两部分组成。针芯在针身的槽内,两者做相对运动,如图3-3-9所示。

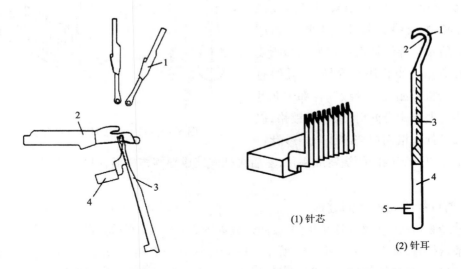

(1)针芯

(2)针耳

图3-3-8 槽针经编机成圈机件　　　　图3-3-9 槽针结构

针身由针钩1、针口2、针槽3、针杆4和针踵5组成[图3-3-9(2)]。这种针制造和使用均较方便。它的最大优点是织针的运动简单,动程比舌针和钩针都小。与同类型经编机相比,槽针的动程可比钩针小1/4左右,这就为高速运转创造了条件。

槽针的针身要求表面平直光滑,槽口处无毛刺和棱角,并有一定的硬度。针钩和针槽部分要特别光洁平直,以保证针芯可在其槽内轻快滑动,很好地配合成圈。槽针的针钩尺寸很小,可以大大简化垫纱运动,针钩处比针杆薄,以保证导纱针摆过时有一定的容纱间隙。在机上针身可单根地插放在针床的槽板上,也可数枚铸成座片固装在针床上。

针芯的结构形状,其头端铣有针芯槽,与针钩相啮合时,针芯下部仍处于针槽内,使其不致脱出。针芯要在很窄的针槽内轻快滑动,所以制造与装配一定要精确,以保证针芯头部能很好地与针钩相吻合。这些都要求针芯有很高的精度和适当的刚度,因而选用材料和制造精度要求都很高。针芯一般以3枚或半英寸一组铸在合金座片上,针芯应平直和相互平行,其间距要与针距精确配合,其硬度要求与槽针针身相同。

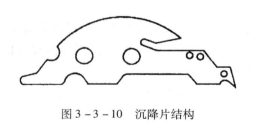

图 3 - 3 - 10　沉降片结构

2.沉降片　槽针经编机上用的沉降片的结构如图 3 - 3 - 10 所示,片头与片踵也均铸在合金片座上。因为槽针的针杆比钩针针杆厚,所以槽针经编机上沉降片的厚度要稍薄一些,以便于进入针间运动这种沉降片没有鼓起的片腹,这是由于在槽针的成圈过程中没有压板对织针作用,因此不需要像钩针经编机那样,要借助沉降片的片腹协助套圈。沉降片的片鼻、片喉、片腹处应光滑,应有一定的光洁度和硬度。

3.导纱针　导纱针用来引导纱线绕针运动,将纱线垫到针上,其形状如图 3 - 3 - 11所示。导纱针由一定弹性和刚度的薄钢片制成。小孔用于穿纱线,孔眼直径应与机器机号相应。导纱针各部位尤其是孔眼内径要求十分光滑,或表面镀铬,以使它不致磨损起槽而损伤纱线。导纱针也是根据机号以一定的间距浇铸成座片,然后排列固装成导纱梳栉后在机上使用。

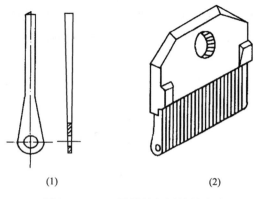

(1)　　　　　　　　(2)

图 3 - 3 - 11　导纱针与导纱针座片

二、槽针经编机的成圈过程

槽针经编机上形成经编针织物的成圈过程如图 3 - 3 - 12 所示。在主轴转角为 0° 时,槽针处于最低位置,如图 3 - 3 - 12(6)所示。以后槽针上升退圈,在槽针上升过程中,针芯也在上升,只是上升速度较槽针为慢,即针芯相对针身在槽内下滑,所以当针身上升至最高点时,针芯头端已完全没入针槽内而开启针口,旧线圈由针芯头端上方相对移到针杆上,准备垫纱,导纱针已开始向机后摆动,但在槽针升到最高位置前,导纱针不宜越过针平面,如图 3 - 3 - 12(1)所示。沉降片向前移动,进行牵拉和握持旧线圈,使其不随槽针上升。

槽针升到最高位置后静止不动,为垫纱作准备,导纱针摆到机后时横移,进行针前垫纱,如图 3 - 3 - 12(2)所示。以后再摆回到机前位置,将经纱垫在开启的针口内,如图 3 - 3 - 12(3)所示。此阶段沉降片略为后退,将经纱适当放松。此后,针身下降,针芯也下降。但针身下降的速度比针芯为快,所以针芯逐渐由槽内伸出,关闭针口,如图 3 - 3 - 12(4)所示。沉降片快速后退,以免片鼻干扰纱线。然后针身和针芯一起继续向下运动,当针头低于沉降片片腹时,旧线圈从针头上脱下,图 3 - 3 - 12(5)所示。当针下降到最低位置时,形成了线圈,图

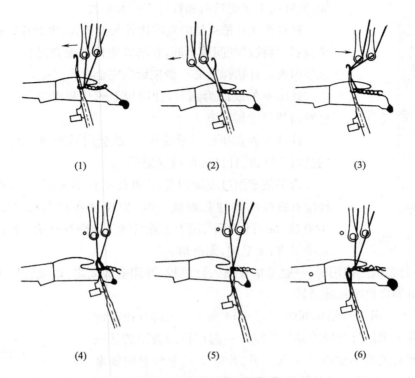

(1)　　　　　　　　　(2)　　　　　　　　　(3)

(4)　　　　　　　　　(5)　　　　　　　　　(6)

图 3 - 3 - 12　槽针经编机的成圈过程

3 - 3 - 12(6)所示。线圈的形状和大小取决于针头相对于沉降片片喉的垂直和水平位置,并且与经纱张力和坯布牵拉力有关。此阶段中沉降片向前运动,握持住刚脱下的旧线圈,并将其向前推离针的运动线,进行牵拉。

在槽针进行成圈和沉降片向前运动期间,导纱针在机前作针后横移垫纱,为下一横列垫纱做好准备。

各种不同型号的槽针型高速经编机的成圈过程基本相同,但主要成圈机件在主轴不同转角时的相对位置略有不同,应根据工艺要求和机件的具体尺寸作合理确定。

第四节　钩针经编机的成圈机件与成圈过程

一、钩针经编机的成圈机件

1. 钩针　钩针是主要成圈机件之一,它对成圈过程的正常进行和机器速度的提高有直接关系。钩针用钢丝压制而成,其形状如图 3 - 3 - 13 所示。针尖 3 与针槽 4 边缘的间距 a 称为针口。钩针各部位的形状与尺寸都应满足成圈过程的要求,并保证具有足够的强度。针头 1 处的曲率半径要保证成圈时新纱线能顺利进出,在压针时有足够的强度和弹性,曲率半径太大会使脱圈不能顺利进行。

针钩 2 长度直接与织针的动程有关,因而与机器的速度有关。针钩短则压针时受力增

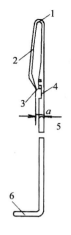

图 3-3-13　钩针结构

加,使针头 1 所受负荷和针杆 5 变形加大。

针杆 5 在针槽 4 处的宽度比针头处要大,因此在钩针的不同部位,相邻两枚针的间隙不同,在与其他机件配合进行成圈时应注意这些因素。针槽深度必须能使针尖完全没入其中。

针踵 6 的断面为圆形,针槽板上的孔和槽的宽度必须与针踵杆断面的尺寸相适应。

针杆 5 因在压针时承受压力,故会向后弯曲,为了增加针杆 5 的抗弯刚度,将针杆截面做成矩形。

为了使成圈过程顺利进行,并使钩针不易损坏,经编机上的钩针应有良好的弹性和耐疲劳性,以保证在长期反复载荷(700~1000 次/min)作用下,压力去除后能迅速恢复原状。针的各部位要光滑平直,无毛刺,无棱角。

钩针在经编机上使用时,一般是单枚插入针槽板,并用盖板固定,以减轻针床自身的重量,有利于机器高速平稳地运转。

2.沉降片　沉降片结构如图 3-3-14 所示。沉降片由薄钢片制成,片鼻 1 用以分开经纱并与片喉 2 一起握持旧线圈的延展线,使在退圈时线圈不随织针一起上升;片喉 2 还起到对织物牵拉的作用。片腹 3 用来配合钩针完成套圈和脱圈。从片喉 2 到片腹 3 最高点的距离决定沉降片的动程。沉降要平直,表面要光洁,无毛刺和棱角。沉降片按机器机号的要求,以一定隔距浇铸成座片再上机使用。

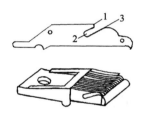

图 3-3-14　沉降片结构

3.导纱针　钩针经编机上的导纱针与槽针机的相同。

4.压板　压板结构如图 3-3-15 所示,压板一般采用布质酚醛层压板。这种压板具有一定的硬度,重量又轻,对织针的损坏较小,修理也较容易。为使压针准确可靠,压板的工作面必须平整光滑,不能有毛刺或凹凸痕迹。经编机上的压板一般有两种:平压板[图 3-3-15(1)]用于编织普通织物,花压板[图 3-3-15(2)]的工作面按花型要求配置凹口,用于编织集圈花式织物。为了压针时与针钩密切接触,增大接触面,减小磨损,压板工作面应与底面成 52°~55°倾角。花式压板常与普通压板结合使用,除前后摆动外,它还能如梳栉那样有侧向横移运动,见图 3-3-17(3)。

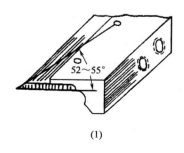

(1)

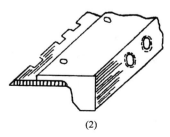

(2)

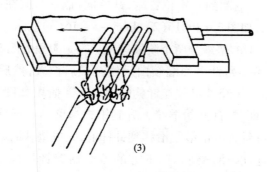

(3)

图 3 - 3 - 15 压板结构

二、钩针经编机的成圈过程

图 3 - 3 - 16 所示为一钩针经编机的成圈过程。现以图中所标各位置对钩针成圈过程加以分析。

1. 退圈 如图 3 - 3 - 16(1)所示。钩针开始上升退圈,沉降片向前移动,以牵拉和握持旧线圈,使其不随钩针一起上升。随着钩针的上升,旧线圈从针钩内向下滑移,越过针槽落

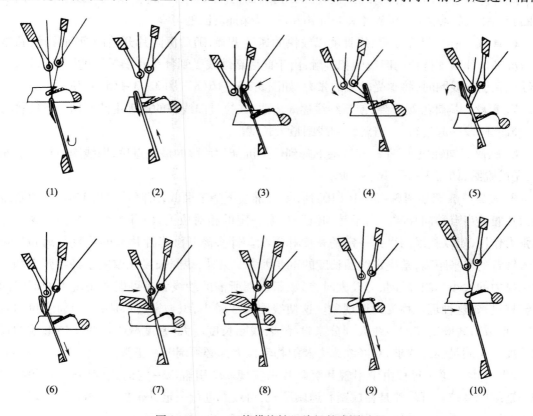

(1)　　　　(2)　　　　(3)　　　　(4)　　　　(5)

(6)　　　　(7)　　　　(8)　　　　(9)　　　　(10)

图 3 - 3 - 16 双梳栉钩针经编机的成圈过程

到针杆上。导纱梳栉在织针退圈到一定位置时,开始向机后摆动,在退圈结束时,后梳导纱针针头接近或摆入针平面,如图 3 - 3 - 16(2)、图 3 - 3 - 16(3)所示。

2. 垫纱　钩针经编机上的垫纱分两个阶段进行。第一阶段如图 3 - 3 - 16(4)所示。织针处于第一高度不动,梳栉摆越针平面继续向后摆至最后位置,然后向机前回摆。在此期间,梳栉进行针前横移垫纱,将经纱垫放在针钩外面。第二阶段如图 3 - 3 - 18(5)所示,当后梳向机前回摆到针钩平面时,针开始继续上升到第二高度。由于针的向上运动和经纱具有一定的张力,使原先垫在针钩外的纱线滑移到针杆上,完成垫纱的第二阶段。

3. 带纱　钩针向下运动,使垫到针钩下方的纱线贴着针杆向上滑移到针钩内,如图 3 - 3 - 16(6)。此时压板正向前移动,准备压针,沉降片稍向前推出,以防压针时纱线松弛。

4. 压针　当带纱结束时,压板开始与针钩接触进行压针,如图 3 - 3 - 16(7)所示。在进行压针时,针的速度应减慢,以减小针与压板间的磨损。压针开始的作用点必须在压板对针压足时,处于针鼻位置。如作用点过低,压板易滑到针钩尖下面,造成大量坏针;如作用点过高,则会使压针不足或增加压针力。正确的压针应在压板摆到最机前位置时,针尖全部没入针槽。如果压针不足,针尖未压入针槽,就会形成花针疵点。

5. 套圈　套圈过程如图 3 - 3 - 16(8)所示。沉降片向机后移动,以片腹将旧线圈上抬,由于此时针口呈封闭状态,旧线圈被套到针钩外面,针继续缓慢下降,协同实现套圈。当旧线圈套到接近针鼻处时,压板才离开针钩释压,以保证套圈的可靠。

6. 连圈　在压针完成后,织针就以较快的速度下降,随后沉降片开始向机前移动,新纱线与沉降片片颚支持住的旧线圈相接触,由于此后新纱线受到针头和旧线圈的剧烈摩擦,所以纱线在引入线圈时,将承受较大的张力,如图 3 - 3 - 16(8)、图 3 - 3 - 16(9)所示。

7. 弯纱　钩针继续下降,使新纱线逐渐弯曲,其拉过旧线圈的运动由此开始。弯纱将与以后成圈阶段一起进行,一直延续到线圈最大长度。

8. 脱圈　钩针快速下降,当针头下降到低于沉降片片腹的最高点后,旧线圈由针头上脱下,完成脱圈,如图 3 - 3 - 16(9)所示。

9. 成圈　成圈如图 3 - 3 - 16(10)所示,针继续下降至最低,沉降片向机前运动,使新线圈由片腹最高点移向片喉。由于针和沉降片有一定的相对位置,而且经纱和织物均受一定的张力作用,所以新线圈得到一定的长度和形状。针头离开沉降片片喉的垂直距离和片喉伸入针背的水平距离,是决定线圈长度的重要因素。另外,线圈长度还取决于经纱张力和织物牵拉力的大小。当经纱张力较大时,形成新线圈所需的纱线就有可能从刚脱下的旧线圈中转移过来,这种现象称为回退现象。这使线圈尺寸减小,织物密度增加;当织物牵拉力较大时,形成新线圈所需的纱线大部分来自经轴,线圈长度增大,密度减小。为了使形成的线圈长度尽量满足设计要求,对经纱张力及织物牵拉力都必须调节在正常范围内。

10. 牵拉　这一过程由牵引辊和沉降片来实现。牵引辊以一定的速度回转,给织物以均匀连续的牵拉。沉降片是在成圈和退圈阶段,对线圈进行一定的牵拉,以防止退圈时上一横列的旧线圈重套到针钩上,如图 3 - 3 - 16(1)、图 3 - 3 - 16(2)所示。

钩针经编机上的成圈过程至此完成了一个循环,编织一个线圈横列,各成圈机件也完成了一个循环运动。

思考与练习题

1. 简述经编针织机的一般结构与分类。

2. 舌针经编机的成圈机件有哪些? 各起什么作用?

3. 槽针经编机的成圈机件有哪些? 各起什么作用?

4. 钩针经编机的成圈机件有哪些? 各起什么作用?

5. 试比较舌针、槽针、钩针经编机的成圈过程及特点?

第四章　梳栉横移机构

●本章知识点●

1. 花纹链条式横移机构工作原理与分析。
2. 凸轮式横移机构工作原理与分析。
3. 电子梳栉横移机构工作原理与分析。

在成圈过程中为了完成垫纱,梳栉除了做前后摆动外,还必须沿针床进行横向运动。导纱梳栉横移机构的作用,就是使导纱梳栉按照一定的运动规律,沿针床移动所需要的针距数,以形成一定的织物组织或花纹。图 3 - 4 - 1 所示为一经编机上的梳栉横移机构,图中 1 为梳栉,2 为推杆,3 为滑块,4 为链条轨道,5 为花纹轮。

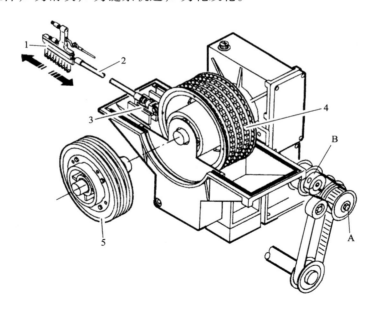

图 3 - 4 - 1　梳栉横移机构

导纱梳栉横移机构应满足下列工艺要求:

1. 移距应为针距的整数倍　在经编机主轴一转的时间内,导纱梳栉应作针前和针后两次横移,其移距应为针距的整数倍。每次移动后,导纱针应在针间间隙中央,以免梳栉在针间摆动时,对针产生撞击。针前移动一般为一个针距,仅在编织重经组织时为两个针距;在针后移动可以是一个针距、两个针距或者更多。针前和针后横移的针距数也可以为零,这主要根据坯布的组织结构而定。

234

2. 摆动适时 梳栉横移时间应与其摆动密切配合,以导纱针不撞针和不勾断纱线为原则。在梳栉摆离针平面(针的侧向区域)后,梳栉才可横移,有时横移也可与摆动同时进行,但必须配合好,不能撞针。

3. 横移平稳 在编织过程中,梳栉横移时间极短,为保证机器的高速运转,梳栉的横移必须平稳,移动速度无急剧变化。

第一节 花纹链条式横移机构

一、花纹链条式横移机构的基本结构

花纹链条式横移机构是按照织物组织或花纹的要求,依次将各种不同高度和外形的花纹链块用销钉连接排列组成花纹链条,在花纹轮传动下,花纹链条通过杠杆使导纱梳栉进行横移。花纹链条式横移机构的形式因机型不同而有所区别,但基本结构和工作原理是相似的。图3-4-2所示为一种经编机花纹横移机构的传动简图。

如图3-3-2所示,主轴上装有链轮1,通过链轮2传动蜗杆3,再传动蜗轮4,由于蜗轮4和花纹轮5固装在同一根轴上,所以花纹轮5就带着装于其外缘凹槽内的花纹链条转动,图中6为接长小花轮,7为紧固螺丝。

如图3-3-3所示为链条式花纹轮结构图,花纹链块1按一定的规律用销钉2连接组成花纹链条3,销钉2伸出的头端嵌在花纹轮的凹槽2内,而使花纹链条3与花纹轮一起回转。花纹链表的凹槽数与链条数、梳栉数相同。

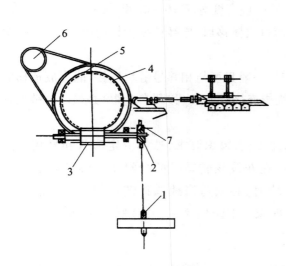

图3-4-2 花纹链条式横移机构的传动

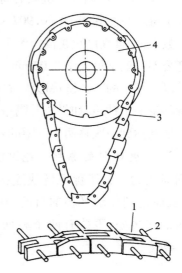

图3-4-3 链条式花纹轮结构

二、花纹链块的形状、编号与排列

1. 链块的形状与编号 图3-4-4所示是花纹链块的形状,一端为双头,另一端为单头。下圆弧是为了使花纹链块更好地覆盖在花纹轮上,使传动平稳。装配时将花纹链块的单头插入下一个花纹链块的双头,在花纹轮回转时,花纹轮一般是链块的双头(叉端)在前,这样可使最大的负荷作用在链块双头较大的支撑表面上,链块不易损。

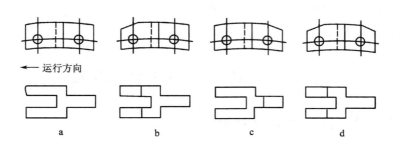

图 3 - 4 - 4　花纹链块的形状

花纹链块共有 4 种类型。a 型链块是无斜面的,表面呈圆弧形,称为平链块型链块;b 型是双头(叉端)处有斜面,其余表面呈圆弧形,称为上升链块,倾斜面用以推动梳栉作横移运动;c 型链块是单头处有斜面,其余表面呈圆弧形,称为下降链块;d 型链块是双头和单头都有倾斜面,中间表面呈圆弧形,称为上升下降链块。

每种链块因其高度不同而分为 0、1、2、3、…号数。0 号链块的高度为基本高度,考虑到链块的强度,一般取 10mm。以后每升高 1 号,则增加该机一个针距的高度。如机号为 E28,针距为 0.907mm,则 0 号链块的高度为 10mm,1 号链块高度等于 10 + 0.907mm,2 号链块高度等于链块高度等于 10 + 0.907 × 2mm,3 号链块高度等于 10 + 0.907 × 3mm,依此类推,链块号数越大,其高度也越高。为了保证梳栉每次横移后,导纱针处于针间隙的中央,链块的高度公差一般不可大于 0.02 mm。

以上列举的 4 种链块形状,在排链条时,一般只可与相邻号链块连接,能形成梳栉的横移量都是一个针距,如果要与隔一号的链块相连接(即一次移两个针距)必须改磨链块的倾斜高使其达到一次移两个针距的要求。

2. 链块排列的原则　花纹链条是根据织物组织要求,选择一定形状和号数的链块排列而成的。为了保证链块连接处平滑,在花纹轮转动时减少滑块上转子与链块的撞击,从而达到传动平稳的目的,在排列链块时,必须适当地选择链块的形状。前后两块链块的连接处,不能有两个斜面相遇的现象,如图 3 - 4 - 5(1)所示正确,图 3 - 4 - 5(2)错误。

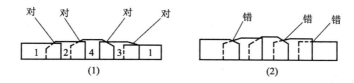

图 3 - 4 - 5　链块的排列

链块排列的原则是:以一块链块的销钉为起始位置,往后遇到链块工作斜面的销钉处,如链块号数由低到高,则高号用上升链;如由高号到低号,则高号用下降链;如前后两块链块的号数都低时,则高号用上升下降链。

3. 两行程式与三行程式 在编织一个横列过程中,梳栉必须在针前、针后各移动一次,因此在主轴一转中,花纹轮至少应转过两块链块,其中一块链块完成针前的横移,另一块链块完成针后的横移,这种采用两块链块编织一个横列的方式叫做两行程式。如坯布组织为1—0/2—3//,用两行程式排列链块如图3-4-6所示。一般习惯上用1号、0号完成第一横列的编织,针前和针后各横移一次;2号、3号完成第2个横列的编织,也是针前、针后各横移一次。

图3-4-6 两行程式链块排列

这种两行程式的链块具有通用互换性,在针前、针后的横移时间是相等的。若以上例的组织进行编织时,针前横移一个针距,针后横移要两个针距,要在相同的横移时间内完成针后多针距的移动势必要使针后横移速度加快,这样容易引起机器的剧烈振动,不利于机速的提高,垫纱也不易准确。目前大部分高速经编机上都采用三行程式。

采链3块链块编织一个横列的方式叫三行程式,即在针前的横移由一块链块一次完成,针后的横移由两块链块分两次完成。这种横移传动平稳,对要求多针距横移的织物很有利。如上例1—0/2—3//,用三行程排列可有如下三种方案:

(1)1—0—0/2—3—3//,如图3-4-7(1)。

(2)1—0—1/2—3—2//,如图3-4-7(2)。

(3)1—0—2/2—3—1//,如图3-4-7(3)。

第1种方案在针后的两次横移中,第1次不移针距,第2次横移两个针距;第3种方案是针后第1次移两个针距,第2次不移针距。这两种方案因针后两次移针分配不均匀,仍未避免两行程式的缺点。(第2种方案是针后第1次移一个针距,第2次也移一个针距,这样在横移针距和时间上的分配都比较合理,一般多采用这种排列。)在槽针高速经编机上,成圈机件的运动规律较钩针经编机简单,槽针不需要分两次上升,纱线可直接垫入针钩,梳栉大约在主轴转角右到达最后位置,这时针前横移进行到一半。在三行程式横移机构中,针前横移时间为44°,且知梳栉在182°时摆到最后位置,则横移时的分配情况如图3-4-8所示。

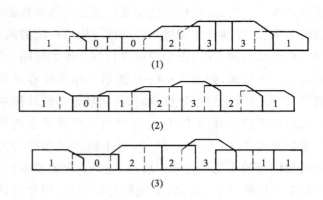

(1)

(2)

(3)

图3-4-7 三行程式链块排列

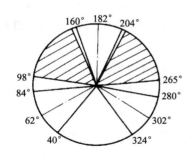

图 3 - 4 - 8　梳栉横移时的配合

从图 3 - 4 - 8 中可以看出,采用三行程式编织是完全可靠的(阴影为不可横移部分)。槽针经编机的两次针后横移,虽然不存在钩针经编机沉降片刺伤纱线的问题,但是两次针后横移的分配不是任意的。当链块由低号到高号时,针后横移应是第 1 次大,第 2 次小;而当链块由高号到低号时,针后横移应是第 1 次小,第 2 次大。这样,才可避免第 1 次针后横移开始位置和第 2 次针后横移结束位置离横移禁区(针平面内)太近。因此槽针经编机两次针后横移的分配与钩针经编机大不相同。

三、主轴与花纹轮的传动比

目前,各种型号的高速经编机通常采用三行程式横移机构,主轴与花纹轮的转速比为 16:1,即主轴转 16 转,花纹轮转 1 转,形成 16 个横列。

三行程机构花纹轮每转一转,需要转动 $16 \times 3 = 48$ 块链块,因此在花纹轮的圆周上要能容纳 48 块链块。在设计花纹组织时,花纹的循环数必须是 16 的约数,一般可选 2、4、8、16 个横列为花纹的一个完全组织。如花纹的完全组织横列数不是 16 的约数或大于 16 个横列时,就需接长花纹链条。在花纹轮的左上方另加一链条接长轮 6(图 3 - 4 - 2),使加长的链条张紧,整幅链条的链块数必须等于花纹完全组织的整倍数。

四、梳栉横移时间的调整

为了确保梳栉在横移时不与针相碰,必须注意调整梳栉的横移时间,以免引起擦纱、断纱和坏针。为此,梳栉在针前及针后进行的横移必须在导纱针离开针平面时才可进行,横移结束后,导纱针才能进入针平面。横移时间的调节可按下列原则进行,即当前梳栉导纱针摆到最后位置时,正是横移进行到一半的时间,此时滑块 1 上的转子 2 应与链块工作斜面的正中接触,如图 3 - 4 - 9 所示。如果横移开始过早,即导纱针摆到最后位置时,滑块转子与链块接触点已超过工作斜面的中点,这时可松开蜗杆轴上链轮的紧固螺丝 7(图 3 - 4 - 2),按与主轴回转相反的方向转动蜗杆轴 3 花纹轮稍向后退,达到规定的要求后,再拧紧紧固螺丝 7。反之,如横移开始太迟,即导纱针摆到最后时,滑块转子与链块的接触点还没到工作斜面的中点,则可按与主轴回转相同的方向转动蜗杆轴 3,使花纹轮稍向前进,达到规定的要求。

当针前横移时间调节好后,针后横移时间不再需要调节。因为相邻的链块是按规则排列的,每块链块在花纹轮上所占的角度均是一致的,只要装链块时注意,当针在最低位置时,使滑块转子与一个

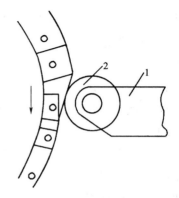

图 3 - 4 - 9　梳栉横移时间的调整

横列的第一块链块的前半面接触即可。

横移时间的准确与否,除了链块的高度必须符合公差要求外,链块上孔眼的高低位置也必须一致,否则穿上销钉后,将形成高低不匀的链条,影响导纱针处于针间隙中的正确位置。

五、其他类型链块的应用

1. 大斜面链块 一般的链块,不管移针数的多少,其斜面的宽度是基本一致的。为了使大动程移针平稳,有利于机速的提高,在某些经编机上采用了大斜面链块,如图3-4-10所示。e型链块是移两针的上升链块,f型链块是移两针的下降链块,这种类型链块的工作斜面长度比一般链块的长,因此只可用于针后横移。当移针数为4针以上时,可将e型和f型链块进行磨削,在三行程中,只要磨削双数针距的链块即可,装配时将e型与b型链块或f型与c型链块进行组合,就可得到单数移针量。

2. 曲线链块 为了使梳栉横移运动平稳,提高机器的速度,有的高速经编机上采用曲线链块,将链块的斜面加工成圆滑的曲线。如某高速经编机采用两行程式,做针前移动的为H型链块,做针后移动的为P型链块,如图3-4-11所示。前者倾斜部分占10°位置,相应于主轴转角80°(根据设计而定);后者倾斜部分占20°位置,相应于主轴转角160°。转移部分均作曲线状,这种链块有较好的运动性能,移动平稳。

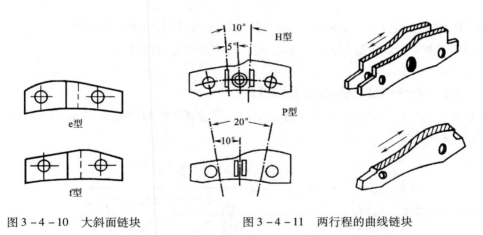

图3-4-10 大斜面链块　　　　图3-4-11 两行程的曲线链块

第二节 凸轮式横移机构

经编机上的梳栉横移除了有花纹链条式还有凸轮式,如图3-4-12所示为凸轮式横移机构的花纹凸轮。

凸轮式横移机构的工作原理与花纹链条式横移机构相同,其结构上的不同点仅在于将链块表面做成一定的外形,控制梳栉的横移,以编织某种经编组织。

花纹链条式横移机构的优点是改换品种容易,能生产完全组织较大的织物。但是花纹链条式横移机构由于受横移时间的限制,使梳栉横移的速度变化较大,从而产生很大的惯性

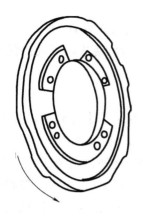

图 3-4-12 花纹凸轮

载荷,不利于机器的高速运转,而且梳栉在针后横移时受链块的限制未能充分利用所允许的横移时间,所以在编织完全组织较小的简单组织,而且在较长时间内不需改换品种的情况下,采用凸轮式横移机构较为合理。

采用凸轮式横移机构,梳栉可以完全按经编机上成圈机件相互配置所能提供的时间进行针前、针后横移。因为在凸轮盘相应部位上,可按允许横移时间制成相应长度的斜面(或曲面)来完成横移,从而可改善梳栉针后横移的运动状况,使传动平稳,减少冲击,有利于经编机速度的提高,采用凸轮式横移机构机速可提高20%左右。

设计凸轮外形时,必须确定梳栉横移时凸轮的回转角以及在各横移阶段内凸轮的径向增量。

凸轮式横移机构的缺点是花形大小受到的限制比较多,改变组织时要更换凸轮,凸轮的设计制造比较麻烦,精度要求高,储备量大。

第三节　电子横移机构

为了缩短花纹设计和上机时间,快速变换市场所需品种,则用电子导纱梳栉横移机构取代花板横移机构,不仅变换品种方便快捷,而且所需费用也可以降低。

一、电子导纱梳栉横移机构的组成和特点

电子导纱梳栉横移机构由花型准备系统和机器控制系统两部分组成,如图 3-4-13 所示,它具有以下特点:

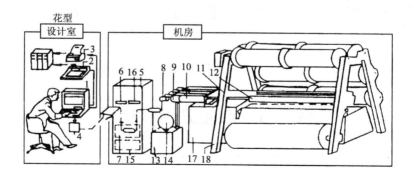

图 3-4-13 电子导纱梳栉横移机构

(1)花型设计范围广,花型变换时间短,生产灵活性强。

(2)不再需要链块和凸轮,而是以现代的信息贮存方式将花型信息长期地贮存在软盘上,借助于已编好程序,可以在极短的时间内改变花型。

（3）生产准备时间明显缩短。每一种花型意匠的垫纱变化可以采用按键操作,而使其立即合理化,无需为调换花纹凸轮或花纹链条而等待,避免时间和经费的损失。

（4）操作简便。机器控制系统能够识别操作中的错误,并向操作者指出,同时为花型设计者在操作中出现的错误提供纠正的说明。

二、花型准备系统

花型准备是在花型设计计算机上完成的。花型设计者以传统的经编织物设计方法进行花型准备,在意匠纸上绘制花型,确定设计意匠图和穿纱图,然后用计算机键盘将编程的数据输入计算机。计算机控制系统的高储存能力使极其长的花型循环得以实现。一个花型完全组织的最大长度可达 1500 横列,而传统的花纹链块则需要 45000 块,总长度约 1350m。高性能液压传动机构能使导纱梳栉针后垫纱的最大横移量达到 20 个针距,总横移行程达到 50.8mm。

输入花型数据后,花型(意匠图)借助打印机打印出来,而 6 色绘图机则根据使用相应的纱线颜色显示出花型图样,输入错误可以通过检查图样加以改正。检查花型图样和纠正可能存在的错误后花型数据就传输给存储器贮存。

三、机器控制系统

机器控制箱能自动测试若干机器功能,能贮存来自控制箱的软盘数据,控制每把导纱梳栉的横移运动。软盘插入机器控制箱后,只需 2min,所有花型数据就自动传送到主贮存器内。完成这一步骤后,软盘可以退出。内部检查程序可重新检查输入数据的完成情况,并在计算机显示器上指示出工作状态。开始生产前,所有导纱梳栉缓慢地进入花型起始位置(第一横列的织针和导纱针位置)。与机器主传动轴的速度精确同步的状态下,机器控制箱将控制信号传递给每把梳栉的传动机构,将脉冲发射给机器的各控制装置。这些脉冲由一只脉冲计数器记录并进一步处理。借助处理过的脉冲数据机器控制装置随时能获得有关主轴角度的正确信息。

机器内的曲轴机构因其结构和安装方式,能为每把梳栉提供可靠的针背和针前垫纱的角度范围。每把导纱梳栉针背和针前垫纱运动的开始和需要进行的时间都在机器控制机构内编制程序,只要一转动主轴,就能获得相应的度数,于是相应的导纱梳栉就移位。为了机器的安全操作,主轴上装有若干脉冲发送器,用于精确地检测针前和针背垫纱时主轴的旋转角度,并将这些脉冲发送给机器控制装置。

每把导纱梳栉的传动轴都装有一只步进电动机,该电动机根据收到的控制信号分别开启、关闭相应的压力控制阀,该阀门控制进入液压缸油的流量,从而使液压缸带动导纱梳栉精确地横移所要求的距离。液压缸具有双向工作效应,即梳栉的往复运动是由相应的油压控制,不使用弹簧作为调整元件。液压缸自动调节循环,自动平衡,并且始终同电子控制装置调定的横移行程保持一致,因此,任何时候都能确保这些机件的调节的高精确度。

通过这些液压传动元件,可使导纱梳栉的横移运动非常平稳,无振动。横移运动取决于横移长度和相应的速度。用于操作液压缸的油压是由单独的压力机产生的,压力恒定在70Pa,切断电源和电源故障后,该压力能在蓄电器内保持15s左右。在这段时间内,应急控制程序使机器减慢速度直至完全停车,与此同时,电子控制装置由应急集成电源装置控制。借助这一标准的安全装置,就可以避免断纱和断针,因为即使在电源故障或电源波动的情况下,所有控制装置仍然保持正常的功能。

思考与练习题

1. 试述导纱梳栉横移机构的工艺要求?

2. 常用的梳栉横移机构有几种?各有什么特点?

3. 花纹链块有哪几种形式?如何编号?

4. 花纹链块排列的原则是什么?两行程改为三行程的原因是什么?如何将两行程变化为三行程?

5. 用两行程排出下列组织的链条图:

(1) 1—0/2—3/4—5/3—2//。

(2) 1—0/4—5//。

将上两组织改写成三行程式,并排出链条图。

第五章　送经机构的工作原理与送经比的估算

> ### ● 本章知识点 ●
>
> 1. 送经必须满足的基本工艺要求。
> 2. 消极式送经机构的几种形式及其工作原理。
> 3. 积极式送经机构的几种形式及其工作原理。
> 4. 送经量的估算方法。

送经机构是经编机中最重要的装置之一,直接影响经编产品的质量和花型品种。它的作用是将经轴上的经纱根据所编织的织物要求送出相应的纱线量,由成圈机件不断形成织物。送经量恒定与否不仅影响经编机效率高低,且与坯布质量密切相关。因此送经运动必须满足下述的基本要求。

(1)在主轴每一回转中,送经机构送出的经纱量应该与织物组织结构的需求相一致。不同的经编织物结构对送经装置和送经量有不同的要求。如通过减少送经量抽紧地组织纱线可形成褶裥类的缺垫组织,加大其送经量可使线圈松弛在坯布表面形成毛圈。如果送经系统控制不好送经量,可能会引起纱线断头,影响经编机生产效率和坯布质量。

(2)送经量始终保持恒定。送经量有时习惯用每"腊克"的送经量表示,即编织480个线圈横列时需要送出的经纱长度。当送经装置的送经量产生波动时,轻则会造成织物稀密不匀而形成横条痕,重则使坯布平方米克重发生差异。目前在经编生产中仍然存在停车横条问题,送经系统能否准确控制经轴位置,保证稳定的纱线张力是解决停车横条的关键之一。

(3)在保证正常成圈条件下,经纱张力要尽可能小和均匀。过大的张力不仅影响经编机编织运动顺利进行,有碍织物外观,严重时还会使经纱断裂,造成疵点。张力过小,造成经纱松弛,使经纱不能紧贴成圈机件完成精确的成圈运动。张力不匀,容易使织物在染色后产生色条,还会影响织物外观的均匀和花纹效果。

第一节　送经机构的工作原理

一、消极式送经机构

消极式送经机构是指由经纱张力直接拉动经轴进行送经的送经机构。其结构简单,调节方便,特别适应于送经量多变的花纹复杂的组织。由于经轴转动惯性大,将造成经纱张力较大的波动,所以这种送经方式只能适应较低的运转速度,一般用于拉舍尔经编机。该类送经机构根据不同控制特点又可分为经轴制动、可控制的经轴制动和纱架供纱三种形式。

1. 经轴制动消极式送经机构 该机构如图 3 - 5 - 1 所示,利用绳子制动的送经机构,所需张力很小,只需在轴端的边盘上配置一根制动绳,制动绳用重锤张紧,重锤重量 5 ~ 400g。一般多用于多梳经编机上控制花经轴。

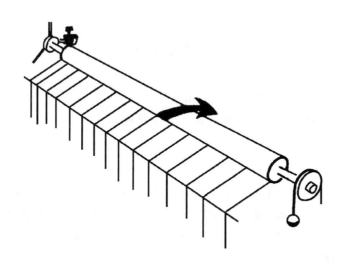

图 3 - 5 - 1 经轴制动送经机构

2. 可控经轴制动消极式送经机构 可控经轴制动消极式送经机构如图 3 - 5 - 2 所示。

3. 纱架供纱 所有纱架供纱都属于消极式系统。每根纱线的张力通过纱线张力器来控制。

二、积极式送经机构

由经编机主轴通过传动装置驱动经轴回转进行送经的机构称为积极式送经机构。随着编织进行经轴直径逐渐变小,因此主轴与经轴之间的传动装置必须相应增加传动比以保持经轴送经速度恒定,否则送经量将愈来愈少。在现代高速经编机中,最常用的积极式送经机构有机械式 FAG 型送经机构、EBA 型电子送经机构、EBC 型电子送经机构等,另外还有一些特殊的送经机构。

(一)FAG 型送经机构

FAG 型送经机构由经编机主轴通过传动装置驱动经轴回转进行送经,其中包括测长装置及无级变速调整装置,如图 3 - 5 - 3 所示。该装置能使经轴一直到经纱用完都保证连续、恒定的送经。

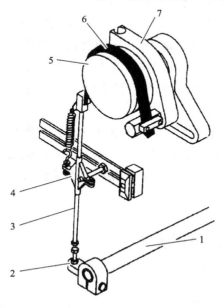

图 3 - 5 - 2 可控经轴制动送经机构
1—张力杆 2—升降块 3—升降杆 4—自调弹簧
4—制动盘 6—制动带 7—夹紧装置

1. 传动装置　由主轴通过链轮传动无级变速传动装置 1,它是齿链式无级变速器,速比为 1:4,然后再通过皮带轮 D_1 和 D_2 传动变换齿轮 A 和 B,再经送经无级变速器 3 的主动锥轮 3a,通过钢环 3b 传动被动锥轮 3c,通过一对斜齿轮后传动送经减速箱 4 中的蜗杆 4a 和紧固在经轴延长轴上的蜗轮 4b,使经轴送出一定长度的经纱。

2. 定长部分　该送经机构的定长部分如图 3-5-4 所示,由定长无级变速器中传动送经比变换齿轮 A 和 B,带动主动锥轮 3a 轴上的蜗杆 1,传动蜗轮 2 轴上的齿轮 3 传动定长齿轮 5。

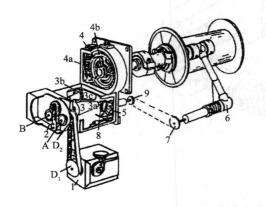

图 3-5-3　FAG 型送经机构

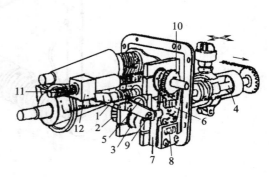

图 3-5-4　FAG 型送经装置的结构

3. 测长装置　如图 3-5-5 所示,测长装置有两个感应压辊 1 安装在感应压辊臂 2 上,利用能调节的加压弹簧 3 作用紧贴于经轴表面,以感测经轴的实际送经速度。由链轮 5 将测定值传递给送经装置的测长齿杆 4(图 3-5-4)。

4. 调节部分　图 3-5-4 中的棘爪 6 在偏心轮 8 转动时作上下运动,7 为滑板。在棘爪 6 受到控制推杆 9 的左移或右移作用下向左或向右摆动时,就推动棘轮 10 左转或右转,由棘轮 10 轴上的伞形齿轮传动丝杆 11 转动,使丝杆 11 上的钢环导叉 12 带动钢环 3b 左移或右移,使被动锥轮的速度增加或减慢。

在送经速度与定长速度相同时,控制推杆 9 不动,棘爪 6 只作上下运动,而不带动棘轮 10 转动。当送经速度因经轴直径变小而变慢时,使测长齿杆 4 向右摆,带动棘轮 10 右转,钢环左移,使送经变速器加快,通过压辊的反馈,测长齿秆 4 和定长齿轮 5 的速度再次相同,如此调节,直到经轴上的纱线用完为止。

(二)EBA 型电子送经机构

FAG 型送经机构经多年使用证明,送经准确,性能可靠,在特里柯脱型经编机和拉舍尔型经编机上广泛使用。但它也存在一些缺陷:在高速情况下,经轴转速控制不准确,不能满足送经量变化的要求。由于机械式送经机构存在着许多传动间隙,致使控制作用滞后于实际转速的变化,因而机械式送经机构反馈性能不足,不能满足更高速度的送经要求,特别在停车与开车时易造成明显的停车横条。随着车速的提高,差动齿轮磨损严重,不仅能量损耗

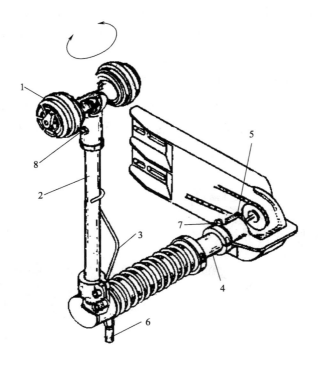

图 3 - 5 - 5　测长装置

很大,而且带来噪声。此外由于技术上的原因,停车换轴时,人工转动经轴非常困难。随着如今对设备操作舒适性能要求的不断提高和生产技术的发展,开发了新型的电子控制电动机驱动的 EBA 型电子送经机构。该系统应用于花型循环中的纱线消耗量恒定的场合,已成为特里柯脱型经编机和拉舍尔型经编机的标准配置。

EBA 型电子送经机构属于线性电子送经系统,在编织过程中经轴电动机的转速与经轴直径呈直线关系。EBA 型电子送经机构采用表面感测罗拉采集经轴表面实际线速度,单片机作为控制元件,变频器和三相异步电动机组成变频调速系统,或者采用伺服控制器和伺服电动机作为驱动装置,控制经轴电动机的转速。

图 3 - 5 - 6 所示为一种 EBA 装置简图,采用伺服放大器和伺服电动机作为驱动装置,用于线性送经场合。表面感测罗拉 1 测量实际送经速度,控制面板 2 可编制生产工艺参数、显示并控制测量值、控制送经速度,伺服电动

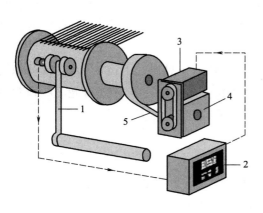

图 3 - 5 - 6　EBA 型电子送经机构简图

机 3 经减速齿轮单元 4 减速后,由同步皮带 5 驱动经轴。

为了满足更广泛的生产工艺要求,经编生产厂商在单速 EBA 的基础上开发了双速送经

系统 EBA,称为 EBA –2Step,也有生产厂商命名为 EBD,可用于非线性电子送经场合。使用双速送经系统时,根据工艺要求可以选择单速送经模式,也可以选择双速送经模式,使经轴在两种不同的送经模式之间切换。双速 EBA 与单速 EBA 在硬件组成结构上基本相同,但其控制系统的编程存在很大差异。在正常开车状态下,经轴电动机的转速与经轴直径的呈非线性关系,因为其送经量在两个不同的值之间切换,还存在反转的情况,因此对其机械特性的要求很高。在 EBA –2Step 系统中实现双速送经功能,可高效率、低成本生产某些送经量变化的织物,如褶裥织物。

(三)EBC 型电子送经机构

EBC 型电子送经机构主要包括交流伺服电动机和可连续编程送经的积极式经轴传动装置。如图 3 – 5 –7 所示为一种 EBC 型电子送经机构简图。控制终端 1 可以编制不同送经量、显示送经速度并存储花型数据。感测罗拉 2 测量实际送经速度并以数字信号返回微处理器 4,微处理器 4 根据反馈信号控制伺服电动机 3 的转速,从而控制经轴线速度。

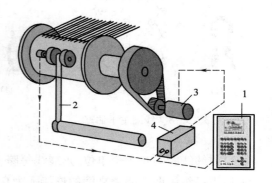

图 3 – 5 – 7　EBC 型电子送经机构

每根经轴由经轴电动机通过皮带蜗轮蜗杆减速装置带动作主动送经,经轴电动机上的编码器发出脉冲信号送至子控制单元作为经轴角位移反馈信号,用以间接测量经轴的位移。

在机器运转前通过触摸屏把要求的织物工艺参数输入到控制终端,如经轴编号、经轴满卷时外圆周长、每腊克送经长度等。其中每腊克送经长度不一定固定,而是可以根据织物组织结构的需要任意编制序列,最多可编入 199 种序列,累计循环可达 800 万线圈横列。在机器运转时,微处理器定时采集主轴编码器发出的脉冲信号,控制终端根据累计的主轴脉冲数计算出机器当前的转速、横列数、电子齿轮比,即可在存储器中依次找到编织花型的送经量序列号及该序列的送经量。经轴电机的实际角位移量通过经轴脉冲编码器反馈给微处理器,再送到控制终端,通过与设定值相比确定位置差值,再由控制程序把位置差值转化为速度调节值,从而确定经轴电动机的速度指令值输出给伺服驱动器,进而驱动电动机使经轴按照工艺要求的该序列送经量送纱。

EBC 型电子送经机构的突出优点在于具有多速送经功能,主要用于生产多种送经量织物的经编机。

第二节　送经比的估算

经编工艺中的送经比,是指参加工作的梳栉在编织一个垫纱循环中,各梳栉所用经纱量与某一规定梳栉送经量的比。一般将第一把梳栉(L_1)的送经量定为 1,其他梳栉对 L_1 的比即为送经比。经编坯布的送经比在理论上可以根据线圈模型进行计算,但比较麻烦。而线圈常数估算法虽然比较粗略,但能达到一定的精确性,而且计算方便,所以在生产实践中得到广泛的应用。

线圈常数估算法是将不同组织的纱段按一定的常数进行估计,再由每种线圈的估算常数的总和来计算送经比。其具体规定如下:

(1)每个线圈主干(圈柱、圈弧)定为2个常数单位,如图3-5-8所示。

(2)线圈的延展线每跨过一个针距为1个常数单位,编链的延展线为0.75个单位,如图3-5-9所示。

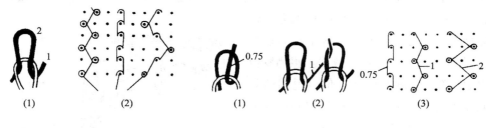

图3-5-8　线圈主干估算　　　　　　　图3-5-9　延展线估算

(3)衬纬线圈为0.5个单位,延展线每跨一个针距为0.75个单位,如图3-5-10所示。

(4)重经组织两个线圈之间的连接弧为0.5个单位,如图3-5-11所示。

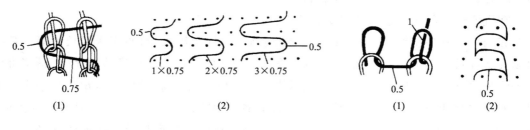

图3-5-10　衬纬组织估算　　　　　　　图3-5-11　重经组织估算

按上述规定,经编基本组织每横列的送经单位如下:

(1)编链组织的送经单位为2.75。

(2)经平、经缎组织的送经单位为3。

(3)变化经编组织的送经单位为:三针经平、三针经缎的送经单位为4,四针经平、四针经缎的送经单位为5,依此类推。

(4)一针衬纬的送经单位为0.5;二针衬纬的送经单位为1.25;三针衬纬的送经单位为2,依此类推。

(5)重经编链的送经单位为5.25;重经经平、重经经缎的送经单位为5.5;并可依此类推其他重经组织的送经单位。

计算送经比时,要注意各单梳基本组织所取的横列数应相同,为力求估算准确.每把梳栉所取的横列数应为其完全组织的整倍数。如对经绒编链组织应取两个横列进行计算,对经绒组织估算常数为 $4+4=8$,对编链组织估算常数为 $2.75+2.75=5.5$,送经比估算值为 $(8:5.5)=(1:0.69)$;又如对经平绒组织,经平组织估算常数为 $3+3=6$。则送经比估算值为 $(6:8)=(1:1.33)$。

这种送经比值的确定方法是一种粗略的近似估计,在实际生产中,即使编织同一种组织的坯布,往往由于所用原料及上机编织状况的不同,可用不同范围的送经比。送经比是否合适,一方面必须看织出坯布的结构是否符合原先设计的要求,另一方面要看经编机运转时各把梳栉的经纱张力是否适当,否则应加以调整。

思考与练习题

1. 送经机构的作用是什么? 它必须满足什么样的工艺要求?

2. 简述 FAG 型送经机构的结构及其工作原理。

3. 试比较 EBA 型和 EBC 型电子送经机构。

4. 用估算法确定下列组织的送经比:

(1)经绒平。

(2)经斜编链。

第六章 经编机的其他机构

本章知识点

1. 牵拉卷取机构的几种形式与工作原理。
2. 传动机构的几种形式,各自的特点。
3. 常用的辅助装置。

第一节 牵拉卷取机构

为了使经编机的生产能顺利进行下去,经编机上的牵拉卷取机构必须把编织好的坯布从成圈区域牵拉出来并加以卷绕。牵拉卷取机构按功能来分是由两部分组成的,即牵拉机构和卷取机构。

牵拉机构是指给织物以一定的力,使其离开编织区域,以利于新线圈的形成,这一点对拉舍尔型经编机来说尤为重要。另外,牵拉作用直接影响到织物的密度。因此,牵拉机构中有一对织物密度调节齿轮,其齿数根据所需坯布密度而定,机上附有密度表,根据密度就可查到相应变换齿轮的齿数。卷取机构是将牵引出来的织物以一定的张力卷绕在卷布轴上,以便以后的包装、运输等,卷取轴表面速度略大于牵拉辊的速度,当卷取轴直径增大时,卷取轴角速度变小。

牵拉卷取机构可分为机械式和电子式两种。

一、机械式牵拉卷取机构

目前机械式牵拉机构的牵拉方式都是连续式的,即主轴一转中连续牵拉。牵拉机构的形式有两辊式、三辊式和四辊式等,其中以四辊式最多。牵拉辊应尽量靠近编织区域,以保证牵拉质量。

机械式卷取机构按卷取的连续与否分为连续式和间歇式卷取机构两种。

图3-6-1中所示为连续式牵拉卷取机构的原理图。织物通过牵拉辊1与转动辊2之间,经过很大的包围角后,到达输出辊4。这些辊表面都包有摩擦因数较高的砂纸,以便能很好地握持织物。同时紧压辊3用以增加对坯布的摩擦

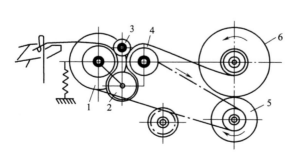

图3-6-1 连续式牵拉卷取机构

力。主轴通过密度变换齿轮及一系列的齿轮传动牵拉辊1,使其匀速地转动,从而达到连续不断均匀地牵拉织物。摩擦辊5的动力由主轴通过牵拉辊传递,但主轴回转时,摩擦辊5以一恒定的速度转动。卷布辊6的边缘紧紧地靠在摩擦辊上,因此受摩擦辊的传动而不停转动,使牵拉辊拉出的织物不断地卷绕在卷布辊上。随着布卷直径的增大,织物上的张力也有所提高,此时卷布辊与摩擦辊间发生打滑,以降低织物上的张力。

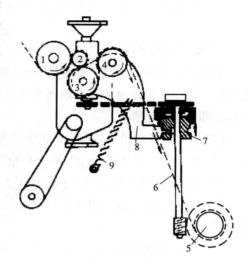

图3-6-2所示为一种间歇式牵拉卷取机构原理图。此时,卷取辊5借助离合器7而传动,以便获得稳定和积极的运动。此离合器由与传动牵拉辊相同的动力源并通过链条传动。离合器用键销与传动轴结合,但利用杠杆8可上下滑动。此

图3-6-2 间歇式牵拉卷取机构

杠杆握持着牵拉辊4的轴承,并与牵拉辊3的轴铰接。利用压缩弹簧,使杠杆与离合器保持在上方的传动位置。织物6经过牵拉辊1、2、3、4而卷到卷取辊上。当织物比牵拉辊的驱动更快地卷入卷布辊时,织物的张力克服弹簧9引起的张力将牵拉辊4向下拉,使杠杆下降,离合器上下脱开而使卷布辊积极的间断卷布形式。按照弹簧产生的张力,织物以一定的张力卷绕到卷布辊上。

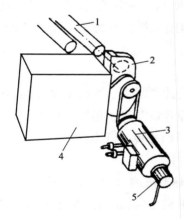

图3-6-3 EAC型电子牵拉卷取机构

二、EAC 型和 EWA 型电子牵拉机构

EAC型电子牵拉机构装有变速传动电动机,如图3-6-3所示。它取代了传统的变速齿轮传动装置,通过计算机将可变化的牵拉速度编制程序,获得诸如褶裥结构的花纹效应。EWA型电子牵拉机构仅在EBA型电子送经机构的经编机上使用,它可以线性牵拉或双速牵拉。

第二节 传动机构

一、经编机的驱动

为适应不同原料、织物品种的要求,现代经编机从启动到正常运转需采用不同速度传动。在经编生产中根据所采用电动机的不同性能而有不同的变速方式。

现代高速经编机一般使用高启动转矩的电动机,其启动转矩一般不小于正常运转时的满载转矩的3/4,以确保快速启动,使经编机在尽可能短的时间内加速到全速运转状态,以减少开停机条痕的横列数,改善坯布的质量。

经编机常用的变速方式有皮带盘变速和电动机变速两种。

二、成圈机件的传动

受电动机驱动的主轴只作单向回转,要转化为成圈机件独特的运动方式,必须依赖于传动机构。为了使成圈过程中各成圈机件按一定的规律运动,并保证编织的顺利进行,其传动机构必须满足以下要求:

(1)保证各成圈机件的运动在时间上能密切配合。

(2)尽量使各机件在运动中轻快平稳,避免出现速度的急剧变化。

(3)传动机构尽可能简单,制造加工方便。

经编机上采用的成圈机件传动机构,一般有凸轮传动机构、偏心连杆传动机构和曲柄轴传动机构三种。

(一)凸轮传动机构

凸轮传动机构的工作原理主要是利用具有一定曲线外形的凸轮,通过转子、连杆而使成圈机件按照预期的规律进行运动。凸轮传动机构结构简单、紧凑,只要根据成圈机件运动曲线设计凸轮轮廓,就可使成圈机件实现各种预期的运动,但凸轮与从动件之间是线(或点)接触,压强大,易磨损,故不宜高速运转,且加工制造困难,精确度低。经编机上采用凸轮传动成圈机件的历史较长,至今有些舌针经编机尤其是拉舍尔型经编机仍有的采用凸轮传动。经编机上所用的凸轮一般为共轭凸轮。

(二)偏心连杆传动机构

偏心连杆机构是平面连杆机构的一种。随着连杆机构设计和制造水平的不断提高,偏心连杆传动机构已经能够完全满足各成圈机件复杂的运动配合以及高速运转的要求,所以在现代高速经编机的成圈机件传动机构中,它已基本上代替了凸轮传动机构。

(三)曲柄轴传动机构

传统的经编机,其功率损失70%以上是因摩擦和油温变热造成的。为了避免机械过热,使用冷却器和空调系统来消除热能。改用无摩擦曲柄传动机构之后,经编机的功率损失显著降低。

曲柄轴传动机构具有以下特点:噪声降低;耗电量减少;产生热的情况减少,油温降低;成圈机件发生热膨胀的情况减少;成圈机件进行维护保养和调整的次数减少;曲柄轴系统所承受的内负荷减低;使用寿命增加。

第三节　辅助装置

一、断纱自停装置及坯布织疵检测装置

(一)断纱自停装置

在现代经编机上各类辅助装置很多,这里简单地介绍用以便于看管机器的一些自停装置。自停装置是在经纱断头、张力过大或坯布出现疵点以及满匹时使机器及时停止运转的

装置。这种装置除能及时停车，防止织疵延长扩大，减少许多潜在性坏车外，还可减少挡车工不停巡视机台的劳累，从而增加看台数。

图3－6－4所示为断纱自停装置。每根经纱均需穿过穿经片1，当纱线断裂后，相应的穿经片落下与下放的接触金属丝2相碰而接触，从而通过控制器的作用而引起停车。控制器内装有指示灯以显示经纱断裂的部位。图中A、B、C、D是用于握持点定位的4个孔，根据经纱片的不同位置以及纱线的细度而定，以此确定穿经片施加给经纱负载的大小。这种装置在使用中也存在一些缺点，主要

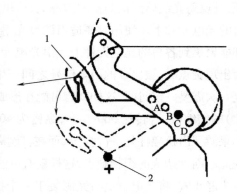

图3－6－4　断纱自停装置

是电极棒在使用一段时间以后，表面层氧化以及容易蒙上一层尘埃及飞花，造成接触不良，使工作可靠性降低。为了克服这一缺点，可附装专用刷子，它周期地揩擦电极棒以保持表层清洁，保证良好的导电性能。这种装置的另一缺点是需要耗费大量穿纱时间，例如对于214cm（84英寸）、28机号双梳经编机，就需要4000个以上穿经片，使用甚为不便。随着科学技术的发展，现代经编机采用非接触光电式自停装置日见增多。

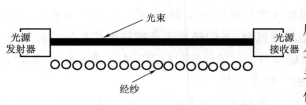

图3－6－5　光电式自停装置

光电自停装置其作用原理如图3－6－5所示，是将光源发射器1及光源接收器2分置于机台的两侧或置于机台的同侧，而另一侧置一反光镜。此外，沿机器整个工作幅宽在经纱3下方装有吸风长槽，当断头时纱头被吸风口吸引而卷缩浮起，干扰光束4的正常通过量，从而激发接收器内光电电池的光电效应，发生停车动作。

（二）坏布织疵检测装置

坏布织疵检测装置不仅可以控制断纱引起的破洞，并且坏针时也能检测。织疵检测装置主要有电接触式、气动式和光电式三种。电接触式自停装置中在与针床平行并贴近在布面处装有电极板，金属刷作为另一电极沿坏布下面来回往复游动，当坏布出现破洞时电路闭合，产生自停。因这种结构的电极是开放式的，仍有产生接触不良的缺陷。

气动式自停装置由具有许多出风口的风管组成，风管固装在游架上并在针床和牵拉辊之间沿针床方向来回游动，气流以不大的压力由风口吹向坏布。当产生破洞时，由风口吹出的气流速度将增大，由此引起风管内风压发生变化，这一变化由风管内压力传感器所感应而产生停车信号。

光电式织疵检测装置在目前被认为是最先进的一种形式，它又分为游架式和静止式两种。游架式检测装置的游架沿针床与牵拉辊之间的导轨来回游动，在其行程的一端碰触电动机换向开关，从而改变电动机转向。游架上装有检测器及由两个柔性电线供电的灯泡，灯光射向布

面,其反射光线落到检测器的物镜上,这里光束被分成两小束光线,且每束光线分别照射到各自的光电元件上。使用时要适当调节光学系统的焦距,使从布面上邻近两段布面反射的光线都能聚焦到各自的光电元件上。由光电元件产生的两个电信号比较线路进行比较,当坏布表面出现疵点时,被比较的两电信号之间产生差异而导致停车。这种检测装置的缺点是游架往复一次需要一定时间,这样就有可能在形成相当长度织疵后才被发现。例如一台 214cm(84 英寸)的经编机,若转速 960r/min,纵密为 40 横列/2.54cm,则产量为 60cm/min 或 1cm/s 织物。如果游架沿机幅往复一次为 5s,而在其刚离开某一布边时发生断纱,那么它要在 10s 后才能发现此一断纱造成的织物疵点,这样就有可能形成长达 10cm 的织疵。另一种光电式织疵检测装置为静止式,将光电电池与光源装于一个摇动头内,悬挂到针床上方约 2.44m 处,作 90°摇头的往复摇动,其摆动周期为每秒钟扫描一次。为了使停车动作更为可靠,检测装置在接收疵点信号后并不立即停车,而是改变运动方向,反复检测,当换向次数达到预置数时,即布面上疵点得到证实后才产生停车,这样就可以消除因各种虚假信息而导致不必要的停车。

以上几种织疵检测装置都存在一定的局限性,在编织密实的平布时效果甚佳,但对网眼织物的检测效果不良。

二、经纱长度及织物长度检测装置

经纱长度测量装置用来对经轴的送经速度进行连续的检测,以及时检查并调整送经机构的工作,使送经速度达到预定的数值;使不同机台、不同批量生产的同类产品的线圈长度保持恒定。这对控制经编织物的质量以及确保各个经轴经纱同时用完都非常重要。该装置由经纱速度感测器、主轴转数感测器及电磁计数器组成。

在经编机上还装有织物长度检测装置。当经编机开始上机时,将检测装置的计长器调节到规定的长度,随着编织长度的逐渐增加,计长器的数字逐个减少,当编织的坯布达到预定长度时,计长器的数码倒退至零,通过定长行程开关,经编机立即停车。

在现代经编机上采用多功能数码式计数器代替机械式或电器式的单次检测装置。如图 3-6-6 所示,计数器由以下 4 个部分组成:图中 1 为转数表,显示主轴每分钟的实际转数,即每分钟线圈横列数;2 为织物定长表,根据织物的定长以及织物纵向密度,将预置转数通过数字键输入并在数码表中显示其预置转数(一般显示腊克数),随着编织工艺的进行,预置

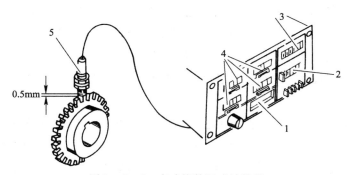

0.5mm

图 3-6-6　多功能数码式计数器

数逐一递减至零立即停车;3 为累计转数表,它可以 480∶1 或 1000∶1 的比例加以显示;4 为 4 班产量表,可通过旋转开关在四个计数表中选用一个。另有一个复位开关,可将数码表复位至零。图中 5 为非触点传感头及主轴测速盘。

在电子送经及电子牵拉卷取的经编机上,计算机除了控制定长送经及自动调节牵拉卷取外,还可以自动显示各个经轴的送经速度、织物长度、主轴转速,记录并显示疵点的次数以及疵点的种类。

思考与练习题

1. 牵拉卷取机构有哪几种形式？各有什么特点？

2. 保证编织的顺利进行,其传动机构必须满足哪些要求？

3. 断纱自停装置的作用是什么？

4. 经纱长度及织物长度检测装置起什么作用？

第七章　经编花色组织

———● **本章知识点** ●———

1. 基本经编花色组织。
2. 缺垫经编组织。
3. 衬纬经编组织。
4. 压纱经编组织。
5. 缺压经编组织。
6. 毛圈经编组织。
7. 双轴向、多轴向衬纬经编组织。

第一节　基本经编花色组织

　　花色组织在基本组织或变化组织的基础上,改变线圈的结构,改变穿纱方式或者另外加入一些纱线或纤维束而形成。

　　花色组织主要有 2~4 梳经编组织、空穿经编组织、缺垫经编组织、衬纬经编组织、压纱经编组织、双针床花色经编组织以及毛圈经编组织等。

一、满穿双梳经编组织

　　由两把或两把以上的梳栉形成的经编组织称为双梳或多梳组织。双梳组织常以两把梳栉所织的组织命名。如两把梳栉均作经平组织,即称双经平组织。如后梳(用 B 表示)作经平组织,前梳(用 F 表示)作经绒组织,即称经平绒组织(习惯以后梳的组织名称放在前面,前梳的组织名放在后面)。

　　1. 素色满穿双梳经编组织　如图 3-7-1 所示为素色经平绒组织。其后梳作经平运动,垫纱数码为 1—0/1—2//,前梳作经绒运动,垫纱数码为 2—3/1—0//。可以看出,由于两把梳栉采用相反方向的垫纱运动,使两梳形成的线圈延展线伸向两个相反方向,线圈两边受力均衡而呈垂直状态,因此织物正面呈"V"形线圈排列;织物反面是前梳的长延展线覆盖在外表,后梳的短延展线夹在坯布内,处于线圈圈干和前梳延展线之间,如图 3-7-1(1)所示。

　　2. 带色纱满穿双梳经编组织　如图 3-7-2 所示的方格花型垫纱运动图,两把梳栉按下述方式穿经和对纱,则可得到方格花型。"∣"表示一种色纱,"＋"表示另一种纱。穿纱和对纱情况为:

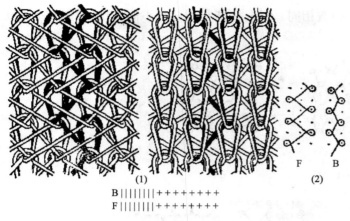

B ||||||||| + + + + + + + +
F ||||||||| + + + + + + + +

图 3 - 7 - 1　素色经平绒组织　　　　图 3 - 7 - 2　方格花型的垫纱运动

二、空穿经编组织

部分或全部梳栉带空穿形成的组织,称为空穿经编组织。

1. 一把梳栉带空穿的经编组织　一般后梳满穿,前梳部分空穿,并以不同组织进行编织,从而得到凹凸效应或孔眼效应。如图 3 - 7 - 3 是一种带空穿凸条经编组织的例子。后梳满穿,前梳一穿一空,形成碎断的直条。

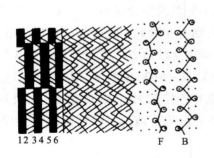

1 2 3 4 5 6

图 3 - 7 - 3　带空穿凸条经编组织

图 3 - 7 - 4　前梳二穿一空、后梳满穿的组织

图 3 - 7 - 4 所示为前梳二穿一空,作编链组织运动,后梳满穿作变化经平垫纱运动,用其工艺反面作效应面,利用单梳线圈的歪斜来形成孔眼,得到凹凸纵条外观。

2. 两把梳栉均带空穿的经编组织　两把梳栉均带空穿的经编组织,通常称为抽花组织。抽花组织的形成是利用两把梳栉不完全穿经的配置并配以一定的垫纱方式,使相邻纵行间的线圈横列出现中断后又连接,以此形成一定大小、一定形状和分布规律的孔眼。这在编织头巾、蚊帐、衬衣、窗帘等产品时得到广泛应用。若两把梳栉一穿一空,由于对衬垫纱运动(即两梳垫纱运动方向相反、横针距数相同)不同,可能得到几种不同结构,如图3-7-5所示。

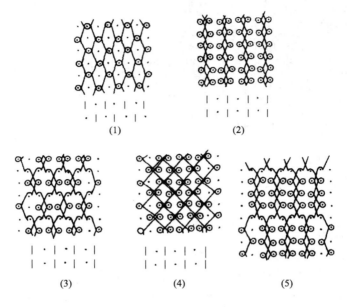

图3-7-5　一穿一空而对纱不同的抽花组织

图3-7-5中(1)、(2)两梳穿经相同,组织均为经平,只是对衬垫纱运动不同,每横列中一隔一的针都垫到两根纱线,而另外一隔一的针均垫不到纱线,垫不到纱线的针在下一横列将脱掉旧线圈而使纵行中断,所以无法进行正常编织。按图3-7-5(2)中所示的对纱进行编织时,每横列中每枚针均可以垫到纱线,但由于经平组织只能在相邻两枚针上成圈,所以织出的是互不联系的宽为两纵行的狭条,也不能形成整片坯布。这种方式使线圈横列中断,如与别的垫纱运动结合,使有些地方连接,则可在横列中断处形成柱形孔眼。为了在有些地方将相互分离的线圈纵行连接起来,必须在这种地方使导纱针在连续3针的范围内垫纱,采用的方式可以是经缎垫纱运动,如图3-7-5(3)中所示,或经绒垫纱运动,如图3-7-5(4)中所示。这种垫纱将分离的线圈纵行连接起来,它的位置决定了孔眼的大小和形状。在需要较大的柱形孔眼时,可隔几个横列再将分离的纵行连接起来,如图3-7-5(5)中所示。

根据对以上几种组织编织情况的分析,可知抽花组织的形成有如下规律:

(1)在每个编织横列内,在编织宽度的所有针上必须至少垫到根纱线。

(2)在相邻纵行间没有联系时,单纱线圈的歪斜使此两纵行相互分开,而在没有延展线处形成孔眼。

(3)在有些部分穿经的结构中,有些线圈是双纱的,有些则是单纱的。这就得到大小和倾斜程度不同的线圈,其适当分布将使总的花型效应更为丰富。

(4)如两把梳栉垫纱运动大小相同,方向相反,则所得花型将围绕一中心点对称。

（5）一般在孔眼间的纵行数与一把梳栉的连续穿经数和空穿数的和相对应。如在孔眼间有 3 个纵行，则梳栉穿经可能为二穿一空；如在孔眼间有 4 个纵行，则梳栉穿经可能为二穿二空或三穿一空。

（6）一般在连续穿经数和空穿数相等时，则至少有一把梳栉的垫纱范围要大于连续穿经数和空穿数的和。如穿经为一穿一空时，至少要有一把梳栉在某些地方的垫纱范围为 3 针；如穿经为二穿二空，则至少要有一把梳栉在某些地方的垫纱范围为 5 针。

实际生产中，可利用抽花组织的形成规律，灵活选择垫纱运动及穿经对纱方式，生产出花型多样的织物。如图 3 - 7 - 6 所示，两梳均为一穿一空，采用经平与变化经平相结合，在经平处形成网孔，变化经平封闭网孔并形成网孔边缘。

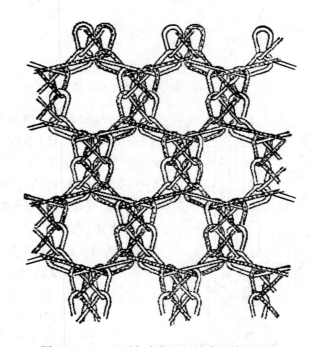

图 3 - 7 - 6　经平与变化经平结合的抽花组织

3. 多梳带空穿的经编组织　由于这时有较多的梳栉，因而往往可以利用两把梳栉满穿来编织地组织，以使坯布具有所需的物理机械性能。而其他梳栉则以部分穿经的方式，在地组织上形成花纹，就如绣在地组织上一样，这种形成花纹的方式常称为绣纹。如图 3 - 7 - 7 是一种曲折绣纹的例子。其穿经情况为：

L_4（B）：满穿；

L_3：满穿；

L_2：6 空 8 色；

L_1（F）：8 色 6 空。

L_1、L_2 在布面形成曲折花纹。

又如图 3 - 7 - 8 所示是一种四梳衬纬绣纹花型的例子。如：

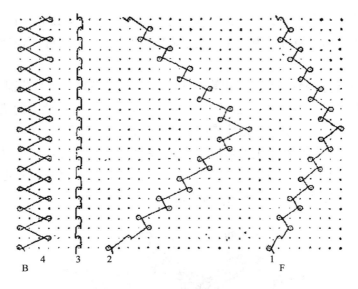

图 3 – 7 – 7　曲折花纹的垫纱运动

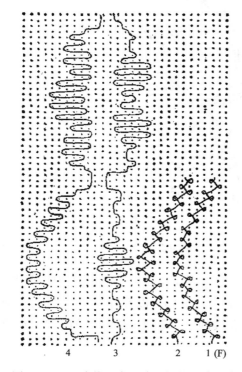

图 3 – 7 – 8　多梳空穿经编组织的垫纱运动

M——2.2tex(20 旦)锦纶单丝；

N——11tex(100 旦)半消光锦纶丝；

P——11tex(100 旦)有光黏胶丝；

V——22tex(200 旦)有光黏胶丝；

A——11tex(100 旦)有光醋酯丝；

X——空穿。

其穿经为:L_4(B)：12X、V、36X；

　　　　　L_3:14 X、V、34 X；

　　　　　L_2:X、23M、2 X、21M、2X；

　　　　　L_1(F)：M、3N、X、N、17M、N、X、N、

3M、P、15M、N、M、2A。

这样,由 L_1、L_2 形成带小孔眼的有曲折条纹的底布,100 旦半消光锦纶丝和有光黏胶丝形成与花边同样曲折的边和内部纵条,L_3、L_4 的各一根 22tex(200 旦)有光黏胶丝配合形成光亮绣纹。

多梳带空穿组织的特点是:地组织为单梳或双梳空穿组织,本身已带有孔眼等花色效应,再与其他梳栉的花色效应综合起来,可构成更新颖别致的花型。

第二节　缺垫经编组织

缺垫经编组织是指部分梳栉在一些横列处不参加编织的一种经编组织。采用这种方法

编织,可增加很多花色效应。

在编织缺垫组织时,周期地使一把或几把梳栉不在针上垫纱,而只在针间摆动。这些梳栉的纱线将不形成线圈,而在坯布反面形成直线,这种直线由不编织处开始,直到重新编织处为止。图3-7-9所示为一种典型的缺垫经编组织线圈结构图,其前梳满穿,在两个横列缺垫,后梳满穿,作经平垫纱运动。

图3-7-9　缺垫组织

缺垫经编组织按其花色效应可分四类:

1.褶裥缺垫经编组织　褶裥缺垫经编组织是由缺垫纱线将地组织抽紧形成褶裥的经编组织。图3-7-10是一种三梳褶裥组织垫纱运动的例子。后梳B和中梳M组织,前梳F在有些横列中缺垫,并减少或停止送经,使地组织在该处形成褶裥。

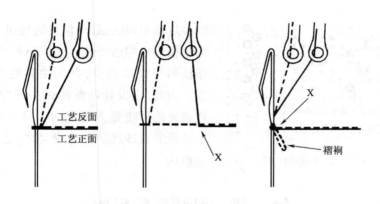

图3-7-10　三梳褶裥组织垫纱运动

2.方格缺垫经编组织　方格缺垫组织是由穿色纱的梳栉在一些横列处缺垫,形成方格效应的组织。图3-7-11所示是方格缺垫组织的一种。前梳色纱形成直条,其缺垫处,由后梳色纱形成横条,最后形成方格效应。

3.斜纹缺垫经编组织　斜纹缺垫经编组织是通过缺垫使有些线圈按斜纹规律排列,从而获得斜纹效应的一种缺垫组织。图3-7-12所示是斜纹缺垫组织的一种,由做经平垫纱运动的后梳构成底布,前梳在偶数横列中缺垫,中梳在奇数横列中缺垫,最后可形成斜纹效应。

4.提花缺垫经编组织　提花缺垫经编组织是由多把色纱梳栉按一定规律缺垫而形成各种提花图案花纹的组织。

在编织缺垫经编组织时,有些梳栉将长时间地交替进行编织和缺垫,这就产生了经纱的控制问题。定线速送经机构按每横列经纱需要量送出经纱,但在编织和缺垫时,各横列所需

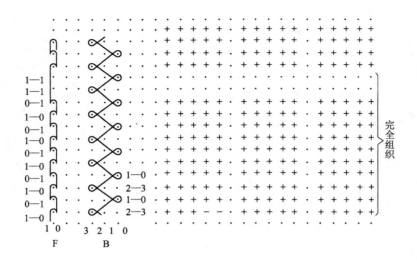

图 3 – 7 – 11　双梳方格缺垫组织

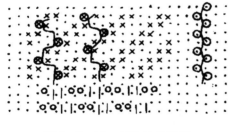

图 3 – 7 – 12　斜纹缺垫组织

经纱量是不同的,必须调整送经机构使其喂给量为每横列平均送经量。编织横列要经纱较多,缺垫横列要经纱较少,并均由弹性张力杆进行补偿。为此,应设计特殊的张力杆弹簧片,使它有较强补偿纱线张力的能力。对于坯布结构中两个片段需要纱线量变动较大时,则必须用双速送经机构。

第三节　衬纬经编组织

在经编针织物的线圈主干与延展线之间周期性地衬入一根或几根纱线的组织,称为衬纬经编组织。衬纬经编组织可分为全幅衬纬和部分衬纬两种。全幅衬纬需用专门的纬纱衬入装置对经编坯布全幅宽衬入纬纱,其地组织往往是基本经编组织。部分衬纬是利用一把或几把不做针前垫纱的衬纬梳栉,在针后衬垫几个针距长的纱段,在地纱梳栉垫纱进行编织时,这些纱段就被编织入经编针织物中,而使坯布表现出花纹、孔眼等效应,或给坯布以特殊的性能。部分衬纬经编组织至少要用两把梳栉进行编织:前梳编织地组织,后梳垫放衬纬纱,如图 3 – 7 – 13 所示。

图 3 – 7 – 14 所示为部分衬纬梳栉的垫纱运动。图 3 – 7 – 14(1)中的垫纱运动使纬纱自由地呈直线处于坯布正面。图 3 – 7 – 14(2)中的垫纱运动,使纬纱呈直线浮于地组织反面。图 3 – 7 – 14(3)中的纬纱将与地组织每个线圈连接。图 3 – 7 – 14(4)中的衬纬纱将被 3 根地纱压住。图 3 – 7 – 14(5)中只有地组织的一根延展线与衬纬纱交叉,结果成一种缠绕状态。图 3 – 7 – 14(6)和图 4 – 7 – 14(7)表示两针衬纬和四针衬纬的情况。

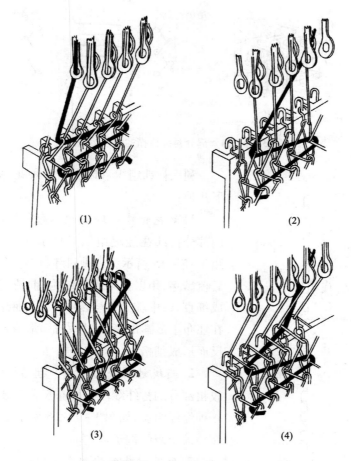

图 3 – 7 – 13　衬纬组织的编织

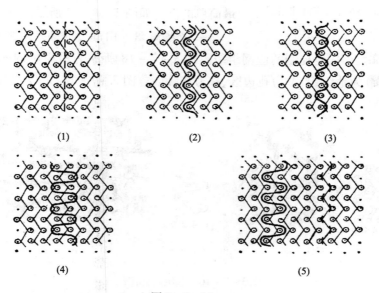

图 3 – 7 – 14

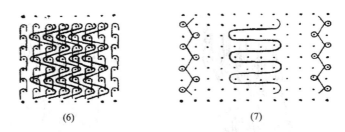

(6)　　　　　　　　(7)

图 3 - 7 - 14　部分衬纬梳栉的垫纱运动

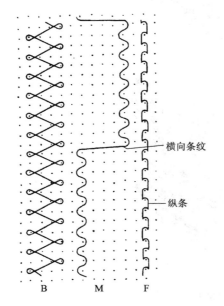

图 3 - 7 - 15　细格效应衬纬组织

利用衬纬组织可以生产多种花色组织,主要有以下几种:

1. 起花衬纬经编组织　起花衬纬经编组织是利用部分衬纬在经编组织上显示花纹的一种组织。如图 3 - 7 - 15 所示为一种衬纬色纱呈细格效应的组织。后梳满穿,用以稳定织物结构;前梳穿几种色纱,以形成细直条;中梳适当空穿,其一针距衬纬部分使其不在坯布上显露出来,5 针距衬纬形成横条,从而使织物反面形成细格。

2. 起绒衬纬经编组织　起绒衬纬经编组织是使较粗部分的衬纬纱段在坯布反面露出,以供起绒用的一种经编组织,如图 3 - 7 - 16 所示是两种常用起绒衬纬经编组织的例子。

3. 网孔衬纬经编组织　网孔衬纬经编组织是由部分衬纬与稀疏地组织配合形成孔眼的经编组织,其最简单的例子如图 3 - 7 - 17 所示。

4. 渔网组织　由部分衬纬纱对网孔经编组织加固,可得到网目大小任意控制的渔网组织。图 3 - 7 - 18 所示为最简单的四梳渔网组织。图 3 - 7 - 18(1)为地组织,A 为孔边区,B 为连接区。图 3 - 7 - 18(2)为此组织四梳的垫

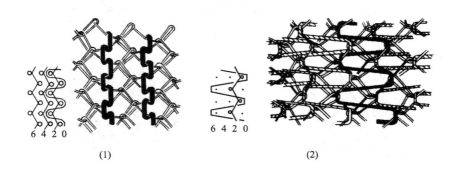

(1)　　　　　　　　　　　　(2)

图 3 - 7 - 16　起绒衬纬组织

纱运动图,部分衬纬纱3、4起加固作用。

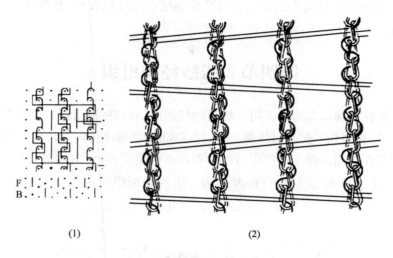

(1)　　　　　　　　　　　(2)

图3-7-17　网孔衬纬组织

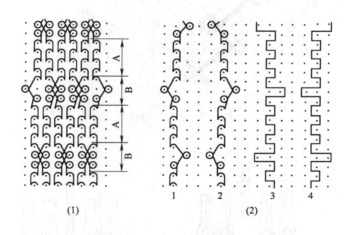

(1)　　　　　　　　　　(2)

图3-7-18　四梳渔网组织

5.少延伸衬纬经编组织　经编组织衬入纬纱以后,多少都可以降低针织物坯布的延伸性。为了满足作针织外衣的要求,要设法大大降低经编针织物的延伸性,这时要采用合适的经编地组织和衬入纬纱的方式。这种组织称为少延伸经编组织。

少延伸经编组织的地组织一般采用编链和经平组织,因为它们本身纵向延伸性较小。如图3-7-19所示的经编组织中,地组织用编链,再配以长针距的部分衬纬,可在降低横向延伸性的

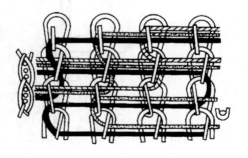

图3-7-19　少延伸衬纬组织

同时,大大减少坯布的纵向延伸性。衬纬纱根数越多,衬纬纱段越长,则坯布的纵横向延伸性将越小。用编链为地组织的少延伸衬纬经编组织用纱量较少,延伸性较小,但纱线断头后容易脱散。

第四节　压纱经编组织

衬垫纱线绕在线圈基部的经编组织称压纱经编组织。在编织压纱组织时,有些纱线垫到针上后,又立即被移到下面与旧线圈一起,并在成圈时和旧线圈一起脱下,形成衬垫纱线,并呈纱圈状缠绕在线圈基部。这些压纱的纱圈不进行串套,故可用较粗的和强度不太高的纱线。如图 3 - 7 - 20 所示为其一典型结构。压纱经编组织的编织过程如图 3 - 7 - 21 所示。

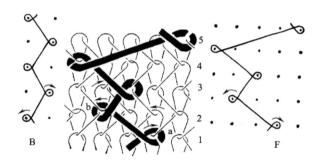

图 3 - 7 - 20　压纱组织

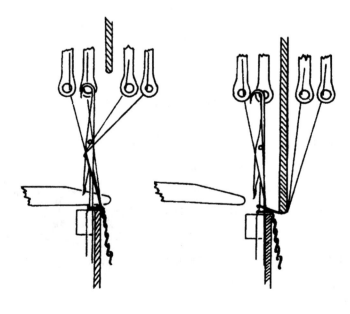

图 3 - 7 - 21　压纱组织编织过程

压纱经编组织按其结构可分为两类：

1. 绣纹压纱经编组织　在编织绣纹压纱经织时,利用压纱纱线在地组织上形成一定形状的凸出花纹。压纱经编组织常用的基本地组织为编链和经平组织。

图3-7-22所示为一种绣纹压纱组织的一种,L_3和L_4梳栉形成小方网孔地组织,L_1和L_2为压纱梳栉(在压纱板前方),它们空穿,做相反垫纱运动,形成凸出的菱形花纹。

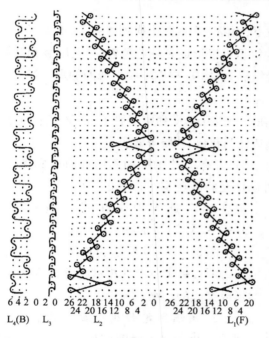

图3-7-22　绣纹压纱组织　　　　图3-7-23　压纱纱线相互缠接的组织效应

2. 缠接压纱经编组织　缠接压纱经编组织是利用压纱纱线相互缠接,或与其他纱线缠接,形成一定花型效应的经编组织。图3-7-23所示是压纱纱线相互缠接压纱经编组织的一种,图的下部表示垫纱运动,上部表示花色效应。

图3-7-24是压纱纱线与编链缠接的情况。图3-7-24(1)中为垫纱运动,图3-7-24(2)

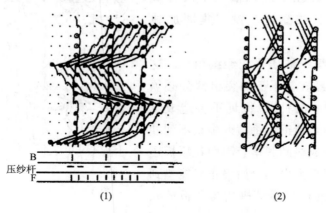

图3-7-24　压纱纱线与编链缠接的组织及效应

中则为压纱纱线的形态,地组织为抽针组织。

压纱经编组织的花色效应有三度立体感(浮雕式),很有特色,但因其较长的浮线在织物表面,故经不起洗涤,不耐穿用。

第五节　缺压经编组织

编织时部分线圈不在一横列中立即脱下,而隔一个或几个横列才脱下,形成了相对拉长线圈的经编组织称为缺压经编组织。这种组织可以形成多种花色效应,在服装和装饰用织物中有一定应用。这种组织一般在钩针经编机上编织。根据不脱下线圈的那一横列是否垫到纱线,缺压组织又分为两类:

1. 缺压集圈经编组织　有些旧线圈在一个或几个横列中不脱下,而又垫上新纱线,形成悬弧的组织,称为缺压集圈组织,由其形成凹凸花色、孔眼等效应。

图3-7-25为有些横列集圈缺压的一例,旁有"—"的横列不压针而形成悬弧,如图3-7-25(1)。这种垫纱运动图的另一种画法是将缺压那个横列的垫纱运动与上一列的垫纱运动连续地画在同一横列中,如图3-7-25(2)所示。

图3-7-26所示为连续4次不压针,而使每两枚针上具有两根纱线缠绕成的8个圈,形成突起的小结。

2. 缺压提花经编组织　具有在几个横列中不垫纱又不脱圈而形成的拉长线圈的经编组织称为缺压提花经编组织。在形成这种组织时,纱线以一定的间隔垫到针上并参加

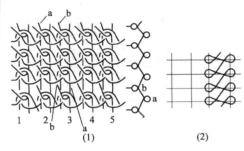

图3-7-25　缺压集圈组织

成圈。在不成圈处,新纱线不垫放到针上,同时旧线圈亦不从针上脱下,这样就在该处形成了拉长线圈。由于针在不编织横列中没有垫到纱线,所以在拉长线圈处就没有集圈那种悬弧。

常用花压板来编织缺压提花经编组织。这时梳栉为不完全穿经。花压板的突出部分必须正对每横列中垫到纱的针,以保证不会造成悬弧,花压板的凹口则必须正对每横列中垫不到纱的针,以保证不会造成线圈脱落。因而花压板还必须作横移运动,使其突出部分始终正对能垫到纱线的针。花压板的横移运动机构与花板链条或梳栉横移机构相似。

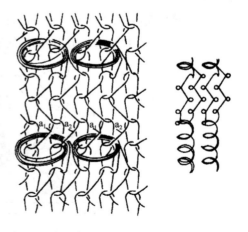

图3-7-26　四列缺压集圈组织

最常使用的是部分穿经单梳提花缺压经编组织,这时形成贝壳状花纹。这种组织的垫纱运动和线圈结构如图 3 - 7 - 27 所示。穿经完全组织为三穿三空,花压板为三凸三凹。

在提花缺压经编组织中,由于拉长线圈不平衡而发生变形,从而产生拉长线圈抽紧现象,如图 3 - 7 - 28 所示,其拉长线圈抽紧后,可得到图 3 - 7 - 28(2)中所示的花纹效应。

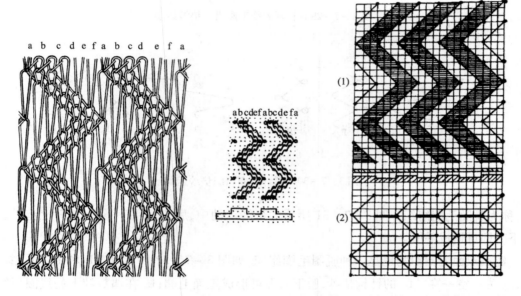

图 3 - 7 - 27　缺压提花组织　　　　　图 3 - 7 - 28　缺压提花组织的花纹效应

第六节　毛圈经编组织

利用较长的延展线、脱下的衬纬纱或线圈在织物上形成毛圈表面的组织,称为毛圈经编组织。常见的有以下几种:

1. 长延展线毛圈组织　最常用的方法是利用专门的毛圈梳片来形成长延展线毛圈组织,图 3 - 7 - 29(1)所示的垫纱运动中后梳与毛圈梳片同向横移,成为地布,前梳的延展线形成毛圈。

将前梳纱线送经量加大进行超喂,使前梳延展线形成毛圈。图 3 - 7 - 29(2)、图 3 - 7 - 29(3)所示为两梳和三梳毛圈组织的垫纱运动图。

2. 脱纬毛圈组织　由脱下的衬纬纱形成毛圈的组织,称为脱纬毛圈组织。图 3 - 7 - 30(1)所示的垫纱运动中,后梳衬纬纱线由于与前梳同向垫纱,因而不能与地布连接,从而形成毛圈。图 3 - 7 - 30(2)所示的垫纱运动图,则因部分衬纬横列在前梳,而不能与底布连接从而形成毛圈。图 3 - 7 - 30(3)所示的垫纱运动图,前梳衬纬处不能与地布连接,从而形成毛圈。

3. 脱圈毛圈组织　利用某些横列中有些织针垫不到纱线而使线圈脱落形成毛圈的组

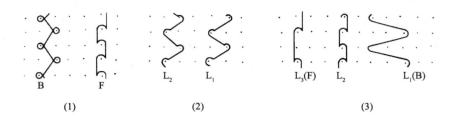

图 3 - 7 - 29　长延展线毛圈组织垫纱运动

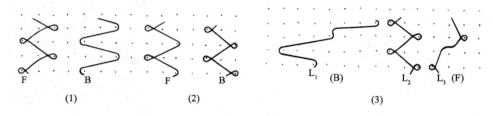

图 3 - 7 - 30　脱纬毛圈组织垫纱运动

织,称为脱圈毛圈组织。图 3 - 7 - 31 所示的垫纱运动中,后梳 L_1 在一隔一的针上垫纱,再脱下时即可形成毛圈。

经编双面毛圈织物也是一种脱圈毛圈组织,如图 3 - 7 - 32 所示,L_1、L_2 和 L_4 为一穿一空,L_3 为一空一穿。L_1 的针钩垫纱,脱下后即可形成正面毛圈;L_4 在偶数针上的线圈(该针上无编链线圈),脱下后即可形成反面毛圈。为使毛圈达到要求的长度,可使用刷辊刷拉毛圈织物的正反面。

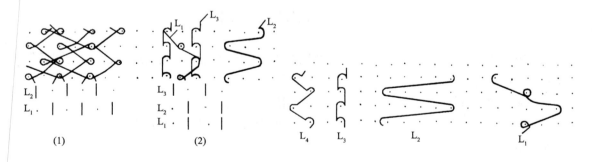

图 3 - 7 - 31　脱圈毛圈组织垫纱运动　　　　图 3 - 7 - 32　脱圈双面毛圈组织垫纱运动

第七节　双轴向、多轴向衬纬经编组织

在产业用纺织品领域,要求产品具有很高的强度和模量,而传统的针织品很难适合这样的要求。从 20 世纪后期,经编专家和工艺人员对经编工艺进行了深入研究,在全幅衬纬经编组织基础上提出了定向结构(Directionally Orientated Structure,简称 DOS)之后,经编双轴向、多轴向编织技术获得了迅速发展,产品在产业用纺织品领域得到广泛应用,目前正逐渐替代传统的骨架增强材料。

双轴向经编织物(Biaxial Warp Knitted Fabric)是指在织物的纵、横方向分别衬入不成圈的平行伸直纱线。而多轴向经编织物(Multi - axial Warp Knitted Fabric)定义为除了在纵、横方向,还沿织物的斜向衬入不成圈的平行伸直纱线。

双轴向、多轴向衬纬经编织物的结构如图 3 - 7 - 33 和图 3 - 7 - 34 所示。

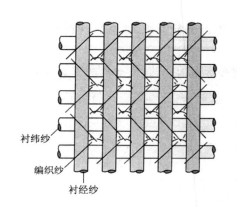

图 3 - 7 - 33 双轴向衬纬经编织物的结构

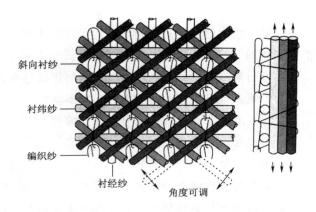

图 3 - 7 - 34 多轴向衬纬经编织物的结构

从图中可以看到,多轴向织物包括 4 组纱层,分别为衬经、全幅衬纬和两组斜向衬纬,并用编链组织将纱层联结起来,其中斜向衬纬的角度可调。

由于双轴向、多轴向经编织物中衬经衬纬纱呈笔直的状态,因此织物性能有了很大的提高。与传统的机织物增强材料相比,这种织物具有以下几种优点:

1.织物的抗拉强力较高 这是由于经编织物中各组纱线的取向度较高,共同承受外来载荷。与传统的机织增强材料相比,强力可增加 20%。

2.织物的弹性模量较高 由于经编织物中纱线消除了卷曲现象故弹性模量较高。与传统的机织增强织物相比,模量可增加 20%。

3.织物的悬垂性较好 多轴向经编织物的悬垂性能由线圈系统根据衬纬结构进行调节,变形能力可通过加大线圈和降低组织密度来改变。

4.织物的剪切性能较好 由于多轴向经编织物在斜向衬有平行排列的纱线层,所以剪切性能较好。

5.形成织物的复合材料的纤维含量较高 由于多轴向经编织物中各层增强纱层平行铺设,结构中空隙率小,所以纤维含量高。

6.抗层间分离性能较好 由于成圈纱线对各衬入纱层片的束缚,使分离性能提高三倍以上。

7.准各向同性特点 由于织物可有七组不同取向的衬入纱层来承担各方向的负荷,所以各向同性特点明显。

正是由于双轴向、多轴向经编织物具有高强、高模等特点,因此这类织物普遍被用作产业用纺织品及复合材料的增强体。例如:灯箱广告、汽车篷布、充气家庭游泳池、充气救生筏、土工格栅、膜结构等柔性复合材料。另外,在刚性复合材料中,双轴向、多轴向经编织物还可作为造船业、航天航空、风力发电、交通运输等许多领域复合材料的增强体。

思考与练习题

1. 双梳织物的显露关系是怎样的? 以经平绒组织为例进行说明,并画出反面线圈结构图和方框图。

2. 画出双经平、经平斜、经斜平组织的线圈结构图和方框图,并说明它们的主要特点。

3. 形成双梳纵条花纹的主要方法有哪些?

4. 形成双梳方格花纹的主要方法有哪些?

5. 形成抽花组织的原则有哪些?

6. 网眼织物是怎样形成的?

7. 如何控制网眼织物中网孔的形态、尺寸及分布?

8. 什么叫局部衬纬组织? 它是怎样形成的?

9. 六角网眼地组织是怎样形成的? 影响其孔眼大小形态的因素有哪些?

第八章　多梳栉拉舍尔型经编机

● **本章知识点** ●

---

1. 多梳栉拉舍尔型经编机的结构特点和成圈运动。
2. 多梳栉拉舍尔型经编机的梳栉横移机构。
3. 多梳栉拉舍尔型经编织物的基本工艺设计。

多梳栉拉舍尔型经编机主要生产窗帘织物、花边织物、服用织物,也生产一些工业用织物。

第一节　多梳栉拉舍尔型经编机的结构

多梳栉拉舍尔型经编机的基本结构与普通拉舍尔型经编机相同。但由于其具有较多的梳栉,因此在某些机构上有其特点。

一、多梳栉拉舍尔型经编机成圈机构

多梳栉拉舍尔型经编机通常采用两把或三把地梳栉,这些梳栉上的导纱针与普通经编机上的导纱针相同。而编织花纹的梳栉(亦称花梳栉)上的导纱针则采用花梳导纱针,如图3-8-1所示。

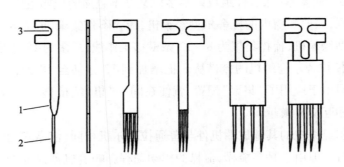

图3-8-1　多梳栉拉舍尔型经编机花梳导纱针结构简图

花梳导纱针由针柄1和导纱针2组成。安装柄上具有凹槽3,可用螺丝将其固定在梳栉上。通常,编织花型的梳栉在50.8mm、72.6mm或101.6mm(2英寸、3英寸或4英寸)内每一花型横向循环的织物幅宽中仅需一根纱线。因而,这就决定了在后方的所有花梳栉可按

图3-8-2 多梳栉花边机的梳栉"集聚"配置

花型需要在某些位置上装置花梳导纱针。同一花梳栉上的两相邻花梳导纱针之间,存在相当大的间隙。由于上述的特殊状况,可将各花梳栉的上面部分分开一些距离,便于各根花型链条对它们分别控制。然而各梳栉上的花梳导纱针的导纱孔端集中在一条横移工作线上,在织针之间同时前后摆动,使很多花梳栉在机上仅占很少的横移工作线,从而显著减少了梳栉的摆动量,如图3-8-2所示为德国卡尔·迈耶公司某型号多梳栉花边机的梳栉配置图。花梳栉的这种配置方式称为"集聚"。采用梳栉集聚配置的一般原则是:

(1)梳栉集聚后组成的横移工作线要减到最小,以利提高机速。

(2)梳栉集聚后的最大宽度,在梳栉摆动时与其他成圈机件运动曲线的时间要相吻合。

(3)集聚后梳栉摆到机后时,前梳要能有一定的倾斜角,才能保证前梳的针钩垫纱。

(4)辅助地梳也要集聚。多梳栉拉舍尔型经编机机前一般放两把地梳和两把辅助地梳,两把辅助地梳集聚成一条横移工作线,作为分离线和加边组织使用(提花产品的花边),集聚的辅助地梳可放在第2把梳栉位置上,也可放在第3把梳栉位置上。

(5)可将2、4、6把花梳栉集聚成一条横移工作线,生产中多将2~4把花梳集聚在一起。

(6)将横移动程较大的花梳栉放在靠近机前地梳的集聚工作线内,使之具有充分时间进行针后垫纱。

(7)集聚线内各梳栉横移后应有1~2针的间隔,以免发生碰撞。

(8)所有衬纬梳栉横移方向一致,以便集聚。

(9)左右横移方向基本一致,针距数差不多而又互不碰撞的梳栉组成一条横移工作线。

根据上述原则,一般8梳内的拉舍尔型经编机,梳栉不作集聚,成为8条横移工作线。8梳以上的拉舍尔型经编机,梳栉集聚为8~12条横移工作线,最多为18条横移工作线。

由于"集聚"使拉舍尔经编机的梳栉从8把增加到12把甚至18把,直至最多的78把,生产能力增强。但由于应用了"集聚"配置,就使在同一"集聚"横移工作线中的各花梳导纱针不能在横移中相互交叉横越。

多梳栉拉舍尔经编机的其他成圈机件与普通拉舍尔机相同,依靠它们的协调工作,使织物编织顺利地进行。但由于是多梳栉,梳栉的摆动动程影响着机器速度的提高。因此,在有些多梳栉拉舍尔机器上采用针床"逆向摆动",即针朝着与梳栉摆动的相反方向运动,以加快梳栉摆过针平面的时间。另外,在多梳栉拉舍尔型经编机发展进程中的另一个重要进展就是成圈机件之间时间配合的改变,即在地梳栉后的第一把衬纬梳栉到达与织针平面平齐的位置时,针床就开始下降,如图3-8-3所示。这种时间配合是拉舍尔花边机上所特有的。这样可使针床在最高位置的停留时间减少,从而使机器的车速提高。

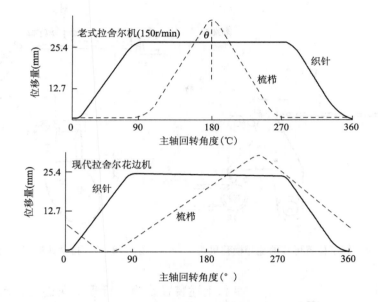

图 3 - 8 - 3　成圈机件运动配合曲线

二、多梳栉拉舍尔型经编机横移机构

(一)多梳栉拉舍尔型经编机常用横移机构

(1)地梳栉使用花板凸轮,花梳栉使用一行程编花链轮机构。

(2)地梳栉和花梳栉分别使用两行程、一行程编花链轮机构。

(3)采用3个编花链轮机构,地梳栉使用右侧的两行程编花链轮,花梳栉分别使用左侧和右侧的一行程编花链轮机构。

(4)地梳使用花板凸轮,花梳应用电子横移机构。

(二)常用两种梳栉横移机构的工作原理

1. 转子位置可移的梳栉横移机构　转子位置可移的梳栉横移机构如图 3 - 8 - 4 所示。

梳栉摆杆 G 的上部转子受两行程地梳编花链轮 D 的推动,作用于梳栉推杆 I,使地梳 L 左右横移;下部转子 C 可在左右 3 个位置上移动,受一行程的花梳编花链轮 B 推动,梳栉摆杆 G 以 A 轴为中心可左右摆动,通过改变梳栉摆杆 G 摆动动程的大小,来改变摆杆横移的距离。地梳编花链轮 D 上链块高低与梳栉横移距离是1:1,花梳编花链轮 B 上链块高低与梳栉横移距离是1:2。当花梳编花链轮 B 上是一种链块高度,转子 C 在最右侧位置时,适应机号 $E24$;转子 C 在最左侧位置时,适应机号 $E14$;转子 C 在中间位置时,适应机号 $E18$,这就使一种链块适宜于 3 种机号。

梳栉摆杆 G 的上部有停止螺栓 E,称"虚设梳栉",其作用是使不用的梳栉通过定位,不再左右横移,即这个梳栉不与编花轮接触,由停止螺栓 E 固定在机架上保持静止。

图 3 - 8 - 5 所示为一行程编花链轮自动针钩垫纱装置中的一种。当 A 轴改成偏心轴 K

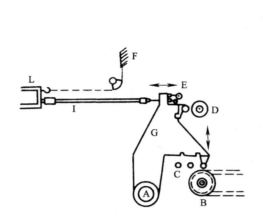

图 3 - 8 - 4　转子位置可移的梳栉横移机构　　　图 3 - 8 - 5　自动针钩垫纱装置

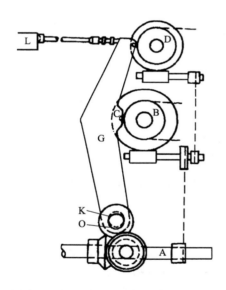

图 3 - 8 - 6　可动支点梳栉横移机构

时,上述装置改为一行程编花链轮自动针钩垫纱装置。该装置可改变梳栉摆杆 G 支点的高低。当偏心轴 K 的小半径在上面时,一把梳栉的导纱针在一个织针的右侧摆向机后。当梳栉处于针前时,偏心轴 K 转动,让大半径在上面,使花梳左移一个针距,实现了针钩垫纱;当梳栉摆向机前时,偏心轴 K 又回到了小半径在上的位置,从而重复刚才的动作。这种梳栉是一左一右两次横移组成一个编织单元,左移是闭口线圈,右移是开口线圈。

花梳的编花链轮上可放置 12 个链块,也可放置 16 个链块。

2.可动支点梳栉横移机构　可动支点的梳栉横移机构如图 3 - 8 - 6 所示,花梳编花链轮 B 和地梳编花链轮 D 都可安放 16 块链块。两行程地梳编花链轮 D 控制地梳的横移,一行程带梳编花链轮 B 控制花梳的横移,两者的速率比为 2:1,梳栉摆杆 G 以轴心 O 为支点,可左右摆动,轴心 O 有一垂直运动,通过它的变化,可获一针钩垫纱的效果。梳栉摆杆 G 上升时,转子 C 也上移,增长了与 O 点的距离,缩短梳栉摆杆 G 上端的摆动幅度,使梳栉横移一个针距,这一过程放在针前,即可实现针钩垫纱。图中 K 为偏心轴,A 为轴。

三、多梳栉拉舍尔型经编机送经机构

在多梳栉拉舍尔型经编机中,可分为地经轴和花经轴两部分送经机构。

地经轴的送经机构与其他类型机种的送经机构相似。而花经轴的送经机构是绳子制动

的送经装置,如图3-8-7所示,经轴安装在滚动轴承中,在轴承端的边盘上放上一根细绳,用小重锤1张紧,重锤质量为5~400g。衬纬花纹纱的张力控制极严格,过小,纱线在织物中衬得松,锤经轴有转过头的倾向;过大,花纱变得过分紧,使地组织变形。花纱张力控制是目前限制车速提高的一个因素。在花经轴中,花经轴的平衡很重要。平衡通过调节三脚金属杆的星形架达到,每脚相距120°,用手回转或停动经轴,偏重处,经轴将下转。按此调节星形架上的重锤2,使经轴较轻的位置上的重锤向,外以平衡经轴3。这种简单的装置在大多数情况下其工作是稳妥可靠的。如果经轴调平衡困难,或稍有些不平衡,就可能需要加重锤。

四、多梳栉拉舍尔型经编机牵拉卷布机构

多梳栉拉舍尔型经编机的牵拉卷布机构是很重要的,因为其中牵拉装置决定织物中的纵密。必须保证其结构和传动完全精确,并能积极握持织物。图3-8-8所示为用于多梳栉拉舍尔型经编机的牵拉卷布机构,图中1为为牵引辊,2为针槽板,3为张紧辊,4为离合器,5为主轴,6为卷布轴。

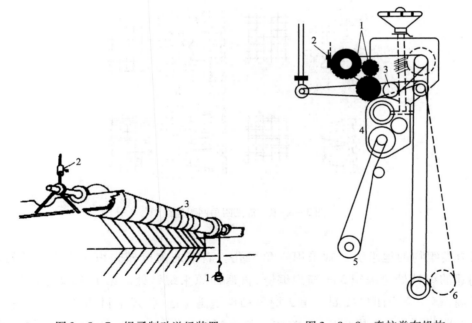

图3-8-7　绳子制动送经装置　　　　图3-8-8　牵拉卷布机构

第二节　多梳栉拉舍尔型经编织物的基本工艺设计

多梳栉拉舍尔经编织物组织结构可分成地组织和花型组织两部分。

一、多梳栉拉舍尔经编织物的地组织设计

多梳栉拉舍尔经编织物的地组织一般可分为四角网眼结构和六角网眼结构。这两

种织物都不能在特利柯脱型经编机上进行编织。因为这类织物是衬纬编链构成的网眼结构,经纱张力又大。编链横列的纵行之间无横向延展线或纬纱连接,因而沉降片无法握持织物,在刚形成的线圈到导纱针孔之间的纱段在向上张力的作用下,织物易随织针上升。

多梳栉拉舍尔窗帘织物多采用四角网眼地组织,它们通常用两把或三把地梳栉编织,前梳编织编链,第2、第3把梳栉编织衬纬。图3-8-9为一些常见的四角网眼地组织的例子。图中地组织是一种格子网眼,每一空格由两相邻纵行和三个横列的间距组成。显然不可能采用与实际孔眼尺寸一样尺寸的意匠纸。因为在专用意匠纸中实际孔眼的尺寸上要画3根纱线,没有足够的间距,因此在意匠纸上必须将孔眼放大。孔眼的具体形态将取决于最终成品织物中横列与纵行的关系。如果横列数正好3倍于纵行数,即横列数/纵行数为3:1,则将获一个正方形孔眼。如果比率小于3:1,孔眼的纵向小于横向。如果比率大于3:1,孔眼的纵向将大于横向。在实际生产中,比率常采用(2.5:1)~(3.5:1)。

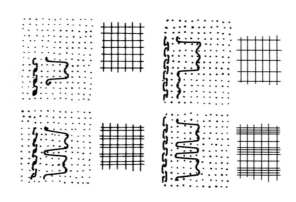

图3-8-9 常见四角网眼地组织

花边类织物的地组织通常采用六角网孔。满穿的前梳栉先织3个横列编链,然后移到相邻的织针处再编织3个横列编链,再返回原来织针处。第1、第2个编链横列为开口线圈,第3个为闭口线圈。第2把梳栉也是满穿的,作局部衬纬垫纱。沿着上述编链作一针距衬纬。3个横列后,与前梳一起移到相邻纵行上,又在3横列上作一针距衬纬,再返回起始邻纵行上。图3-8-10中(1)所示为垫纱运动图,(2)所示为线圈结构图。地组织网孔是利用相对于机号采用较纤细的纱线以及线圈结构的倾斜形成的。六角网眼实际形状的宽窄取决于横列数与纵行数的比率。由3个横列和1个纵行间隙所形成的孔眼,在采用3:1比例时形成正六角形孔眼。这些织物通常在机号为E18和E24机上编织,并以与机号相同的每2.54cm中纵行数(横密)对织物进行后整理。因而E18机上,比率为3:1时,织物的横密为18纵行,纵密为54横列。大于此比率时,孔眼肥而短;小于此比率时,孔眼细而长。工业中应用的比率范围为(2.4:1)~(3.4:1)。

图3-8-11为用于各种不同密度网眼织物的意匠纸。图3-8-12为意匠纸与两地梳栉垫纱运动之间的关系。

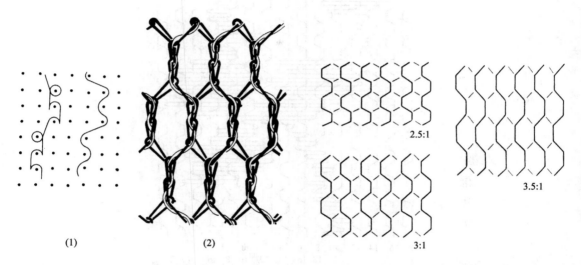

(1)　　　　　　　　(2)

　　图3-8-10　常见六角网眼组织结构图　　　　图3-8-11　用于不同密度网眼织物的意匠纸

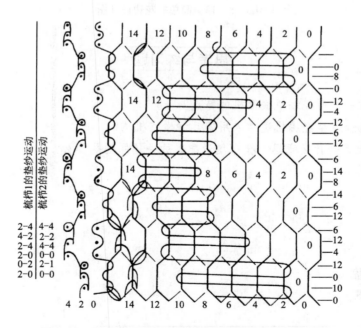

图3-8-12　意匠纸与两地梳栉垫纱运动之间的关系

二、多梳栉拉舍尔经编织物的花型设计

　　多梳栉拉舍尔经编织物的花梳均采用局部衬纬的垫纱方式而形成各种各样的图形。图3-8-13为一简单的花边设计图。

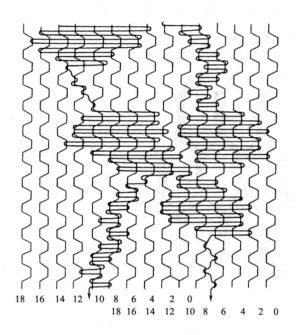

18 16 14 12 10 8 6 4 2 0

18 16 14 12 10 8 6 4 2 0

图 3 - 8 - 13　简单的花边设计图

思考与练习题

1. 多梳栉拉舍尔型经编机成圈机的特点?

2. 多梳栉拉舍尔型经编机通常采用哪几种横移机构?

3. "集聚"配置是什么意思? 梳栉集聚配置的一般原则是什么?

第九章 贾卡(拉舍尔型)经编机

> ● 本章知识点 ●
>
> 1. 贾卡经编机的提花装置。
> 2. 贾卡经编机的编织机构及成圈过程。
> 3. 贾卡经编织物形成的基本原理。
> 4. 贾卡经编机的横移机构。

贾卡拉舍尔型经编机不同于传统的拉舍尔型经编机。在编织花纹很大的织物时,它不是用很多梳栉和很长的花纹链条来增加机器的起花能力,而是用冲孔的纹板通过贾卡装置中的各种针和某些联结机件分别控制一把或两把梳栉上的每根导纱针的侧向横移垫纱运动,即让每根导纱针在一定范围内能独立做垫纱运动,因而可编织出尺寸不受限制的花型。

由于贾卡装置控制的同一把梳栉中各根经纱垫纱运动规律不一,编织时的耗纱量各不相同,所以通常贾卡花纱需用筒子架消极供纱。这种机器的占地面积较大,因而经纱的行程长,张力难以控制,车速就比一般经编机低。

第一节 贾卡提花装置

一、贾卡提花装置结构及工作原理

(一)贾卡提花装置的结构

如图 3 - 9 - 1 所示为贾卡提花系统示意图,图 3 - 9 - 2 所示为贾卡提花装置。

1. 纹板 纹板 1 是一长方形纸板,用高质量的工业用纸制成,纹板左右两边和中央有传动纹板孔 1,如图 3 - 9 - 3 所示。纹板轮上的凸针伸入这些孔内,每 1 横列转过 1 块纹板,每块纹板上轧有 896 个或 1344 个 2mm 直径的纹板孔,纹板根据这些孔眼,控制选择针 22 的升降。根据花纹完全组织的要求,把形成一个循环的若干块纹板连接成一套纹板,每套纹板上必须标明花型号、连续编号(与意匠图中一个格子相对应)、提花装置的编号、纹板制作日期、是否负向冲孔。A 纹板上标有 A 字,B 纹板上标有 B 字。

2. 纹板轮 纹板由纹板轮带动进行转动。纹板轮上罩有一个纹板托架,托架上方有一个与纹板轮零度切线相平行的平面,平面上打有与纹板孔眼相对应的孔眼,纹板轮两端及中间的圆周上,镶有传动凸钉,与纹板上的传动纹板孔相对应,带动纹板围绕纹板轮转动。纹板轮的圆周相当于 8 块纹板的长度,纹板轮一侧有个带齿转盘,主轴转一转,纹板轮的板转过八分之一圆周,即带过一块纹板。

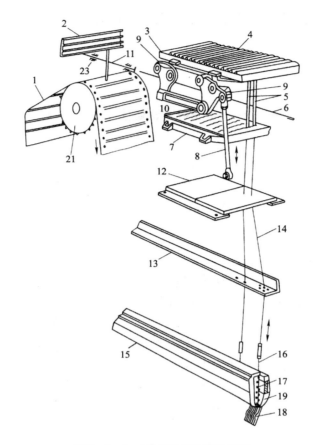

图 3 - 9 - 1　贾卡提花系统示意图

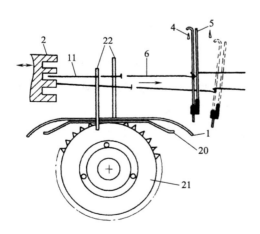

图 3 - 9 - 2　贾卡提花装置

3. 选择针及推针　图 3 - 9 - 1 所示为选择针 22 是一根中间带的细钢丝,环中穿一根推针 11,选择针上端呈弯曲状,下端通过选择针导条穿过纹板托架,落在纹板上,可随着纹板有孔和无孔的变化,和推针左端一起做升降运动。

推针 11 是一根较细的钢丝,中间穿过选择针环,左端与加压栅接触,右端呈丁字状与横针 6 接触,把加压栅 2 的推力传递给横针 6,如图 3 - 9 - 1、图 3 - 9 - 2 所示。

4. 加压栅　加压栅 2 是一块栅状合金板,如图 3 - 9 - 2 所示,有 9 个加压栅条,形成凹凸状,与 16 排推针 11 相对应,加压栅 2 横置在推针的一侧,通过来自主轴的升降运动,借加压栅凸轮的变化,做左右横向运动,主轴转一转,加压栅压向推针一次,当选择针 22 下降,推针的

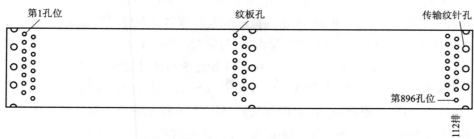

图 3-9-3 提花纹板

左端进入加压栅的凹处,对推针不产生推力,当选择针 22 的不下降,推针的左端对准加压栅的凸处,加压栅推动推针横移。

5. 横针 如图 3-9-2 所示,横针 6 是一根中部呈 U 形形状,尾部带钩的钢丝,U 形状外侧与竖针 5 接触,横针的左端与推针 11 接触,受推针和竖针回弹力的作用,做横向运动,用以控制竖针钩与提针刀片刀口的相对位置。

6. 竖针 如图 3-9-2 所示,竖针 5 是一根呈 U 形的钢丝,右边的一根呈直线状,上端与左侧的刀片相接触,竖针 5 的钩,平时正好位于提针刀片 4 刀口的上方,带钩的竖针中部与横针 6 的 U 形状相接触,承受一定的推力,下部注入塑料弯头内,支持在竖针底板 7 上,并和通丝 14 相联,竖针除受刀片的上提和来自下方通丝的拉力而做升降运动外,还受横针 U 形弯头的推动及本身回弹力的作用,使带钩的竖针左右摆动。

7. 提针刀片 如图 3-9-1 所示,提针刀片架 3 是一个金属柜架,平行地放置 16 根栅状金属板,支持在其上面的是提针刀片 4。提针刀片架 3 是一根梭形尼龙板条,通过来自主轴的运动,借曲柄摆杆机构作升降运动。主轴转一转,刀架升降一次。当刀口与受横针 6 推动的竖针 5 摆离时,刀架上升,竖针和相应的通丝 7 保持在低位,当带钩的竖针受回弹力的作用与刀口接触时,刀架上升,竖针和相应的通丝被上提,处于高位。

8. 通丝 如图 3-9-1 所示,通丝 14 是一种高强低伸的尼龙编织绳,其上端系在竖针 5 下部的塑料弯头上,中间穿过起导向作用的上目板 12 和下目板 13,下端借塑料弯管的锁紧作用,系在移位针 16 的上部。由于移位针套入回复弹簧 17 内,弹簧总是给移位针一个向下的拉力,所以通丝通常处于拉紧状态,随着竖针而做升降运动。

(二)贾卡提花装置的运动及其相互配合

提花装置的运动来自主轴,然后分成 4 路分别传动:

(1)传动花筒转动。

(2)传动加压栅 2,使之左右横移。

(3)传动提针刀片架 3 上下运动。

(4)传动升降板上下运动使选择针 22 复位。

在图 3-9-1、图 3-9-2 中,纹板 1 与花筒一起转动,当纹板 1 上有孔时,对应的选择针 22 落进纹板孔眼中,推针 11 左端下降,进入加压栅 2 的凹位;当选择针 22 对应的纹板 1

无孔时,升降板下降,选择针22下端被搁置在纹板1上,推针11的左端上升,对准加压栅2的凸位;对准加压栅2凸位的推针11推动横针6,迫使横针6对应的竖针5离开提针刀片架3,而对准加压栅2凹位的推针11就不起作用,与它对应的竖针钩子挂在提针刀片架3上,提刀片4向上运动时,使竖针5下面通过通丝14相连的移位针提起,使贾卡导纱针18正常垫纱,形成稀薄组织;当提针刀片架3与竖针5的钩子脱离时,提刀片向上运动,竖针5与移位针16在低位,当贾卡梳栉19左右横移时,被移位针16控制的那个贾卡导纱针18向右偏移一针距,出现厚实组织或网孔组织的花纹。完成这一横列后,升降板将选择针22复位,按新的横列花纹重新选针。

提花装置各主要机件的运动规律见表3-9-1。

表3-9-1 贾卡装置各主要机件的运动作用规律

纹 板	选择针	加压栅	横 针	竖针弯钩	竖 针	移位针
有孔	下落	凹位对推针	不被推动	与刀口接触	上提	高位
无孔	不下落	凸位对推针	被推动	与刀口脱离	不上提	低位

（三）贾卡提花装置的配置及通丝的穿吊形式

通常贾卡提花装置有两种配置规格,一种是$16 \times 28 \times 2 = 896$根竖针,一种是$16 \times 28 \times 3 = 1344$根竖针。从纹板方向看,左右方向以16个孔眼为一组,每组分左右两排,每排8个孔眼,相当于16根竖针,前后方向共有两个或三个28组孔眼。从加压栅方向看,上下方向有8对凹凸的加压栅条,前后方向有两个或三个28组推针,每组有两排,每排有8根推针。从顶部俯视提花装置,左右方向16根竖针为一排,前后方向有两个或三个28排竖针,横针也每8根为一排,每两排为一组。

提花经编织物一个花型完全组织的针数为16或16的整数倍,为了便于整数配置,提花装置的竖针数,左右方向为16根,前后方向为28的倍数。一台贾卡经编机上,可以配置一个或几个提花装置。提花装置的竖针数可以相同,也可以不同。一台机器上究竟配置几个提花装置取决于机器型号、工作幅宽、机号及通丝和穿吊方式。

贾卡拉舍尔经编机常用的编织宽度为3302mm（130英寸）、3810mm（150英寸）等,而常用机号为$E6$、$E7$、$E9$、$E12$、$E14$等,因此在一台机器中的织针和贾卡导纱针数可能比一个贾卡装置中的竖针数要多得多。因此为了控制机上所有的贾卡导纱针,必须使用一个以上的贾卡装置,将它们串接或并接使用,或用一根竖针穿吊一根以上通丝控制一根以上的移位针。竖针和移位针之间的通丝联结方式,称为通丝的穿吊方式。在需要织全幅花型时,在贾卡装置中的每根竖针应只控制一根移位针。所以每根竖针只吊一根通丝,与一根移位针联结,这称为"单吊"

如在一台$E12$、编织门幅为1905mm（75英寸）的单贾卡梳栉的拉舍尔经编机上,采用一个896针的贾卡装置,编织全幅独花织物,则需采用单吊配置。因工作门幅内的织针总数为$75 \times 12 = 900$针。机器上的贾卡导纱针数及其相应的移位针数和织针数是相等的。因此,这些针的数目均比竖针数多$(900-896)\div2=2$根。所以两边各空去两根针,其通丝穿吊如图$3-9-4$所示。

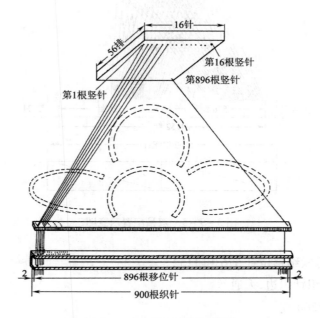

16针

56排

第16根竖针

第896根竖针

第1根竖针

2

896根移位针

2

900根织针

图$3-9-4$ 通丝穿吊示意图

由于一个完全组织的针数应是16或16的倍数,因而在单吊中,花型完全组织可以选用16或16的倍数,最宽的花型为机器的工作幅宽。

当贾卡装置中的竖针数少于编织的织针数,而所编织的完全花型组织又不大时,可用双吊或多吊(或混合吊)的方式。即在一根竖针根部穿吊两根或多根通丝,联结控制两根或多根移位针,一根竖针上穿吊两根或多根通丝,控制两枚或多枚移位针,如图$3-9-5$所示。

图$3-9-5$中,贾卡经编机机宽为2540mm(100英寸),机号为$E24$,使用896针型的提花龙头一个,针床上共有织针$100\times12=1200$针,采用双吊法,幅宽内编织两个重复花型,只需$1200\div2=600$枚竖针,因提花龙头的竖针每16枚为一排,可有$600\div16=37$(排)余8枚或$600\div16=36$(排)余24枚两种排法。为了便于花型变化,要求穿吊竖针的排数尽可能有更多的公约数,因此采用36排比较恰当,应该有$16\times36=576$根竖针参与穿吊。为了使提花龙头的负荷相等,故使用的竖针要放在提花龙头的中部,这样有$896-576=320$根竖针,前后各有160根竖针(即10排)空闲而未被使用,只有第161~736枚竖针使用。双吊中所用的移位针是$576\times2=1152$枚,两边各有24枚移位针闲置。通丝的排列结果是:

(1)左侧24枚织针织边,无通丝。

(2)竖针161号联结移位针1和577。

竖针162号联结移位针2和578。

竖针163号联结移位针3和579。

······

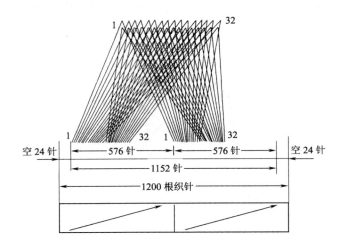

图 3-9-5　双吊配置示意图

　　竖针 736 号联结移位针 576 和 1152。

（3）右侧 24 枚织针织边,无通丝。

（4）总织针为 1200 枚

二、电子贾卡提花技术

　　电子贾卡经编机是由储存器(磁盘)代替提花纹板,用微型电子计算机、小型电磁铁和棘爪机构代替机械式贾卡装置而组成的,其工作原理如下。

　　由小型电磁铁和棘爪机构组成电磁贾卡提花机构,如图 3-9-6 所示。电磁铁 1 通电,棘爪 2 逆时针转动,其尖端脱离连动构件 3,连动构件 3 逆时针转动,通丝 4 下降,从而与通丝联结的移位针就下落到低位,作用偏移它相对应的贾卡导纱针;相反,电磁铁 1 不通电,棘爪 2 保持不变,连动构件 3 不转动,移位针保持在高位,贾卡导纱针不被偏移。图中 5 为弹簧。微型计算机是根据其储存器(磁盘)的信息,发出指令,控制电磁铁进行动作的。

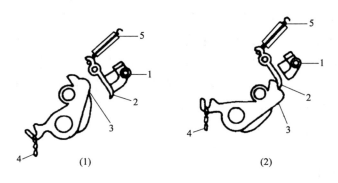

图 3-9-6　电子控制贾卡装置

电子提花装置和机械式提花装置相比,其优点是:花纹设计快,上机快,机器转速高,生产效率高,便于检修且生产成本低。

第二节 贾卡经编机的编织机构及成圈过程

贾卡经编机种类繁多,现以常用的 RJ 系列(RJG5F—NE 型、RJ4/1 型)、RSJWW 系列(RSJWW903 型)贾卡经编机为例,介绍其编织机构及成圈过程。

一、RJ 系列贾卡经编机

(一)编织机构

RJ 系列贾卡经编机的编织机构如图 3 - 9 - 7 所示。图中 1 为舌针,2 为栅状脱圈板,3 为握持沉降片,4 为地梳导纱针,5 为提花导纱针,6 为移位针,7 为防针舌反拨钢丝,8 为压纱板,9 为贾卡梳栉,10 为地梳栉,11 为舌针针床。

1. 舌针和地梳导纱针 贾卡经编机上使用的舌针和地梳导纱针与普通舌针拉舍尔型经编机上使用的相似。

2. 贾卡导纱针 由比较薄且弹性优良的弹簧钢片制成,有 A、B 两种形状,它们一隔一相间配置,上部呈平直状,下部有一弯曲突出的部段,如图 3 - 9 - 8 所示。受提花装置控制做上下移动的相应移位针就下落到此部段的上方,而这些贾卡导纱针的下端 A 型比 B 型的位置偏机前一点。

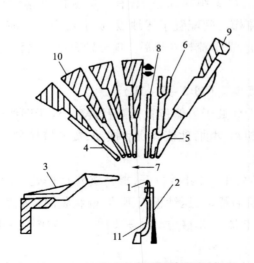

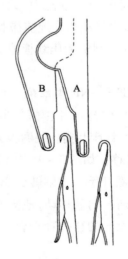

图 3 - 9 - 7 RJ 系列贾卡经编机的编织机构   图 3 - 9 - 8 贾卡导纱针

3. 移位针 移位针插在移位针床上,如图 3 - 9 - 9 所示,分两排交叉排列,移位针床既可作横移运动,又可做上下运动,用来控制贾卡导纱针 5,当移位针下落至最低位置时,迫使其左边的贾卡导纱针 5 端部作一针距移位。

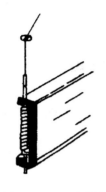

图 3-9-9　移位针

4. 栅状脱圈板　主要起支撑旧线圈的作用,以便新线圈得以脱出成形。

5. 握持沉降片　在舌针上升时,将旧线圈压住,使其不随针一起上升,以便退圈,握持沉降片床由主轴传动,可前后摆动。

6. 防针舌反拨钢丝　防针舌反拨钢丝是一根位于握持沉降片上方、横过全机的钢丝,其主要作用是在编织过程中,舌针退圈后,防止针舌自动关闭,以保证垫纱。

7. 压纱板　压纱板是一横过全机的竖置钢板,装在贾卡梳栉和移位针床的后面、地梳栉 10 的前面,其作用是不让垫入针钩的提花纱线成圈而被地组织的延展线压住,编织形成压纱线圈,使织物提花效应突出而丰满。

8. 成圈机件的代号　贾卡经编机的机号用 2.54cm(1 英寸)内的针数表示,在前或后标注 E,如 E18,这是使用标准贾卡导纱针,只有一把贾卡梳栉 9 的机器的机号。使用偏置贾卡导纱针的机号则为 E9/18,即 9 枚织针 18 枚偏置贾卡导纱针。使用标准贾卡导纱针,配有两把贾卡梳栉,机号为 E18/18,即第一和第二把贾卡梳栉上 2.54cm 内都有 18 枚贾卡导纱针,若为两把贾卡梳栉,一把配置偏置贾卡导纱针,机号为 E9/18/9,即 2.54cm 内有 9 枚织针,一把贾卡梳栉有 18 枚偏置贾卡导纱针,另一把贾卡梳栉有 9 枚标准贾卡导纱针。

(二)成圈过程

RJ 系列贾卡经编机中,无压纱板的可编织衬纬组织,有压纱板的可编织压纱组织,RJG5F—NE 型经编机在地梳栉和贾卡梳栉之间配置了压纱板,贾卡梳栉在机前,地梳栉在机后,而 RJ4/1 型机无压纱板地梳在机前,贾卡梳栉在机后。现分别介绍这两种机型的成圈过程。

1. RJG5F—NE 型经编机的成圈过程　(图 3-9-10)

(1)起始位置。当主轴转到 0°时,舌针处于最低位置,握持沉降片处于旧线圈的上方,压纱板不动,针床及栅状脱圈板开始向机后摆动,地梳向机后摆动,贾卡梳栉和移位针床开始作针后横移。如图 3-9-10(1)所示。

(2)退圈开始。主轴转到 30°时,舌针上升,针舌打开,握持沉降片仍处于旧线圈的上方,到达机前再向后移动,地梳继续向机后摆动,压纱板仍不动,栅状脱圈板随针床开始向机前摆动,上升的移位针选针结束,贾卡梳栉和移位针床开始偏移。如图 3-9-10(2)所示。

(3)退圈结束。当主轴转到 130°舌针上升至最高位置,旧线圈滑到针杆上,压纱板仍不动,地梳栉在 100°时开始向机前摆动。栅状脱圈板和针床一起继续向机前移动,在 155°时到最前方,然后向机后摆动。贾卡梳栉和移位针床在针后做相对横移,低位的移位针使对应的贾卡导纱针产生偏移,到 140°时,上提的移位针下落。如图 3-9-10(3)所示。

(4)垫纱。当主轴转至 170°时,舌针越过机前的贾卡导纱针平面,贾卡导纱针和移位针做针前横移,提花纱线进入针钩,而后舌针下降。栅状脱圈板和针床向机后摆动,当摆过贾卡梳栉时,压纱板下降。握持沉降片向机后摆动,地梳栉继续向机前摆动。240°时移位时移位针全部下落。如图3-9-10(4)所示。

(5)带纱。当主轴转到260°时,握持沉降片摆到最后位置,再向前移,压纱板下降至最低位置,提花纱线被压至针舌下的针杆上,而后压纱板回升。栅状脱圈板和针床向机后摆动,地梳栉向机前摆动,地梳栉针前垫纱,舌针迅速下降,被选上的移位针开始上提。如图3-9-10(5)所示。

(6)套圈。当主轴转到320°时,栅状脱圈板和针床继续向机后摆动,握持沉降片离舌针很远,舌针关闭针舌,继续下降,旧线圈套在针头内的纱线上。地梳栉向机后摆动,压纱板继续上升,贾卡梳栉和移位针床作过渡针后横移。如图3-9-10(6)所示。

(7)脱圈、成圈。舌针下降至最低位置,纱线穿过旧线圈,越过栅状脱圈板上边缘而脱圈,形成了新线圈。地梳栉仍向机后摆动压纱板不动,栅状脱圈板和针床向机后摆动,握持沉降片缓慢向机前摆动。如图3-9-10(7)、图3-9-10(8)所示。

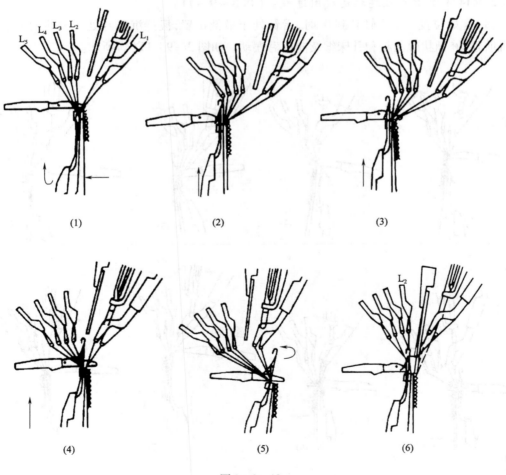

L_5 L_4 L_3 L_2 L_1

(1)　　　　　　　(2)　　　　　　　(3)

(4)　　　　　　　(5)　　　　　　　(6)

图3-9-10

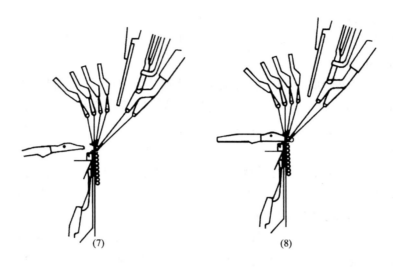

(7)　　　　　　　　　　　(8)

图 3 - 9 - 10　RJG5F—NE 型经编机的成圈过程

2. RJ4/1 型贾卡经编机的成圈过程　（图 3 - 9 - 11）

（1）起始位置。当主轴转到 0° 时，舌针处于最低位置，握持沉降片处于旧线圈的上方，向机前移动，栅状脱圈板和针床继续向机后摆动。如图 3 - 9 - 11(1) 所示。

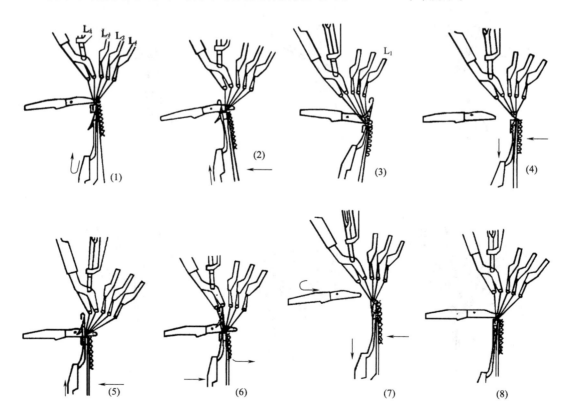

(1)　　　　(2)　　　　(3)　　　　(4)

(5)　　　　(6)　　　　(7)　　　　(8)

图 3 - 9 - 11　RJ4/1 型贾卡经编机的成圈过程

（2）退圈开始。当主轴转到30°时，舌针上升，打开针舌，握持沉降片仍在旧线圈上方，栅状脱圈板和针床继续向机后摆动，部分移位针开始上提。如图3－9－11（2）所示。

（3）退圈结束。当主轴转到130°时，舌针继续上升，栅状脱圈板和针床摆到最后位置，贾卡梳栉和地梳栉相对横移，进行针后垫纱，处于低位的移位针使贾卡导纱针产生偏移，握持沉降片向机前摆动。如图3－9－11（3）所示。

（4）垫纱。当主轴转到170°时，舌针上升到最高位置，栅状脱圈板和针床摆到最前位置，地梳栉 L_1 进行针前横移而垫纱，针床开始向后回摆，180°时舌针开始下降，握持沉降片同栅状脱圈板几乎同步向前摆到最前方。如图3－9－11（4）所示。

（5）带纱。当主轴转到260°时，地纱滑移到针钩内实现带纱。栅状脱圈板和针床向后摆，握持沉降片向后退出作用区。贾卡梳栉和移位针反向相对横移，使偏移的贾卡导纱针释放，所有移位针复位。如图3－9－11（5）所示。

（6）套圈。当主轴转到320°时，栅状脱圈板和针床继续向后摆动，握持沉降片退到最后，而后开始前移，舌针继续下降，旧线圈关闭针舌并套在针头内的纱线上。贾卡梳栉和移位针床作过渡针后横移，地梳栉中的衬纬梳也作针后横移。如图3－9－11（6）所示。

（7）脱圈、成圈。当主轴转到340°时，舌针下降至最低位置，纱线穿过旧线圈越过栅状脱圈板上边缘而脱圈，形成了新线圈，握持沉降片缓慢向机前摆动。如图3－9－11（7）所示。

二、RSJWW 系列贾卡经编机

（一）编织机构

RSJWW 系列贾卡经编机的成圈机构如图3－9－12所示，RSJWW 系列贾卡经编机的成圈机件，如舌针、栅状脱圈板和地梳导纱针仅在外形和尺寸上和 RJ 系列的有所不同。

1. 移位贾卡导纱针　如图3－9－13所示，它由刚性较强的金属杆制成，下端成薄片状，并有导纱孔，按机号单一地插入贾卡梳栉的针槽里。移位贾卡导纱针除随贾卡梳栉作左右两针距的横移运动外，还受提花装置通丝的牵拉及回复弹簧的作用，做升降运动；在编织过程中，根据织物花纹的需要，它受纹板和通丝的控制，使提花纱线上提或下落，进行不同针距的垫纱，从而形成提花效应。

2. 握持沉降片　为一刚性较大的金属薄片，浇铸时以一片铸成的片座，用螺丝固装在握持沉降片床上。它可在舌针之间作前后移动。

3. 推纱片座及防针舌反拨钢丝　推纱片也是一刚性较大的金属片，浇铸时比舌针增加一倍的片数铸成推纱片座，用螺丝固装在推纱片床上，如图3－9－14所示。它可在舌针之间

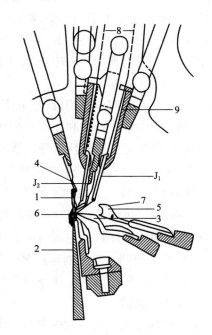

图3－9－12　RSJWW 系列贾卡经编机
成圈机构示意图

前后移动。在编织过程中,当舌针尚未上升之前,推纱片将移位贾卡导纱针的纱线推到针背,以便进行针背垫纱。

图 3 - 9 - 13   移位贾卡导纱针

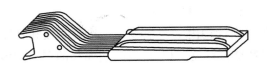

图 3 - 9 - 14   推纱片座及防针舌反拨钢丝

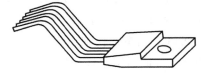

图 3 - 9 - 15   毛圈沉降片

在舌针相邻的两个推纱片的位置,用防针舌反拨钢丝的小圆柱销相连,在退圈过程中,起防止针舌反拨的作用。

4. 毛圈沉降片   毛圈沉降片为一刚性很强的异型金属杆,也可根据形状称为无头针或片针,如图3 - 9 - 15所示。浇铸时按机号铸成片座,再用螺丝固装在毛圈沉降片梳栉上。毛圈沉降片梳栉固定不动,在 RSJWW803 型机器上安装在贾卡梳栉后,在 RSJWW903 型机器上安装在两把贾卡梳栉中间。在编织过程中,其下端伸到栅状脱圈板前面,当贾卡梳栉横移,推纱片将机前那把贾卡梳栉 L_2 上的纱线推到针背时,垫到毛圈沉降片上而形成毛圈。

(二)成圈过程

RSJWW 系列贾卡经编机,是由拉舍尔衬纬经编机发展而成的,其成圈过程和一般拉舍尔机相似,但由于提花纱和全幅衬纬纱均由推纱片推向针背而实现针背垫纱,故舌针床不必前后摆动,同样可以满足所有导纱梳栉的垫纱需要,成圈过程比较简单。

RSJWW903 型贾卡经编机成圈过程如图 3 - 9 - 16 所示。

(1)起始位置。当主轴转到 0°时,舌针在最低位置并准备上升,地梳栉在机前继续进行针后横移;握持沉降片向前移到栅状脱圈板的上方,如图 3 - 9 - 16(1)所示。贾卡梳栉横移到位,移位贾卡导纱针经达到高位或低位,推针片继续向前移动,并接触提花纱线。

(2)准备退圈。当主轴转到 50°时,握持沉降片继续向机前移动,为退圈作准备;推纱片将提花纱线推到舌针针背,并停留在机前,如图 3 - 9 - 16(2)所示。舌针继续上升,各地梳栉针后横移已结束。

(3)退圈结束。当主轴转到 70°时,推纱片继续停留在机前;舌针继续上升而退圈,旧线圈滑到针舌处,开始将针舌打开,如图 3 - 9 - 16(3)所示;握持沉降片到达机前处在旧线圈的上方位置,防止线圈随舌针一起上升,地梳开始向机后摆动。

(4)准备垫纱。当主轴转到 130°时,舌针上升到最高位置,地梳栉继续向机后摆动,握持沉降片保持在前方位置,如图 3 - 9 - 16(4)所示,之后开始向机后移动。

(5)垫纱。当主轴转到 195°时,舌针仍停留在最高位置,地梳栉已摆到最后方并作针前

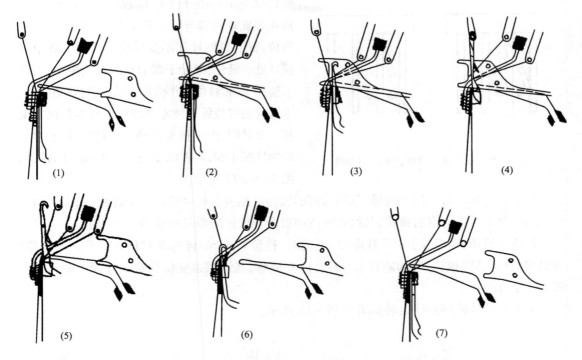

图3-9-16　RSJWW903型贾卡经编机成圈过程

横移,纱线垫入针钩之内,完成了针前垫纱,如图3-9-16(5)所示,之后地梳栉开始向机前摆动,不久舌针也开始下降,纱片到达最后位置,握持沉降片仍向机后移动。

(6)套圈。当主轴转到270°时,地梳栉移到机前,舌针继续下降,针舌被关闭,如图3-9-16(6)所示,贾卡梳栉开始横移,同时移位贾卡导纱针开始被提花装置选择上提,握持沉降片和推纱片位于机器最后方。

(7)脱圈、成圈。当主轴转到340°时,舌针下降到最低位置,线圈已经脱圈,如图3-9-16(7)所示,贾卡梳栉的横移即将结束,被提花装置选择的移位贾卡导纱针继续上提;推纱片开始向机前移动握持沉降片处于栅状脱圈板的上方,地梳栉开始针后横移,并继续保持在机前。

第三节　贾卡经编织物形成的基本原理

一、贾卡导纱针的侧向偏移

RJ系列贾卡提花经编织物的提花效应,是由贾卡导纱针的侧向偏移获得的,它是在贾卡梳栉和移位针床相对横移的运动中,移位针"阻挡"或"推移"贾卡导纱针变位而形成的。

参见图3-9-1所示,移位针的上端与通丝联结,而通丝受竖针、横针、推针、选择针,加压栅和纹板控制。当纹板上相对某一移位针的位置上有孔时,移位针被上提,即处在高位;反之,当纹板上相对某一移位针的位置上无孔时,移位针则下落,即处在低位。移位针在一

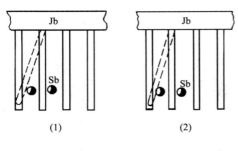

图 3 - 9 - 17 贾卡导纱针的侧向偏移

一般情况下全部处于下落位置,即处在低位,当提花装置选择部分移位针上提时,移位针处在高位,贾卡导纱针就不受移位针作用。其余移位针处在低位,即处于贾卡导纱针间隙中,当贾卡梳栉 Jb 和移位针作横移运动,在针背垫纱时,未提起的移位针迫使左邻的贾卡导纱针向左偏移一个针距,由于贾卡梳栉 Jb 和移位针相对运动的情况不同,两者的变位方法有如下两种,如图 3 - 9 - 17 所示。

1. 移位针床相对于贾卡梳栉不动时,贾卡梳栉自左向右相对横移一个针距,未提起的移位针阻挡贾卡导纱针向右横移,其结果变位的贾卡导纱针端部向左移动一个针距。

2. 贾卡梳栉 Jb 相对于移位针床 Sb 不动时,移位针床 Sb 自右向左相对横移一个针距,未提起的移位针"推移"左邻的贾卡导纱针向左横移,其结果是变位的贾卡导纱针端部向左移动一个针距。

贾卡导纱针偏移垫纱运动如图 3 - 9 - 18 所示。

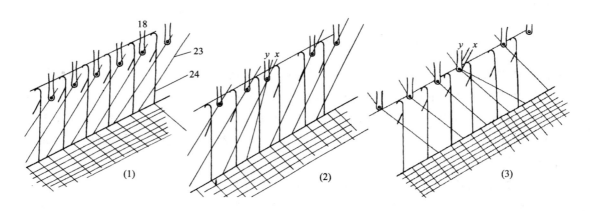

图 3 - 9 - 18 导纱针偏移垫纱运动

二、贾卡经编织物组织的几种提花效应

目前,最普通的贾卡拉舍尔型经编机的右侧控制贾卡梳栉的花纹凸盘,设计成使其梳栉产生 4—4/0—0// 的横移运动。因此,如在编织期间所有移位针都处高位,则贾卡导纱针都与贾卡梳栉的运动一致,即都按侧向花纹凸盘的控制运动。即作 4—4/0—0// 运动。所以它们的针背垫纱状况如图 3 - 9 - 18(1) 所示。而当贾卡梳栉向右横移时,如某根移位针处于低位,则由于控制移位针床的凸盘设计为在此时使移位针床比梳栉向右少走一个针距,因而使该低位移位针左邻的贾卡导纱针(x)[图 3 - 9 - 18(2)]发生偏移,阻挡纱线向右垫纱,缩减了一个针距(要注意:此导纱针的根部还是与其他不发生偏移的导纱针一样,到达花纹凸盘控制的规定位置)。但该导纱针的引纱端却因偏移而处于左邻的导纱针(y)所处的织针

针隙中。而在贾卡梳栉向左作两针距针后横移时,由于移位针床的花纹凸盘设计为在此时使移位针床比梳栉向左多走一个针距,所以如有某根移位针处低位,则使其左邻的贾卡导纱针(x)发生偏移[图3-9-18(3)],即其垫纱长度向左推延了一个针距。偏移导纱针的引纱端处于左邻导纱针(y)的同一织针针隙中。

为了便于移位针对贾卡导纱针的控制,也为了便于人们设计和绘制贾卡花型意匠图,在移位针床和贾卡梳栉的花型凸盘的相互工作配置上,总是使各移位针仅与其左邻的贾卡导纱针起偏移作用,从而使两者建立起一一对应的相互作用关系。因此,虽然配置在一起的移位针床和贾卡梳栉分别由各自的花纹凸盘控制横移,有独立的运动,但为了使每根移位针总是一一对应地作用于同一根确定的贾卡导纱针,移位针床的横移运动必须设计得与贾卡梳栉的横移运动相适应,符合一起运动的跟随要求。这样,就能做到某根贾卡导纱针的垫纱运动只受一确定的移位针(右邻的),一确定的通丝、竖针、横针 推针、选择针、最终即纹板上的某一确定的孔位(有孔或无孔)所控制。如果一一对应的作用关系相互不确定,则花型意匠图的设计和纹板冲孔就难以进行。

在贾卡梳栉如上述做4—4/0—0∥衬纬垫纱运动时,为了使贾卡花纱能织入织物,至少要在该梳栉的前方配置一把成圈编织的地梳栉,通常为织编链的梳栉,从而形成如图3-9-19中的各种衬纬—编链双梳组织效应。

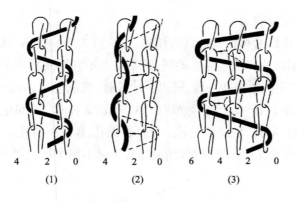

图3-9-19 衬纬编链双梳组织

图3-9-19中(1)为每横列中移位针都提到高位,相应的贾卡导纱针就按贾卡梳栉的中2针距衬纬运动进行垫纱。得到2针距衬纬—编链组织。在这种组织中,贾卡花纱在两相邻的地纱编链空隙中,每两个横列中分布覆盖两根延展线,在织物中构成半密实区域(或称稀薄组织)。

图3-9-19中(2)为移位针在贾卡梳栉右移横列(称为A横列)中处低位,随后的左移横列(称为B横列)中处于高位。即在右移的A横列中阻挡减少一个导纱针距,从而形成1针距衬纬—编链组织。在这种组织中,贾卡花纱只是绕在各地纱编链上,在各横列中没有延展线分布,即相邻的编链空隙中没有贾卡花纱覆盖。所以在织物中就构成网孔区域。

图 3 - 9 - 19 中(3)为移位针在 A 横列时处高位,B 横列时处低位,即在左移的横列中推延一个导纱针距,从而形成了 3 针距衬纬—编链组织。在这种组织中,贾卡花纱在两相邻的地纱编链空隙中,每两个横列中分布覆盖 4 根延展线,在织物中构成密实区域。

上面三种织物组织的提花效应如图 3 - 9 - 20 所示。

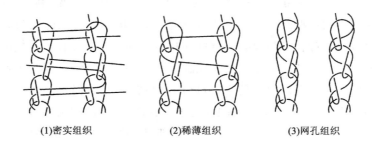

(1)密实组织　　　　(2)稀薄组织　　　　(3)网孔组织

图 3 - 9 - 20　三种织物组织的提花效应

在贾卡拉舍尔型经编机上编织织物时,如果以所需的花型廓线为上述三种组织的界线时,在相应的纹板控制下,就能编织出所需要的各种花型的织物。

三、纹板与提花效应的关系

纹板的有孔无孔控制着移位针的高低位置,影响贾卡导纱针是否侧向偏移,使提花纱线垫纱形式改变,因而织物的提花效应也不同,特别是在不同线圈横列下纹板打孔情况与提花效应有关。RJ 系列提花机主轴转一转,转过一块纹板,成圈一次,一块纹板对应于一横列,A 纹板对应于奇数横列,B 纹板对应于偶数横列。A、B 孔、无孔其组合可能有 4 种情况:A 纹板有孔,B 纹板有孔。A 纹板有孔,B 纹板无孔。A 纹板无孔,B 纹板有孔。A 纹板无孔,B 纹板无孔。第一种与最后一种配置产生的提花效应相同,平时不用最后这种配置。表 3 - 9 - 2 为纹板与提花效应的关系。

表 3 - 9 - 2　纹板与提花效应的关系

横　　列	纹　板		移位针位置代号	贾卡导纱针偏移情况	贾卡导纱针垫纱形式	花型意匠图色标	提花效应
	A、B	打孔情况					
第1横列	A	有	H	无偏移	正常垫纱	绿色	稀薄(二针衬纬)
第2横列	B	有	H	无偏移	正常垫纱		
第1横列	A	无	T	偏移	多垫一个针距的纱线	白色	网孔(一针衬纬)
第2横列	B	有	H	无偏移	正常垫纱		
第1横列	A	有	H	无偏移	正常垫纱	红色	厚实(三针衬纬)
第2横列	B	无	T	偏移	多垫一个针距的纱线		

四、贾卡经编机的横移运动

1. 横移机构的组成 贾卡梳栉和移位针床的横移机件是由花盘凸轮控制。地梳栉的横移,除个别和偏移组织有关的地梳栉使用花盘凸轮外,一般采用编花链块,它装在编花轮上。花盘凸轮的圆周表面根据横移动程铣成一曲线,相当于48块链块,在需改变偏移组织时,进行整体更换。编花轮可随地组织的改变更换编花链块的号数。编花链块分 N 型和 E型两种,N 型链块最大横移距离为 30mm,链块两孔之间的距离较短,编花轮圆周上可装 48块链块,E 型链块最大横移距离为 35 mm,链块两孔之间的距离较长,编花轮圆周上只能装16 块链块。

在贾卡经编机上,采用"六行程"横移传动方式,即当主轴转一转,完成一个成圈循环,编织一个线圈横列时,花型横移机构走过 6 个编花链块,但编织衬纬的地梳栉仍使用两行程式编花链块。

RJG5F—NE 型经编机的贾卡梳栉 L_1、移位针床、地梳栉 L_2 均使用花盘凸轮,地梳栉 L_3、L_4 和 L_5 均使用编花轮。在 N 型经编机上,使用标准的六行程式 N 型编花链块;在 NE 型经编机上,使用特殊的两行程 E 型编花链块。

花盘凸轮和编花轮上编花链块的高度差,传递给梳栉和移位针床时有两种方式。一种是通过滑块直接控制,两块编花链块的高度差值等于梳栉的位移距离;另一种两块编花链块的差值通过横移杠杆进行间接控制梳栉位移,可是 2 倍或 4 倍的梳栉位移距离。通常,贾卡梳栉和移位针床的横移采用间接式控制机构。

2. 成圈过程中横移运动的基本规律 贾卡梳栉和移位针床在成圈过程中的横移,实现了贾卡导纱针的垫纱运动,它们既受花型横移机构控制,又受提花装置控制,横移运动具有一些基本规律。

(1)偏移。贾卡导纱针除做编织基本组织需要的针前、针后横移外,还需要在移位针的配合下做偏移变化组织的横移,这就是"偏移"。

(2)提花。贾卡导纱针在保持侧向偏移的状态下,贾卡梳栉和移位针床不做相对运动,一起同步横移,实现针前垫纱,使偏移的贾卡导纱针获得变化两针距衬纬或变化编链组织,提花效应更加明显,这就是"提花"。

(3)释放。偏移变化组织完成垫纱后,偏移的贾卡导纱针恢复到垂直,不受移位针作用的自由状态,贾卡梳栉和移位针床做适当的相对横移,这就是"释放"。

(4)复位。贾卡导纱针处于释放状态时,被上提的移位针全部下落,恢复到选针前的必要位置,这就是"复位"。

(5)选针。移位针复位后,提花装置按织物花型的要求通过纹板选择部分的移位针从贾卡导纱针中间提上来,其余的移位针保持在贾卡导纱针间隙中,为下一次偏移做准备,这就是"选针"。

由于在成圈过程中增加了偏移、释放等各种横移动故一般经编机上的两行程、三行程等横移方式已不能适应,因而在贾卡拉舍尔型经编机中采用六行程横移传动。

思考与练习题

1. 试述贾卡经编机的结构和工作原理?

2. 分析说明贾卡经编机的编织机构及成圈过程?

3. 试述贾卡经编织物花型效应形成的基本原理?

4. 试述贾卡经编机横移机构的特点?

第十章 双针床拉舍尔型经编机

● 本章知识点 ●

1. 双针床拉舍尔型经编机的类型和结构特点。
2. 普通型双针床拉舍尔型经编机的工作原理。
3. 短绒型双针床拉舍尔型经编机的工作原理。
4. 长绒型双针床拉舍尔型经编机的工作原理。

第一节 双针床拉舍尔型经编机的结构 特点和织物组织表示方法

一、双针床拉舍尔型经编机的结构特点

双针床拉舍尔型经编机几乎是对称的,如图 3 – 10 – 1 所示。在两个针床的上方配置一套梳栉。而对于前、后针床,各相应配置一块栅状脱圈板(或称针槽板)和一个沉降片床。因此,机器前后的区分是以卷布机构的位置来确定。卷布机构所在的一侧为机器的前方。前、后针床及前、后梳栉的规定仅是为了方便叙述各梳栉和各针床的编织关系。

在编织过程中,各导纱梳栉有多种不同分工,如:(1)部分导纱梳栉在前、后针床上均作针前横移,则可形成前后连成一片的双面织物。(2)机前的几把梳栉仅在前针床上编织,机后的几把梳栉仅在后针床上编织,则可形成前后分离的两片单面织物。(3)在上述基础上,再有几把梳栉在两单面织物两边缘处的前、后针床织针上进行垫纱编织,则可把两单面织物连接成筒形织物。(4)两针床脱圈板安装间距增大,最前和最后的几把梳栉分别在前、后针床上编织单片织物,中间的几把梳栉轮流在两针床上垫纱成圈,将两单片织物联结成一体,则形成的织物是中间夹有较长连接线的双层织物,如使用专门的剖割机将双层织物剖开,可得两片毛绒织物。毛绒高度由两针床脱圈板之间的距离决定。

根据机器使用目的,双针床拉舍尔型经编机的针床配置方式和形式可以变换。例如为编织毛圈织物,常将前针床舌针换

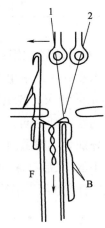

图 3 – 10 – 1 双针床拉舍尔型经编机编织机构示意图

299

成无钩针,毛圈由垫到无钩针上的经纱形成。又如将两针床中的一个针床拆去,双针床经编机就可作为单针床经编机使用。

双针床拉舍尔型经编机每一个针床的成圈过程与单针床舌针拉舍尔型经编机相同。在整个编织循环(前、后针床各成圈一次)中,导纱梳栉一般要前后摆动6次,同时要在前、后针床上各做一次针前和针后横移,共需4次横移时间。故梳栉横移机构常采用四行程工作方式,即完成一个编织循环使用4块花板链块。

现代双针床拉舍尔型经编机的生产率比旧型机器有较大幅度的提高,为减少停车时间,提高机器运转效率,大大加大了经纱和卷取卷装。为使送经速度得到精确控制,在新型经编机上采用了电子送经和牵引装置。

二、双针床拉舍尔型经编机的分类

双针床拉舍尔型经编机的种类很多,根据其适用的原料、产品的特征和使用范围,大致可以分为5类,见下表。

双针床拉舍尔型经编机的分类

种　　类		织　物　用　途
	普通型	服用织物、工业用织物
绒类织物型	长绒型	人造毛皮、装饰织物
	短绒型	车辆座垫布、毛毯
	毛圈型	地毯
筒形织物型	普通型	弹性绷带、包装袋、网袋
	成形织物型	三角裤、长筒袜、手套、连裤袜
	通用型	可变换多种机型、生产多种织物

三、双针床经编组织表示法及基本组织

表示双针床经编组织的意匠纸通常有3种,如图3-10-2所示。图3-10-2(1)中用"·"表示前针床上各织针针头,用"×"表示后针床上各织针针头。其余的含意与单针床经编组织的意匠纸相同。图3-10-2(2)中都用"·"表示针头,而以标注在横行旁边的字母F和B分别表示归属前、后针床。图3-10-2(3)中以两个间距较小的横行表示在同一编织循环中的前、后针床的织针针头。

在这种意匠纸上描绘的垫纱运动与双针床组织的实际状态有较大差异。其主要原因是:

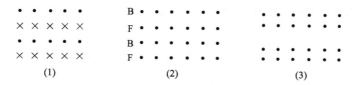

图3-10-2　双针床经编组织的意匠纸

（1）在此种双针床意匠纸中，代表前、后针床针头的各横行黑点都是上方代表针钩侧，下方代表针背侧。也就是说：前针床的针钩对着后针床的针背。但在实际的双针床机上，前针床的针钩向外，其针背对着后针床织针的针背。

（2）在双针床经编机的一个编织循环中，前后针床虽非同时进行编织，但在此循环中，前后针床所编织的线圈横列是在同一水平位置上的。但在意匠纸中，同一编织循环前后针床的垫纱运动是分上下两行画的。

因此，在分析这种垫纱运动图时，必须特别注意这些差异。否则，难以用这些垫纱运动图来想象和分析双针床经编组织的状况和特点。

图 3－10－3 中的三个垫纱运动图按单针床经编组织的概念看是编链、经平和经绒，它们各不相同，图 3－10－3（1）织出的是一条条编链柱，图 3－10－3（2）、图 3－10－3（3）可构成相互联贯的简单织物。但在双针床拉舍尔型经编机上，前针床织针编织的圈干仅与前针床编织的下一横列的圈干相串套；后针床线圈串套的情况也一样。因此，若仅观察前针床编织的一面，则由圈干组合的组织就如垫纱运动图左旁的虚线所示那样。而仅观察后针床编织的一面时，由圈干组合的组织就如右旁虚线所示那样。

为了进一步明确这些双针床经编组织的状况，在每个垫纱运动图的右边，描绘了梳栉导纱点的运动轨迹俯视图。从各导纱点轨迹图中可看到：各导纱针始终将每根纱线垫在前、后针床的相同织针上。各纱线之间没有相互联结串套关系，所以织出的都是一条条各不相连的双面编链组织。

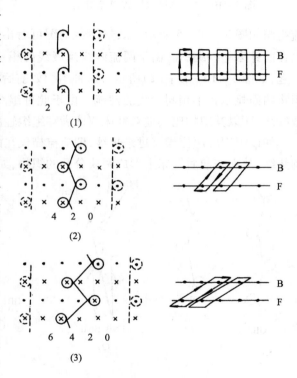

图 3－10－3　垫纱运动图

这三个组织图在双针床经编中基本上是属于同一个组织。它们间的唯一差异是：共同编织编链的前后两枚织针是前后对齐的，还是左右错开一、二个针距，即编链线圈的延展线是短还是长。应该了解，双针床经编组织的延展线并不像单针床的那样，与圈干在同一平面内。双针床组织的延展线与前后针床上的圈干平面呈近似 90° 的夹角。所以是个三维立体结构。

上述三个组织的数字记录（即花纹链条结构）为：（1）0—2—2—0 //；（2）2—4—2—0 //；（3）4—6—2—0 //。

第一、第二数字差值为梳栉在前针床的针前横移。第三、第四数字差值为在后针床的针前横移。其余相邻两数字差值为针后横移。

图 3－10－4 为一能成布的简单的单梳双针床经编组织。从某一根经纱看，在前针床上

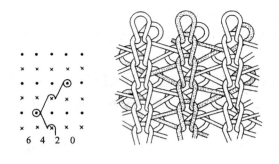

它始终在同一枚织针上垫纱编织,所以始终只与自身的纱线所形成的线圈相互串套形成编链。但在后针床上,奇数横列它垫在左邻的织针上,偶数横列垫在右旁的织针上。由此可见,该经纱的线圈将在后针床两枚织针上相间地与其他经纱形成的线圈相串套,从而构成织物[图3-10-4中(2)]。其数字记录为:2—4—4—6/4—2—2—0//。

图3-10-4 单梳双针床经编组织

另一个很有用的、性能独特的双针床两梳组织如图3-10-5所示。从垫纱运动图可看出:前梳纱只在后针床垫纱编织,而后梳纱仅在前针床垫纱编织。由于两梳纱线延展线的相互交叉,使前后针床的编织物相互联结在一起,如图3-10-5中(2)所示。这种组织如前后梳栉使用不同种类或性能的纱线,就可在织物两面显示各不相同纱线的性能。由于此种组织编织时,每一横列每枚织针上仅垫到一根纱线,所以其织物比其他双针床双梳满穿组织轻薄省料。

如该组织的两梳栉反过来垫纱,即前梳栉仅在前针床织针上垫纱,后梳栉仅对后针床织针垫纱,从而在前后针床上形成两块分开的织物,如图3-10-6所示。其数字记录为:

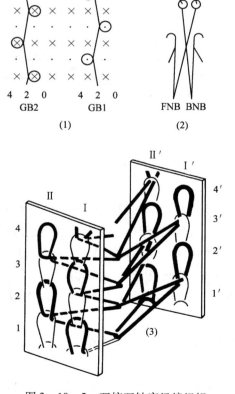

图3-10-5 双梳双针床经编组织

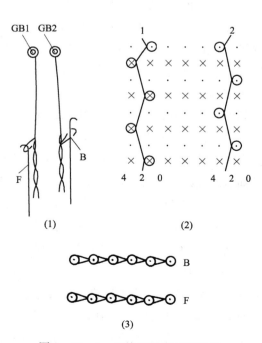

图3-10-6 双梳双针床经编组织

$L_1(F):2—0—2—2/2—4—2—2//$；

$L_2(B):2—2—2—0/2—2—2—4//$。

如果在上述两梳栉的中间再加入第三把梳栉,就可增加编织功能。当中间梳栉仅在一侧以一根纱线穿过一根指形导纱针时,该纱线可将上述两块由两把满穿梳栉所编织的织物联结起来,如图3-10-7(1)所示,便可产生幅宽两倍于编织门幅的织物。

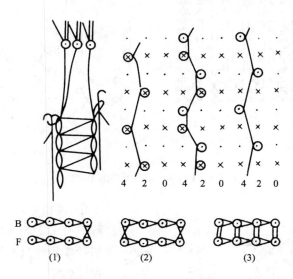

图3-10-7　三梳双针床经编组织

如若在中间梳栉的两侧各放置一根指形导纱针,各穿入一根纱线,则可构成如图3-10-7(2)所示的筒形织物。

为了编织夹层式的双层毛绒织物,可采用满置或间隔配置导纱针的中间梳栉,并满穿纱线,使其以在两个针床上都成圈编织的方式垫纱。如图3-10-7(3)所示那样,以2—0—2—0/2—4—2—4//垫纱。在坯布织出后,如利用专门的设备将联结前后片织物的、由中间梳栉纱线构成的延展线割断,就可形成两块毛绒织物。

第二节　双针床花色经编组织

双针床经编机亦可编织多种花色组织,现将常见的双针床独有的一些花色效应介绍如下:

1. 线网组织　在舌针双针床经编机上,利用空穿形成网孔组织,通常由棉纱编织,用作背心等材料。这种坯布比在单针床上编织的网眼布结构更为稳定平伏。

其典型编织方式如图3-10-8所示,L_3、L_4一穿一空形成织物中间主体部分的网眼,L_1、L_2在布幅两侧形成良好的布边,布的两边结构与中间不同,中间的网孔结构只是一小部分,实际花型宽度可由设计而定。

2. 抽针组织　将一些针不起作用或抽去,形成凹凸条纹的组织,称为抽针组织。这时要适当安排穿经和垫纱运动,使每横列能垫到纱的始终是同一些针。在图3-10-9所示的例

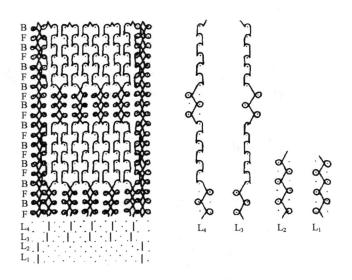

图 3-10-8　双针床线网组织

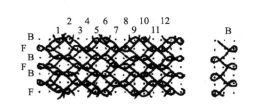

图 3-10-9　双针床抽针组织

子中,两梳穿经均为二隔二,前针床始终只有 1、2、5、6、9、10、…连续编织,而后针床始终只有针 3、4、7、8、11、12、…连续编织。

3.起皱组织　用特殊机构使一针床在连续几个横列中退出工作,而另一针床则连续编织,在坯布上形成皱起横条的组织,称为起皱组织。在用两梳或更多穿经梳栉时,还可以得到结子效应。最简单的起皱组织的垫纱运动,如图 3-10-10(1)所示。用一满穿梳栉,后针床连续两横列退出工作,为防止之前的线圈拉长,起皱效应不明显,可采用重经垫纱。

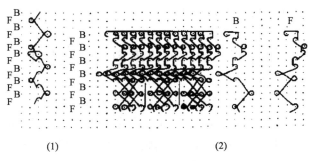

(1)　　　　　　　　　　　　(2)

图 3-10-10　双针床起皱组织

图 3-10-10(2)所示为一种能形成结子结构的垫纱运动。前、后梳均两穿两空,在后针床退出工作处形成 4 个纵行宽的结子。实际上结子是通过空穿将突起的横条间断所形成的。

4.筒形组织　现在广泛使用双针床经编机生产长袜、网兜、口袋等筒形制品。筒形经编织物的前、后两片可由前、后针床以任何组织编织,前后两片的边缘要用专门的导纱针,采用一定的垫纱运动联结。

生产筒形制品的双针床机器可以有 4 梳、8 梳、12 梳。图 3 - 10 - 11 是一种 8 梳筒形组织的例子。前后针床分别用 L_1、L_2 和 L_7、L_8 编织网孔组织,L_4、L_6 联接左面边缘 L_3、L_5 联接右面边缘。地纱用 6 列经缎组织编织得到网孔,当然亦可以用各种类型的垫纱运动织得各种类型的网眼坯布。

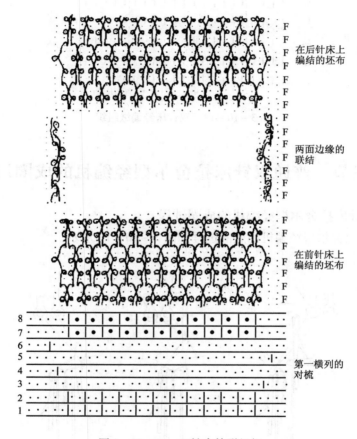

在后针床上编结的坯布

两面边缘的联结

在前针床上编结的坯布

第一横列的对梳

图 3 - 10 - 11　双针床筒形组织

5. 双针床经编绒组织　前后两针床分别由 1 把或 2 把地梳垫纱编织,它们形成分离的两片单面坯布,中间的 1 ~ 3 把梳栉在前、后针床上均作垫纱编织,形成了两片分离坯布间的联接纱段,这种组织称为双针床经编绒组织。将其从中间割开后,就可形成两块分离的绒面坯布。图 3 - 10 - 12 所示是一种最简单双针床经编绒组织的垫纱运动图。前梳 L_5 只在前针床上垫纱编织,后梳 L_2 只在后针床上垫纱编织,它们可各再加一把衬纬梳栉 L_1、L_6,以加强地组织。中梳 L_3、L_4 参与前、后针床的编织,现在这种梳栉已发展到 2 ~ 3 把,可采用色纱,以织得彩色图案绒面。如用贾卡提花装置控制中梳栉,可织得彩色提花绒面坯布。

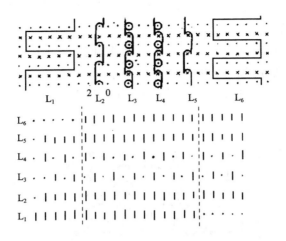

图 3 – 10 – 12　双针床经编绒组织

第三节　普通双针床拉舍尔型经编机的成圈过程

一、普通双针床拉舍尔型经编机的成圈过程

普通双针床拉舍尔型经编机的成圈过程如图 3 – 10 – 13 所示。

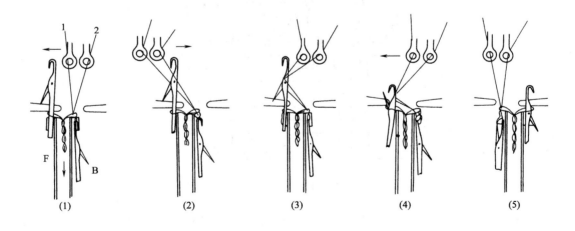

图 3 – 10 – 13　普通双针床拉舍尔型经编机的成圈过程

1. 第一阶段〔图 3 – 10 – 13（1）〕　前针床织针上升到最高位置后,停顿下来,等待垫纱。各梳栉对前针床进行针后横移,并已开始向机前针钩侧摆动。前沉降片床处于针槽板上方,使织物及旧线圈保持在其下方。

2. 第二阶段〔图 3 – 10 – 13（2）〕　在花型横移机构的作用下,梳栉在前针床针钩侧做针前横移。并随后向机后摆动。

3. 第三阶段〔图 3 – 10 – 13（3）〕　梳栉后摆结束。纱线已垫入织针钩内。前针床开始下降。前沉降片床开始向机前退出握持区域。后沉降片开始向前(即向后针槽板的上方运动)。

4.第四阶段[图3-10-13(4)] 前针床继续下降,线圈推动针舌,关闭针口。为了给下阶段上升的后针床舌针空出应有的上方空间,梳栉做短距离的向机前摆动。梳栉开始对后针床针后横移。后沉降片床继续前移。

5.第五阶段[图3-10-13(5)] 前针床织针脱圈、成圈。后针床织针上升退圈。由于后针槽板上方沉降片的控制,旧线圈不会随织针上升。

至此,双针床经编机的编织循环仅进行了一半。随后在后针床处的动作与上述各阶段相似。因此在机器的一个编织循环中,梳栉要摆动6次。这不利于车速的进一步提高。

二、双针床拉舍尔型经编机的工艺特点

(1)由于两个针床结合工作,能编织出双面织物。如使用适当的原料和组织,就可获得两面性能和外观完全不同的织物;如使用较细的织针,就可获得既有细致外观又有一定身骨的织物;如在中梳使用较松软的衬纬纱,就可获得外观良好而又保暖的织物。

(2)由于双针床拉舍尔型经编机的工作门幅所受限制比织机设备和纬编机小,当利用梳栉穿纱和垫纱运动的变化,在针床编织宽度中可任意编织各种直径的筒形织物或筒形衍生织物,如包装网袋、渔具、连裤袜等。

(3)由于双针床拉舍尔型经编机两栅状脱圈板的间距可在一定范围内无级调节,从而可方便地构成各种毛绒高度的织物。因此,双针床拉舍尔型经编机及其编织技术得到广泛而又迅速的发展。

思考与练习题

1.怎样表示双针床经编组织?

2.双针床拉舍尔型经编组织是怎样形成的?

3.单梳双针床拉舍尔型经编组织的形成原则是什么?

4.在双针床拉舍尔型经编机上如何编织筒形织物?

5.在双针床拉舍尔型经编机上编织绒类织物,毛绒长度如何调整?

第十一章 特殊类型的经编机

● **本章知识点** ●

1. 钩编机的结构与工作原理。

2. 缝编机的结构与工作原理。

3. 管编机的结构与工作原理。

第一节 钩编机

钩编机是经编机大类中的一个特殊类型。普通钩编机一般门幅较窄,通常为800mm,可编织松紧带、花边带、流苏带等狭条经编针织物。而阔幅的钩编机,门幅有1600mm、3100mm等,可用于编织台布、床罩、窗帘等坯布。另外可根据所编织物的宽度,在机器门幅内同时织数条织物。在钩编机上,衬纬梳可有6~10把,机号可为E8~E20。钩编机的品种多,花型美,不仅用于花边,而且用于床罩、服装等装饰织物。

一、钩编机的分类

钩编机的成圈机件与一般经编机基本相同,但又有自身特点。编织用针主要有舌针和钩针两种,舌针与普通经编机所用舌针没有什么区别,但钩针结构特殊,一般为自闭钩针或偏钩针。根据编织用针的不同,钩编机可以分为两类。

1. 偏钩针型钩编机 主要有GE711—360×3型电脑提花钩编机、COMEZ806/800型钩编机和GOMEZ MPR/3100型钩编机。

2. 舌针型钩编机 主要有M138/1200型舌针钩编机,Decotex138/244型舌针钩编机等。

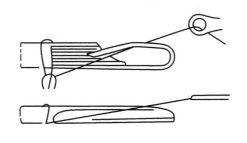

图3-11-1 偏钩针

二、钩编机的结构与原理

(一)偏钩针型经编机

偏钩针的结构如图3-11-1所示。针由矩形截面的针杆和针钩组成,针钩向一侧偏斜,针杆的上部侧向有一凹口,针钩钩尖没入此凹口内。导纱针垫纱时,可将纱线从凹口和针钩的隙缝中滑入针钩内;在套圈时,新纱线由于针杆凹口边缘对针钩尖的遮挡而不会滑出针钩,因此新纱线穿过旧线圈而成圈。这种偏钩针不需压板,但其针前垫纱方向受到限制,只能从左向右做针前垫纱,纱线才能进入针钩,所以采用这种偏钩针时,其地组织只能做闭口编链垫纱运动。

　　钩编机上使用的梳栉有地梳和花梳两种。地梳用于编织地组织,其导纱针形状基本上与普通经编机相同;花梳一般做衬纬运动,用来起花或在地组织上做衬纬,将编链连接成片。花梳起花方法除利用衬纱梳栉做小花纹外,尚有电子提花钩编机可做单针选针,花纹可以形成多种文字和图案。花梳常采用管状导纱针,为了便于引入各种花色纱线,特别是粗糙毛绒的纱线,如雪尼尔花线、金银线等。

　　垫纱数码的编排同拉舍尔型经编机一样,但由于设计花型时,不是每个织针都参加编织,而要抽针,特别是横移较大针距的衬纬梳栉,在两边抽针横移时,可加大一针距的横移量,适当提高机速,不影响花型。

　　以 COMEZ806/800 型钩编机为例介绍其工作原理。

　　该机是一种专门编织带类(包括弹力带)或花边的机器,其织物的基本组织结构是编链衬纬组织,圆锥形纱筒可直接上机编织。图 3 - 11 - 2 所示为 COMEZ806/800 型钩编机成圈机件的配置图。自闭钩针 4 横卧在固定针床 2 上,为了更好地牵拉织物,下面设有线圈握持板 3。在成圈过程中,自闭钩针只随针床 1 做前后运动,经纱导纱梳 5 做水平横移和上下摆动,8 把衬纬梳栉 6 做水平和上下运动,若编织弹性带,可将第 1 把或第 2 把衬纬梳上的导纱针换成橡筋导纱管。

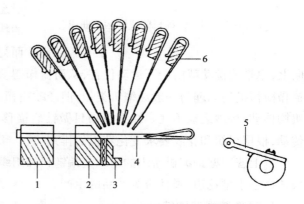

图 3 - 11 - 2　COMEZ 型钩编机成圈机件配置图

　　生产中一般有三类纱线。一类是编链地梳纱,可以为小盘头经轴,也可以用纱架直接供应,它在自闭钩针上做闭口编链,需较大的张力,所以常使用强度大的合成纤维,直接从经轴上或纱架上拉出,以加大张力。

　　另一类是衬纬花色纱线、各种原料和规格的纱线都能使用,不受限制。例如:天然纤维纱线、人造丝、合成纤维纱线。有时还使用结构较为特殊的花式纱线,例如:起毛线、双色线、结子线、金属线、布克莱线(织制表面为长毛绒织物所用的纱线)、松绒线、粗纺线、泽斯皮线(Jaspe′,用专门设备把纱线加工成珠边的纱线)等,这些纱线由安装在纱架上的筒管供应,并设有张力器,根据成圈区需要来调节张力。

　　第三类是氨纶弹性纱线。通常是由于一些花边产品需要弹性而应用的。一般需用量不大,使用时将氨纶纱线自由地存放在储纱筒中,经过张力调节装置,无拉伸(或拉伸很少)地到达积极送纱罗拉,由送纱罗拉控制氨纶拉伸 50% ~200% 的不同要求,然后积极送给成圈区。

钩编机的牵拉机构与一般经编机相同,可变换齿轮调节织物纵密。阔幅织物则采用卷取形式,条带经输送罗拉进入两侧的成品箱内。普通花边经牵拉后,再由绞盘卷取装置卷绕,弹性花边经牵拉后,松弛地放入筒子中,不进行卷绕。

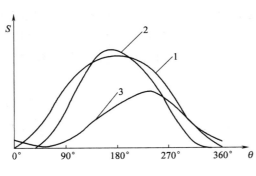

图 3 – 11 – 3 钩编机的成圈运动曲线

钩编机的成圈运动曲线如图 3 – 11 – 3 所示。曲线 1 为自闭钩针的运动曲线,向上表示织针向前伸出,完成退圈动作,由于牵拉力的作用,并受挡布板的阻挡,旧线圈不会随针向前移动。曲线 2 为经纱梳栉的摆动曲线,向上表示经纱梳栉向上摆动。曲线 3 为衬纬梳栉的上下动作,向上表示纬纱梳栉向上运动。可以看到,钩编机的梳栉摆动与一般经编机不同。由于钩编机成圈机件配置上的特点,经纱梳栉的摆动与一般经编机类似,而衬纬梳栉配置于接近织针运动线的垂直方向上,原来的摆动就由上下运动代替,从而梳栉摆动曲线就有两条,时间配合上亦各自独立。梳栉横移机构原理与一般经编机类似,但经纱梳栉做闭口编链垫纱运动,由偏心连杆或凸轮机构传动,垫纱运动不变。纬纱梳栉只做针后横移运动,完成衬纬动作,由花板式横移机构传动,根据组织和花纹要求变化花板的排列。

以上普通型钩编机所织的组织是编链衬纬组织,提花范围受梳栉数和链块数的限制,一般适用于小型花边、弹性带等产品的生产。

(二)电脑提花钩编机

下面以 GE711—360×3 型电脑提花钩编机为例进行介绍。

GE711—360×3 型电脑提花钩编机配有电子编码控制经纱提花装置及热定形装置,适用于以涤纶、锦纶等多种化纤为原料编织各种带有文字或图案的弹性或非弹性装饰带。

电子提花的组织有衬纬提花组织和绣花提花组织两种。下面介绍一种绣花提花组织的工作原理。绣花提花组织是在编链衬纬组织的地布上,提花纱以添纱方式形成花型。在形成花型处,提花纱编织成圈;在无花型处,则不成圈,以添纱形式夹在地组织中,为使提花纱在织物正、反面均不致显露,地组织上要采用前、后两片衬纬纱。

图 3 – 11 – 4 所示为 GE711—360×3 型电脑提花钩编机的成圈机件设置。1 为偏钩针,呈倾斜状态配置,其上方有经纱导纱针 2,前衬纬导纱针 3,提花纱导纱针 4,提花针 5,弹性丝导纱针 6,后衬纬导纱管 7 等机件。

偏钩针沿针床做上下运动,经纱梳栉和提花梳栉围绕织针前后摆动,并做闭口编链的垫纱运动。前衬纬梳栉只做针后横移运动。弹性纱梳栉和后衬纬梳栉做摆动和横向移动,在经纱梳栉向针前摆动进行垫纱前,将纬纱送入经纱和旧线圈圈干之间。

前、后衬纬梳栉根据所织带子的宽度实现全幅衬纬,弹性纱梳栉一般做一针距针后横移,使弹性纱衬纬于编链组织上。提花纱在垫纱运动中受到提花针的控制。若提花针在高

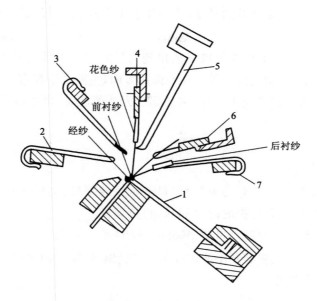

图 3 - 11 - 4　电脑提花钩编机成圈机件配置图

位,则经纱、提花纱先后被垫入钩针内,因提花纱进钩针的时间比经纱滞后一些时间,使提花纱成圈时能浮在经纱上面,编链组织上就呈现提花纱的色泽。若提花针下降,则垫纱时提花针挡住提花纱,而不能进入钩针,只有经纱垫入针钩内,形成编链线圈,因此显示出经纱的色泽。提花纱以经纱形式夹在前后衬纬纱之间,而不显露在织物表面。所以只要按意匠图的要求,控制提花针的运动,就可以获得提花效果。

电子提花装置由电子编码编程器、电子编码控制器、执行机构(电磁铁)、提花针摆动机构等组成。根据意匠图在电子编码编程器中键入"点"或"没点",后把指令输入存储器,导入电子编码控制器,并由电子编码控制器控制电磁铁动作。电磁铁通电时,提花针处于低位;电磁铁失电时,提花针处于高位。从而获得提花针的两种状态,达到提花的目的。

该钩编机还带有热定形装置,使织好的条带直接在机上定形,以减少工序。热定形机构由上下两个不锈钢热定形辊组成,辊的半个圆周上布满小孔。在无孔一侧的内侧面上装有电热丝,因此在辊的表面形成两种表面温度,当机器处于运转状态时,带子从无孔一侧的表面通过,当机器暂停工作时,定形辊转过 180°,带子停在多孔的一侧表面,从而保护带子不致过热。定形辊温度可根据要求预先设定。

第二节　缝编机

缝编工艺的主要原理是通过经编线圈结构对纺织材料(如纤维网,纱线层)、非纺织材料(如泡沫塑料、塑料薄膜、金属箔等)或它们的组合材料进行缝制形成织物,或在机织布等底基材料上加入经编线圈结构,使其产生毛圈效应,制成底布型毛圈织物。

缝编工艺过程简单、工序少、产量高、成本低、织物质量高,其突出的优点是可以充分利用劣质原料。一般不能用来纺纱的纤维(不能用于生产机织和针织的原料)均可用作缝编工艺原料。

缝编产品在服装、装饰和产业领域都能得到大量应用。在服装用方面,主要用于衬衫、童装、外衣、衬绒、浴衣、人造毛外衣等。在装饰用方面,主要用于窗帘、台布、贴墙布、毛圈地毯、毛毯、棉毯、床罩等。在产业用方面,主要用于人造革底布、高强度传送带、过滤材料、绝缘材料等。

一、缝编机的分类

1. 纤网型缝编机 主要有马里瓦特(Maliwatt)缝编机、马里伏里斯(Malivilises)缝编机、库尼特(Kunit)缝编机和马提尼特(Multiknit)缝编机。

2. 纱线型缝编机 主要是马里莫(Malimo)缝编机。

3. 毛圈型缝编机 主要有利洛波尔(Liropol)缝编机、斯尤博波尔(Superpol)缝编机、舒斯波尔(Schusspol)缝编机。

二、缝编机的结构与原理

1. 纤网型缝编机的结构与原理 纤网型缝编机的原理是将具有一定厚度的纤维网喂入缝编区域,通过成圈机件的作用将缝编纱穿过纤维网形成线圈结构,对其加固而形成织物。另有一种不用缝编纱,由织针直接从纤维网中钩取纤维束形成线圈结构来加固纤维网而形成织物。以马里瓦特型缝编机为例介绍。

马里瓦特型缝编机是一种高性能的纤网型缝编机,用于对松散的或预缝制过的纤维网进行缝编,其底布可以是各种材料,可具有不同厚度和重量。马里瓦特缝编产品主要用于柔软的床上装饰用品、露营椅子、毯子、包装用面料、家庭用装饰面料、地毯、衬里、鞋子衬里布、黏性布、扣件、卫生用织物、土工布、过滤织物、碾压织物、合成织物以及由阻燃或易燃材料做成的绝缘织物等。

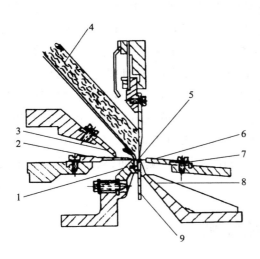

图3-11-5 马里瓦特缝编机缝编机件配置图

图3-11-5为马里瓦特型缝编机的机件配置图。图中纤维网4以45°角从上向下倾斜地喂入缝编区,缝编纱6由机器前方经纱导纱针7喂入缝编区。脱圈沉降片1和下档板8均固定不动,2为槽针,3为针芯,5为挡板针(退圈针)。

在成圈过程中,针身和针芯做前后往复运动,导纱针做上下摆动和横移运动,它们之间的配合与一般经编机相似。挡板针(退圈针)5是固定安装,但随着槽针的前后运动,在下档板与脱圈沉降片之间的空隙中可作小动程的摆动。当织针向前运动时,针尖逐渐从脱圈沉降片之间伸出,刺过纤维网,由于挡板针被下档板顶住,限制了旧线圈的移动。针芯的动作滞后,且动程小,使针口打开,接受导纱针垫纱。然后织针向后运动,当针钩快要进入纤维网前,针芯封闭针钩,盖住针口,使织针可以顺利地从纤维网中退出。由于旧线圈被脱圈沉降片抵住,因此针钩带着新纱线穿过旧线圈,形成一横列新线圈。

马里瓦特缝编机操作简单,易维护,具有产量高、效率高、用途多和质量好的特点。它的成圈纱线可以从经轴获取,粗糙纱线也可以从纱架获取(节约成本)。工作速度和工作幅宽的增加提高了机器的产量。织物卷取装置通过电子控制的上升滚筒进行,具有张力控制或速度控制装置。纤网边缘切割装置可以根据需求宽度切割织物。

2. 纱线型缝编机的结构与原理 纱线型缝编机的缝编工艺与纤网型相似,其不同处在于喂入缝编区的纤网由纱线层取代。纱线层可由纬纱层组成,亦可由经、纬纱层组成。纬纱层从机器左右两侧的纬纱架引出,由辅纬器进行横向往复铺叠,形成纬纱层,再由左右两排纬纱钩带着送入编缝区域。经纱片由机后的经轴或纱架上引出,由缝编机上方喂入缝编区域。

纱线层缝编机一般生产较细密的织物,通常采用的机号比纤网型高些,常用$E14$、$E18$、$E22$机号。这类缝编织物外观与机织物类似,具有较高的经、纬向强力,撕裂强力、顶破强度也较高,故特别适用于工业上的塑料或橡胶层底基材料。用锦纶纱线层缝编织物做帘子布所制成的高强度传送带具有良好的使用效果。

如果采用两把梳栉编织纱线层缝编织物,第一把(相当于一般经编机中的前梳)梳栉的缝编纱与纱线层形成底布;第二把梳栉进行局部衬纬,适当控制张力,可形成类似毛圈型缝编织物,可作地毯、壁毯等。

马里莫型缝编机是典型的纱线型缝边机,它性能稳定,制造精确,控制原理先进,各个部件使用现代化的传动装置,并且应用了监测和安全装置,主要生产多功能型织物和各种耐磨性好的织物,可编织工业用布(高强度传送带、帘子布、过滤布、绝缘材料、人造革底布、篷布等)、服用织物(裙料、裤料、童装料)、装饰织物(帷帘、窗帘、贴墙布、沙发布)以及家用织物(粗毛巾、床单、抹布、抛光布)等。

图3-11-6所示为马里莫型缝编机的缝编机件配置。槽针1和针芯2均作水平的前后往复运动,10为成圈纱,成圈纱的导纱针3既摆动又移动,7为经纱导纱器,9为经纱,定位针5固定安装,8为纬纱,脱圈沉降片4和下挡板6是固定不动的。

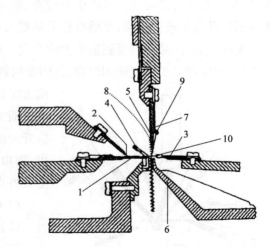

图3-11-6 一般马里莫型机上缝编机件配置

该机器具有很好的适用性,主要体现在:

(1)可以使用各种类型的纱线材料进行生产,可采用各种天然纤维、再生纤维和化学纤维所形成的短纤纱、加捻纱、长丝及混纺纱,缝编机特别适宜使用化纤长丝,尤其是变形丝和锦纶丝。

(2)使用附加的织物网、金属片、织物、CSM作为底布、加上中间层和上层,形成所谓的"三明治"结构。

(3)衬纬可以与横向一致或纵向一致(马里莫型缝编机的典型特征)。

(4)双轴向纱线可以部分或整体地停止喂入,形成不同的密度。

(5)使用不同机号的1~2号梳栉。

除了使用经过实践检验的稳定合适的缝编机件外,马里莫型缝编机还使用了以下机件,以提高织物的质量。

(1)使用衬纬辅助装置,使纱线以恒定速度退绕(无峰值)。

(2)纱线喂入精确,成圈纱使用单纱监测装置。

3.毛圈型缝编机的结构与原理 毛圈型缝编工艺是用底布代替纤维网或纱线层进入缝编区域,头端呈尖形的槽针穿刺到底布中,导纱针将毛圈纱垫入织针针钩中,再经过成圈机件的相互配合作用,毛圈纱在底布上形成经编组织,其延展线高耸、挺立,形成毛圈状。毛圈纱可卷绕成经轴形式或直接以筒子纱形式安放在筒子架上引出。毛圈型缝编织物也经拉毛工序将毛圈拉成绒面,供作童装、衬里等保暖材料之用。

另有一种毛圈型缝编新工艺可形成人造毛皮类织物。它不采用毛圈纱,而直接将纤维网在底布上形成毛圈。由梳毛机道夫上剥下的纤维网直接经过输送帘子喂入缝编区域,再由织针的针钩钩取纤维网中的纤维而编织成圈。该工艺可免去纺纱及整经工序,不需要筒子架,占地面积小,生产成本低。由底布形成的毛圈缝编织物经过后整理加工,可制成人造毛皮,外观上与毛条喂入式针织人造毛皮没有区别。由于毛圈直接由纤网形成,毛皮的蓬松度好,具有极佳的保暖性。且由于有底布,制成的人造毛皮其尺寸稳定性良好,不需要在织物反面用黏合剂进行涂层,手感也较毛条喂入式为佳。

现在,毛圈产品特别受到消费者的欢迎。最近几年,对于毛圈织物的应用已经从传统浴室产品、卫生产品扩大到床用织物、休闲服面料和产业用品。大约有70%的毛圈织物采用经编编织技术生产。

斯尤博波尔14123型毛圈型缝编机是经过多次实验开发的更进一步的代表产品。产品主要应用于毛巾、围巾、浴衣、运动休闲服和鞋子面料等。该机型的主要特点如下:

(1)不把毛圈纱织入地组织。

(2)通过部分衬纬(一般少于四针),使地组织稳定。

(3)通过在固定的毛圈沉降片上垫入毛圈纱形成毛圈线圈。

(4)毛圈纱和纬纱通过编织纱紧紧结合在一起。

斯尤博波尔毛圈型缝编机的成圈机件的配置如图3-11-7所示。1为后毛圈梳导纱针,2为后毛圈

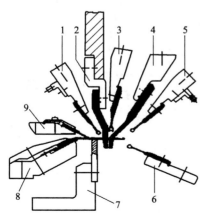

图3-11-7 斯尤博波尔毛圈型缝编机
成圈机件配置

沉降片,3 为衬纬导纱针,4 为前毛圈沉降片,5 为前毛圈导纱针,6 为成圈导纱针,7 为梳板座,8 为复合针身,9 为针芯。

斯尤博波尔缝编机的基本垫纱见下表。

斯尤博波尔缝编机的基本垫纱

梳 栉	基本垫纱	备 注
GB1	1—0/1—0//	
GB2	2—2/0—0//	控制垫纱为 2—2/1—1//
GB3	4—4/0—0//	5—5/0—0// 或 6—6/0—0//
GB4	2—2/0—0//	控制垫纱为 2—2/1—1//

该机的毛圈纱沉降片的高度有标准高度为 5.0mm(高毛圈)、特殊要求为 3.5mm(中等毛圈)和特殊要求为 2.8mm(短毛圈),其他长度可以根据厂家的要求自行排列,当运转机器生产自由毛圈横向边缘时,花型传动机构能够可靠地自动选择两个不同的毛圈垫纱。毛圈梳栉和衬纬梳栉的特殊垫纱可以通过交换凸轮各自进行工作,相互之间具有独立性(价格高)。织物牵拉卷取的最大罗拉直径为 1000mm,织物卷取装置位于一个不可分离的架子里。四个送经都是电子控制的独立经轴传动,每个经轴的送经量都可以由各自独立的程序控制。安装固定的导纱罗拉,纱线张力器(1~4 把梳栉),导纱梳确保纱线可以积极送经,所有的纱线都使用纱线磨损监视器。如果出现问题,显示器上就会出现信号,机器停止工作。经轴架位于编织点上方送经架。

地组织给针织毛圈织物所需的稳定性,它由第 2、第 4 把梳栉送经形成。成圈纱线在每个横列都形成线圈,从而在整个长度方向连接起来。垫纱产生闭口编链,通过部分衬纬形成横向底布。为了产生平稳的织物,毛圈区域的衬纬一般在四针以下。自由毛圈横向边缘区域,衬纬一般在五针以下。在固定毛圈沉降片上垫入毛圈纱形成毛圈线圈。在毛圈区域的垫纱技术是少于两针的部分衬纬。在自由毛圈横向边缘区域,纱线仅垫入一根织针。纱线不能垫入沉降片之上,否则不能形成线圈。

毛圈纱和衬纬纱由闭口握持,以确保织物尺寸稳定。产生编链时,前一个线圈的圈柱从下一个线圈的圈弧拉出,这段纱线握持毛圈纱和衬纬纱的圈柱。这种技术意味着编织纱线需要有相对好的延伸性能和强度,只有长丝才能保证。一般推荐使用大于 167dtex 的聚酯长丝。第 4 把梳栉的纱线张力在 60~120cN,由毛圈的高度决定。

第三节 管编机

管编机是依靠管状导纱机件相互配合将线圈串套而形成经编针织物,其成圈过程由于不依靠传统的织针和沉降片等机件而显出新颖和独特,且成圈机件和机器结构较为简单,安装和维修方便,产品结构有一定特点。由于主要的成圈机件是导纱管,因此使用的原料线密度比较大,可使用棉、毛、麻、丝等各种原料,制作不同厚薄、不同风格的内、外衣面料及室内外装饰用品如窗帘、沙发布和床罩等。

管编机上的主要成圈机件是导纱管,导纱管是一个头部弯曲成圆弧形的中空不锈钢管,钢管内穿以经纱。导纱管类似于经编机上的导纱针,以一定的隔距排列,组成的整体亦称为梳栉。管编机上一般采用两把梳栉,分别称为前梳和后梳。前梳和后梳上的导纱管呈面对面配置。

管编机的成圈过程如图 3 – 11 – 8 所示。图中作出了前、后两个梳栉上的一对导纱管,1 为前导纱管,2 为后导纱管。从图中可看到,每个导纱管中各穿有一根经纱。在织第一横列时,前梳栉的导纱管穿过后梳栉的导纱管形成线圈,在织第二横列时,则后梳栉的导纱管穿过前梳栉的导纱管形成线圈,依此类推交替进行。

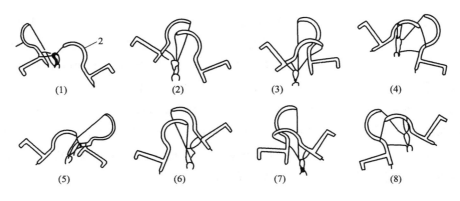

图 3 – 11 – 8　管编机成圈过程

图 3 – 11 – 8(1)中表示上一横列结束时,后梳栉刚成圈完毕处于最低位置,前梳处于最高位置,其导纱管的柄上套着由后导纱管形成的新线圈。图 3 – 11 – 8(2)所示为前梳向后梳导纱管摆动,并做一横向移动,前梳将纱线绕在后梳导纱管上以形成纱圈,接着两梳均做摆动,前梳向下,后梳向上,使后梳导纱管穿入前梳导纱管形成的纱圈中,如图 3 – 11 – 8(3)所示。然后,前梳和后梳反向运动,形成如图 3 – 11 – 8(4)中所示状态,此时前梳导纱管上的线圈已转移到后梳导纱管的圆弧部段。接着,前梳向下运动,将纱圈绕到后导纱管的柄上,后梳则继续做离开前梳的运动,将原来处于前梳导纱管圆弧部段上的线圈逐渐拉离前梳导纱管,最后完成脱圈动作,如图 3 – 11 – 8(5)所示。至此完成一个横列的成圈过程。此后,以同样的方式,后梳导纱管在前梳导纱管上形成线圈,交替进行,如图 3 – 11 – 8(6)、图 3 – 11 – 8(7)、图 3 – 11 – 8(8)所示。由此可知,如果始终由同一对导纱管连续相互串套成圈,在机器上织出的只是没有横向联系的直条,即编链组织。要使各纵行线圈相互联系而形成整片织物,至少有一个梳栉在开始织新横列前,做侧向移动,亦即做"针后横移"。这样该导纱管所形成的线圈以一定规律分布于不同纵行,从而将各线圈纵行相互联系起来。

图 3 – 11 – 9 所示为一种由管编机编织而成的基本经编组织。其中一把梳栉在同一纵行成圈,形成一隔一横列的编链组织,另一把梳栉交替地紧在相邻两个纵行上成圈,形成一隔一横列的经平组织。从图中可看到,两把梳栉的纱线在不同的横列上成圈,形成相互在相

反方向上串套的织物。与经编机一样,管编机亦有梳栉横移机构,用花链块控制导纱管的横移运动,从而得到不同结构的管编织物。

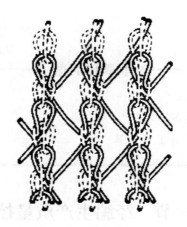

图 3 - 11 - 9 管编机编织的经编组织

管编织物防脱散性较好。由于采用导纱管作为成圈机件,成圈过程中纱线受力小,特别适宜于花色纱的应用,大大丰富了织物的效应。同时衬入全幅纬纱很方便,从而得到纬向稳定性好的织物或弹性织物。

管编机的机号是以梳栉上两个导纱管的中心距离而定,通常最小是 3mm,最大是 14mm。

思考与练习题

试述钩编机、缝编机、管编机各自的产品特征和用途?

第十二章　经编生产质量控制和工艺设计

● **本章知识点** ●

1. 经编生产质量控制。
2. 经编针织物的分析。
3. 经编针织物的设计与工艺计算。

第一节　经编生产质量控制

经编生产过程中由于多种因素的影响,编织时产生各种疵点。现以钩针经编机为例介绍,舌针机、槽针机情况大致相似。经编生产中常见的疵点,其产生原因及消除方法如下。

一、漏针

漏针又称线圈脱落。产生的基本原因是成圈时新纱线没有正确垫到针上和移到针钩内,布面上出现经纱未断的小洞,造成漏针的具体原因主要有:

1. 导纱针的原因　导纱针孔眼相对偏高。另外,导纱针摆动时,如位置不处在两针间隙的中间而过于偏一侧,也会造成纱线的垫纱点较高。整把梳栉的导纱针相对针位置不正确时,应对梳栉进行调整。导纱针摆过针间间隙位置不正确的原因很多,常见的有:导纱针的左右位置调整不良,导纱针歪斜,导纱针前后位置不平齐,个别链块有磨损现象而影响隔距等。

2. 针的原因　针变形,针与沉降片隔距不正,插针槽板的槽太松而使钩针固定不住。

3. 压针迟早的原因　一般压针应在新纱线移入针钩后进行,此时钩尖比沉降片上平面低 $0.5 \sim 0.7$ mm,否则易造成漏针。

4. 经纱张力的原因　经纱张力过松易造成漏针,此时纱线即使垫在针上,由于其不紧贴针杆,难于移到针钩下。

此外,成圈机件运动机构个别机件的磨损或损坏、坯布牵拉张力太小、温湿度不合适或不稳定等原因也能造成漏针。

二、花针

花针是由于集圈造成的不规则或垂直的小孔隙。造成花针的原因主要有:

(1)压板工作不正确,压针不足。压针不足原因有:压板工作位置调整不正确、压板位置过高、压板边缘不平、个别针变形前仰等。

（2）压板进行压针过早或过迟。

（3）沉降片工作不正确。

若坏布上造成多处分散性花针时，首先检查压板的压针时间，其次检查卷取牵拉力和纱线张力的大小。若花针发生在坏布两边，可将两边的压板臂略向前调节，使此处的压针紧一些。

三、坏针

坏针指运转中织针损坏，线圈断裂，织物破损呈小洞。织针损坏常见的有断针头和断针杆两种。压板作用力过大，导纱针、沉降片有擦针现象时易使针损坏；纱线过粗，也可出现坏针；过高的车间温度也会引起大量的针杆断裂。经常出现坏针的机器应着重检查压板的压针力，在不产生花针的情况下，尽可能减轻压针力。

四、断头

编织过程中由于纱线断裂会使织物出现孔洞。纱线断头原因很复杂。纱线质量、整经处理不良、纱线通道毛糙、导纱机件表面磨损、分纱针分纱不清、导纱针孔磨损有沟槽、沉降片发毛或损伤、带纱机件安装不当等会引起纱线的碰撞或摩擦……都会引起断头。压针时间过早或过迟、经纱张力过大、纱线疵点、温湿度不良等也会是引起断头的原因。

若纱线断裂发生在导纱针处，断头整齐，往往是导纱针和织针的隔距不良引起的；如在断头前坏布上就出现纱线抽紧现象，而断头处又有毛茸状，往往是压纱、绞纱、毛丝等原因所造成。

五、毛丝

由于原丝或坏布擦伤而在织物上形成的疵点。纱线擦毛的原因很多，大多因整经和经编机上的机件与纱线接触的表面不光滑所引起，应检查分纱针、导纱针、张力杆等导纱机件是否光滑。另外，织针和导纱针、织针和沉降片的隔距不当时也会擦伤纱线。

六、纵向条纹

产生纵向条纹的原因有：不同针上的工作条件不一致；整经时经纱张力不一致；经轴上采用的纱线不一致。

为检查纵向条纹发生的原因，可将前梳向右或向左移过 3～4 针距进行编织，如纵向条纹不随梳栉移动，则表示为针和沉降片所引起，对后梳应做同样检查。

七、横条

坏布产生横条的原因是由于编织不同横列时送经条件或牵拉条件不一致，如送经机构工作不良、送经不均匀、经轴松动得不到正确传动、上下经轴传动链条松动不正而得不到正确传动等都会产生横条。经编机停车后再开机时形成的横条称为停开车横条,停开车横条的解决尚处于研究阶段,若出现间隔较小的有规律横条,可检查牵拉辊的传动是否均匀和连续。牵拉张力的变动亦将引起横条,电动机转速波动亦能造成横条。

若出现宽度为一分段经轴宽的横条,这是经轴松动所至,要将分段经轴牢牢固定在经轴上。

八、坯布密度不匀

坯布密度不匀可分为坯布表面出现疏密斑块和沿坯布长度密度不稳定两方面。

坯布表面疏密斑块常称云斑,这是由个别针在一些横列片段内成圈条件不同所引起。沿坯布长度密度不稳定往往是送经工作不正常引起,常发生的有送经自调失灵、定长调节和送经比齿轮选择不当、压辊方向装反等原因。

九、沾污

沾污分沾污的纱线编织入坯布和编织成坯布以后再被沾污两种情况。最常见的沾污物为油和土,称为油土污。

产生沾污的主要原因是操作人员手沾污及经轴边盘油污,在将分段经轴装配成经编机用经轴时,与污染物接触;加油过多而在机器运转时飞散、油箱漏油;加油不足,铁锈飞散,没有清扫干净等。因而生产场所和操作人员均应保持清洁。

第二节 经编针织物的分析

经编针织物特殊的编织方法,使其具有不可拆散性,给分析织物带来了很大困难。如果经常观察经编织物的组织结构,熟悉其线圈形态,依据一定的分析方法,仍是能够分析出其组织结构的。

经编织物的结构单元是线圈,它是由圈干和延展线两部分组成的。圈干和延展线的形态及配置的差异是构成各种不同经编组织的主要因素。因此,分析经编织物的组织,主要就是设法确定被分析的织物中,这两部分是何种形态、怎样相互配置的。另外,还要确定纱线原料的种类、线密度、捻度、复丝孔数及织物的纵密横密、线圈长度、克重等参数。这样能获得织物的编织工艺资料,可供仿制或进行新织物设计时参考。

一、经编针织物分析方法

(一)观察法

观察法指用照布镜观察织物正面两纵行之间延展线的分布情况,从而确定织物组织。具体做法是观察两纵行间延展线的根数。若任何一个横列的任何两纵行间可见 1 根延展线,且相邻横列延展线的倾斜方向相反,如图 3 - 12 - 1(1)所示,则其垫纱运动为经平垫纱;若一个横列两纵行间可见两根平行的延展线,且相邻横列延展线的倾斜方向相反,如图

3-12-1(2)所示,则其垫纱运动为经绒垫纱;若两纵行间可见3根平行的延展线,且相邻横列延展线的倾斜方向相反,如图3-12-1(3)所示,则其垫纱运动为经斜垫纱……以此类推。图3-12-1(4)所示为五针经斜垫纱。

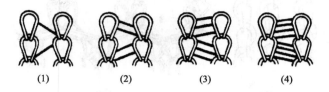

(1) (2) (3) (4)

图3-12-1 两纵行间延展线的不同配置

若在两个或多个相邻横列内,延展线呈同一方向,则其垫纱运动为经缎垫纱,经段同向垫纱的横列数等于呈一方向倾斜的延展线所占的横列数,如图3-12-2(1)中所示,同一方向倾斜的延展线分布在两个横列,故缎针的同向垫纱横列数为2;缎针每一横列的针后移针数等于一个横列两纵行间平行延展线的根数,如图3-12-2(2)中所示,平行延展线为两根,故该组织为绒经缎组织。

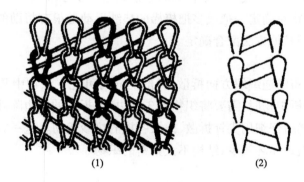

(1)   (2)

图3-12-2 经缎组织中延展线的分布情况

若在连续几个横列中,两相邻纵行之间没有任何延展线相连接,则这几个横列的垫纱运动为编链,或编链加单针距衬纬,或带空穿变化组织形成的网眼,如图3-12-3(1)、(2)所示。

用观察法分析单梳织物时,利用延展线根数确定下来的垫纱运动即为这一梳栉的垫纱运动。分析双梳织物时,要根据双梳织物显露关系,即从织物正面两纵行之间看到的第1层延展线分布为后梳的垫纱运动,第2层延展线分布为前梳的垫纱运动。分析三梳、四梳织物时,延展线的层次与梳栉顺序的关系也遵循上述原则。

(二)脱散法

脱散法是在样布一侧剪几条具有1个、2个或3个纵行宽的布条。拉伸这些布条时,如它们的垫纱运动不同,就会出现离散或脱散现象。

对于一种双梳以上的织物来说,若剪一个纵行宽的布条,将小的纱段摘掉,能脱散出一

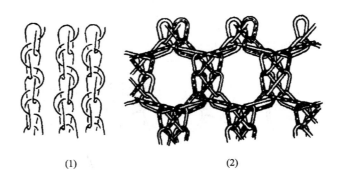

(1)　　　　　　　　　　　　　　(2)

图 3 - 12 - 3　两相邻纵行间无延展线的情况

根纱线时,说明该织物中有编链组织。剪两个纵行宽的布条,从中能脱散出一根完整的纱线,则表明其中一把梳栉按经平组织垫纱。若这一布条能同时脱散出两根纱线,则表明在每横列内两把梳栉都形成了横跨两个纵行的延展线,其垫纱运动为双经平。

若一两个纵行宽的布条全部离散,则说明该织物的垫纱运动中,延展线的跨度均大于两个纵行,需再在样布上剪 3 个或 4 个纵行宽的布条做进一步分析。

用脱散法分析织物对确定一把或多把梳栉的垫纱运动是很有帮助的。但还不能确定梳栉的前后位置,尚需用其他方法配合确定。

(三)拆散法

拆散法是指将样布沿逆编织方向拆散,拆散的同时可记下织物中几把梳栉所做的垫纱运动。用这一方法分析织物时,需要将织物的 3 个边(要拆散的一边除外)固定在一块板上,并使横向适当绷紧,然后仔细用尖针拆散,记录各梳的垫纱运动。这一方法适用于分析梳栉数较少、横纵向花型组织循环较少、结构不太紧密的织物。

二、经编针织物的分析步骤

在分析组织结构之前,应首先确定织物的工艺正反面及编织方向,然后再确定组织结构。确定组织结构的具体步骤如下:

1. 确定完全组织的大小　即找出一个完全组织的横列数和纵行数。

2. 观察织物的对称性　若织物左右完全对称,则编织梳栉数肯定是偶数,且每两把梳栉的垫纱运动相对称。

3. 确定参加编织的梳栉数　织物中有几种垫纱规律就有几把梳栉参加编织,一般来说,梳栉越是靠机前,其圈干和延展线越会显露在织物的外表。

4. 确定垫纱运动规律　根据前面介绍的几种方法,确定各梳的垫纱运动。

5. 确定线圈类型　经编线圈有开口、闭口之分,其延展线可位于圈干两侧又可位于圈干的一侧。

对于延展线位于圈干两侧的线圈,只要将织物做横向拉伸,线圈根部有分开趋势的为开口线圈,不分开的为闭口线圈;对于延展线位于圈干一侧的线圈,需采用染色法或放大镜检查法来区分开口和闭口。染色法是指用染料染一个线圈的延展线及圈柱,观察与染色延展线相连的染色圈柱的位置。对于左斜的延展线,若与染色延展线相连的同横列线圈的染色圈柱位于右侧,则说明该线圈的垫纱方向是由左向右,且延展线向左引出,其结果必定为闭口线圈,如图 3 - 12 - 4(1)所示。若与左斜染色延展线相连的同横列线圈的染色圈柱位于左侧,则说明该线圈的垫纱方向是从右向左,其结果必定为开口线圈,如图 3 - 12 - 4(2)所示。

(1)   (2)

图 3 - 12 - 4 用染色法确定线圈的类型

若在某种织物上染延展线不方便的话,可用放大镜来检查,其方法是将要分析的织物置于放大镜的观察范围内,用分析针将延展线挑起,一边拉动,一边观察拉力的传播,区别的方法与上述相同。

6. 确定穿纱、对纱方式 如在同一线圈横列的所有线圈纵行上,具有相同数量的线圈个数,则编织这块织物的各把梳栉的穿纱可能为满穿,也可能两梳均为一穿一空。如在同一线圈横列的不同线圈纵行上,线圈个数不同,则编织这一织物的梳栉必定有空穿。穿纱规律可用观察延展线根数的方法来确定,若在同一横列上发现延展线分布不匀,则不能断定间隔大处必定有空穿,因为线圈在织物中受力不均,易导致延展线分布不均匀。正确的辨别方法是把一个完全组织的宽度框出来,然后对应地数延展线的根数。若根数与纵行数相同,则表示没有空穿,若少于纵行数,则表明带有空穿。对纱方式的确定应与垫纱规律结合考虑。有些织物中常穿有颜色、粗细、光泽等不同的纱线,这将有助于判断穿纱规律。

第三节 经编针织物的设计与工艺计算

一、设计内容和步骤

1. 原料的选择 根据产品的要求,首先要确定原料的品种和规格。

2. 影响织物性能和效应的因素 织物的性能和效应受很多因素影响,在编织中应考虑的一些因素有:

(1)要求在表面显露的纱线,一般要穿入前梳。

(2)坯布表面要求直向纵条纹时,可选用小针距针背垫纱组织,由空穿交织或色织来实现。

(3)要求形成横向条纹时,可选用衬纬或使用大、小针背垫纱结合的组织。

(4)求形成方格花纹、分散花纹也可用衬纬绣纹等组织。

（5）要使织物表面的线圈呈直立状时，可用编链组织或使两把梳栉作对称的横移运动、或用衬纬向相反方向拉引。

（6）要获得倾斜状孔眼，可使两把梳栉作同向针背垫纱。

（7）在原料确定的情况下要获得较厚密的织物，可选用针背垫纱大的组织。

（8）要求坯布横向尺寸稳定，可选用衬纬或针背垫纱大的组织。

在原料与织物组织结构选定后，就可用图解记录确定各梳编织的组织、穿经规律和对纱，并以数字记录列出链块号数和排列。

二、经编工艺计算

1. 经编总针数 N 经编总针数等于坯布中的纵行数。

$$N = B_1 E = B_2 P_A'$$

式中：B_1——经编机上工作幅宽，mm；

E——经编机机号，针/mm；

B_2——定型幅宽，mm；

P_A'——成品坯布每毫米中的纵行数。

2. 总经纱根数 n

$$n = N(1 - q)$$

式中：q——空穿率，由穿经完全组织中空穿针数和总针数的比值决定。

3. 每米坯布横列数 P

$$P = 1000 \times \frac{P_B}{50} = 20 P_B$$

式中：P_B——纵向密度，横列/5cm。

4. 坯布编织长度 L_1

$$L_1 = \frac{L_2 P_B}{P_{B1}}$$

式中：L_2——坯布定型长度，m；

P_{B1}——机上坯布纵向密度，横列/5cm。

5. 每平方米坯布重量 Q

$$Q = \sum_{i=1}^{n} 10^{-2} \times P_B \times P_A \times l_1 \times b_i \times m_i \times \mathrm{Tt}_i$$

式中：Q——每平方米坯布重量也称平方米克重，g/m²；

P_B——纵向密度，横列/cm；

P_A——横向密度，纵行/cm；

l_1——L_1 梳栉的线圈长度,mm;

b_i——送经比;

Tt_i——原料线密度,tex;

m_i——原料的穿纱率(一个穿纱循环中某原料的根数占一个穿纱循环总根数的比例);

n——梳栉顺序数。

6. 横向密度 P_A 和纵向密度 P_B 密度指标一般由坯布规格所给定。在试制新产品时,应根据试验工艺确定,以供制定经编工艺。

横向密度 P_A 与定型缩率 Y 有关:

$$P_A = 10P'_A = \frac{N}{B_2} = 10\frac{B_1 \cdot E}{B_2} = 10\frac{B_1 \cdot E}{(1-Y)B_1} = \frac{10E}{1-Y}$$

在已知其他参数的情况下,纵向密度 P_B 可用计算平方米克重的公式计算。

7. 线圈长度 l 在工艺设计时,常要根据给定的坯布规格计算线圈长度。计算方法参照平方米克重的计算公式。

8. 经编机的生产率 A 可根据机器主轴转速 n_c(r/min)计算经编机的理论生产率。

$$A = \frac{T_P \cdot n_c}{1000000} \sum_{i=1}^{n} \frac{l_i \cdot n_i \cdot Tt_i}{1000}$$

式中:A——经编机生产率,kg/h;

T_P——工作时间,min;

N_c——机器主轴转速,r/min;

n_i——第 i 把梳栉的穿经根数;

l_i——第 i 把梳栉线圈长度,mm;

Tt_i——原料线密度;tex。

思考与练习题

1. 经编工艺参数主要包括哪些? 计算可以在什么状态下进行?

2. 送经量计算主要依据什么? 如何计算不同织物结构的送经量?

参考文献

[1] 许吕崧,龙海如.针织工艺与设备[M].北京:中国纺织出版社,1999.

[2] 龙海如.针织学[M].北京:中国纺织出版社,2008.

[3] 天津纺织工学院.针织学[M].北京:纺织工业出版社,1980.

[4] 贺庆玉.针织工艺学(纬编分册)[M].北京:中国纺织出版社,2000.

[5] 沈雷.针织工艺学(经编分册)[M].北京:中国纺织出版社,2000.

[6] 许瑞超,张一平.针织设备与工艺[M].上海:东华大学出版社,2005.

[7] 贺庆玉.针织概论[M].2版.北京:中国纺织出版社,2003.

[8] 贺庆玉.针织服装设计与生产[M].北京:中国纺织出版社,2007.

[9] 丁钟复.羊毛衫生产工艺[M].2版.北京:中国纺织出版社,2007.

[10] 蒋高明.现代经编工艺与设备[M].北京:中国纺织出版社,2001.

[11] 周字明.提花经编技术[M].北京:纺织工业出版社,1988.

[12] 陈济刚.贾卡经编机的构造安装和使用[M].北京:纺织工业出版社,1989.

[13] 宗平生.高速及双针床经编机的构造、调整和使用[M].北京:纺织工业出版社,1993.

[14] 邱冠雄.多梳栉拉舍尔花边机的构造、调整和使用[M].北京:纺织工业出版社,1993.

[15] 宋广礼.成形针织产品设计与生产[M].北京:中国纺织出版社,2006.

[16] 李志民.针织大圆机新产品开发[M].北京:中国纺织出版社,2006.